スーパー望遠鏡「アルマ」が見た宇宙

福井康雄 編著

Fukui Yasuo

日本評論社

2011年8月, チリのサンチアゴで開かれた最初のアルマ観測提案審査会の記念写真(前列右から4番目が福井康雄, 7番目が谷口義明)(ALMA (ESO/NAOJ/NRAO), Ítalo Lemus(ALMA))

口絵1　さまざまなタイプのアンテナからなるアルマ望遠鏡（ALMA(ESO/NAOJ/NRAO), C. Padilla）

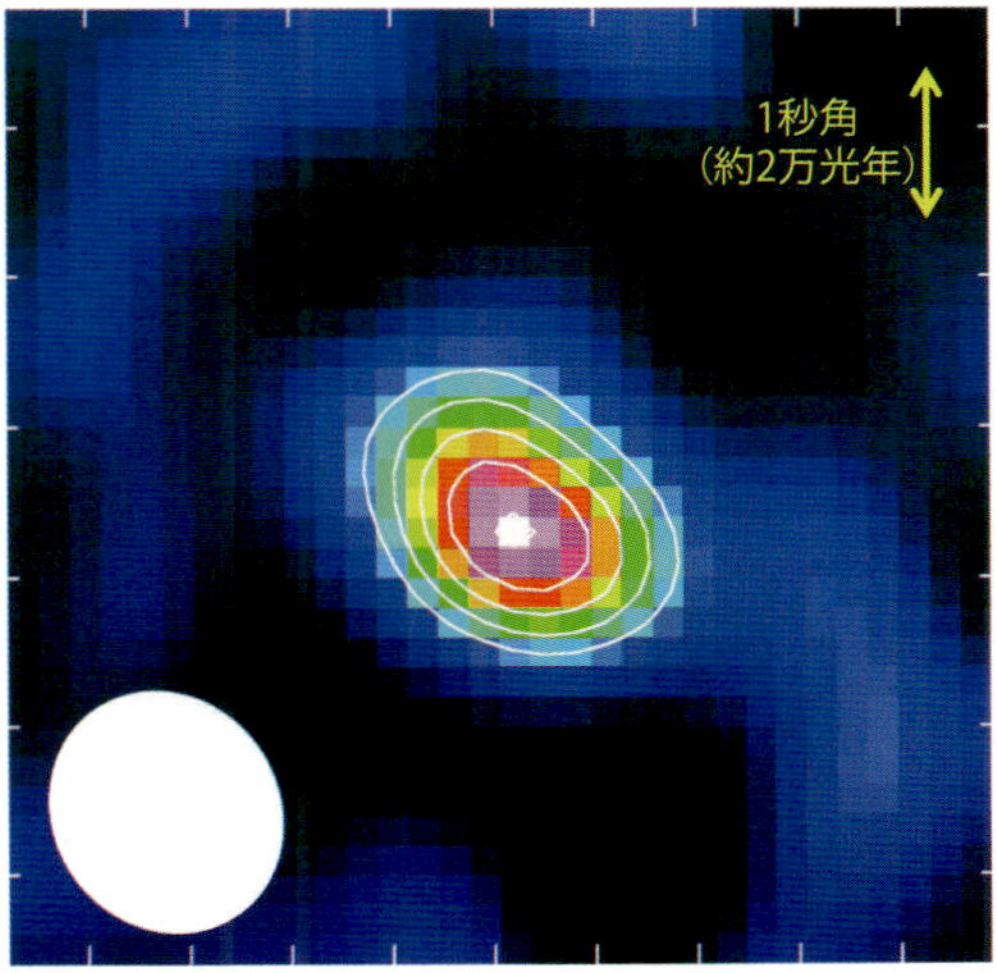

口絵2　アルマが検出したLESS J033229.4-275619から放射された窒素の一階電離イオンの輝線（ALMA(ESO/NAOJ/NRAO), 京都大学）

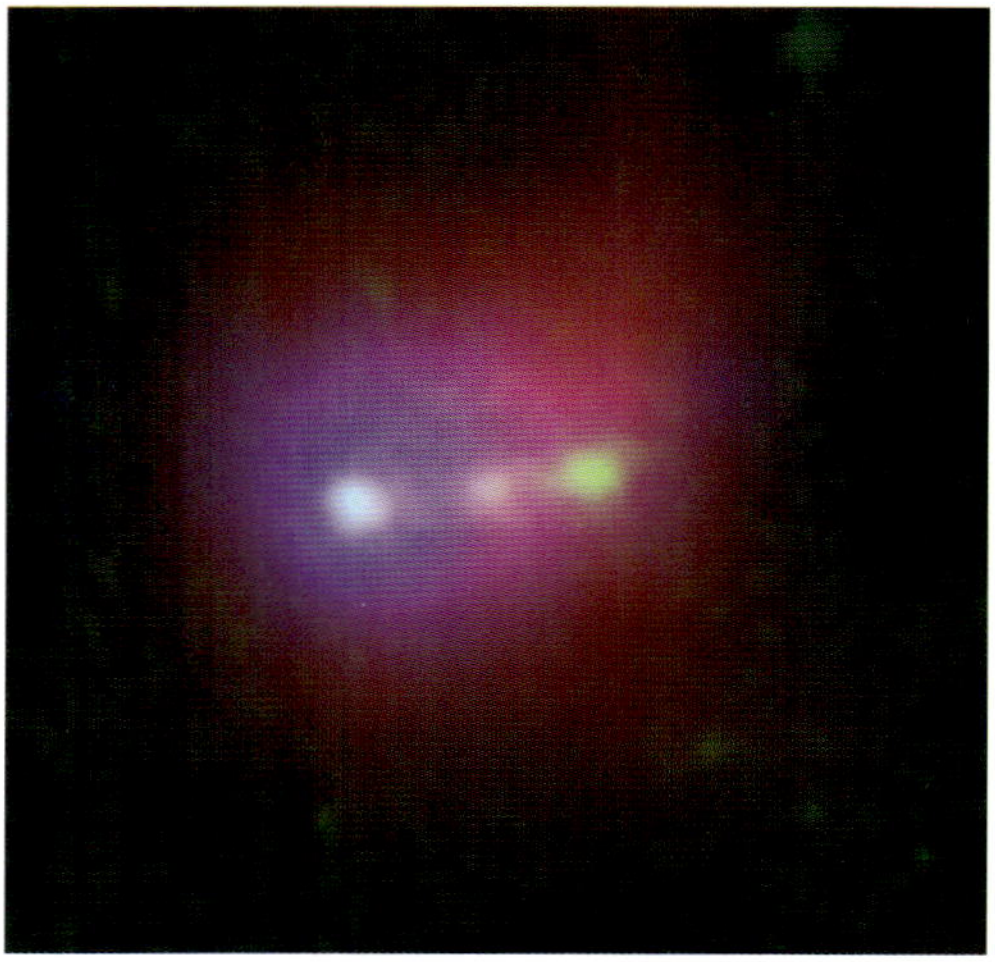

口絵3　すばる望遠鏡, ハッブル宇宙望遠鏡, スピッツアー宇宙望遠鏡で撮影されたヒミコの画像(http://hubblesite.org/newscenter/archive/releases/2013/53/image/d/). 一直線上に並んだ3個の天体はハッブル宇宙望遠鏡の画像. 中央の天体は暗く見えているが, スピッツアー宇宙望遠鏡の観測で塵粒子があることがわかっている. また, 全体に拡がった構造(赤)はすばる望遠鏡で観測された電離ガスの分布を示す

口絵4　銀河系の中心方向の様子(差し渡し約0.5度の領域). この画像はハッブル宇宙望遠鏡(HST, 可視光)スピッツアー宇宙天文台(SST, 中間赤外線), 及びチャンドラX線天文台(CXO, X線)の画像を合成したもの(http://en.wikipedia.org/wiki/Galactic_Center#mediaviewer/File:Center_of_the_Milky_Way_Galaxy_IV_-_Composite.jpg). 赤く見えている部分はSSTとCXOで見えている構造. 右寄りの白く輝くところに超大質量ブラックホールがある. 質量は太陽の410万倍

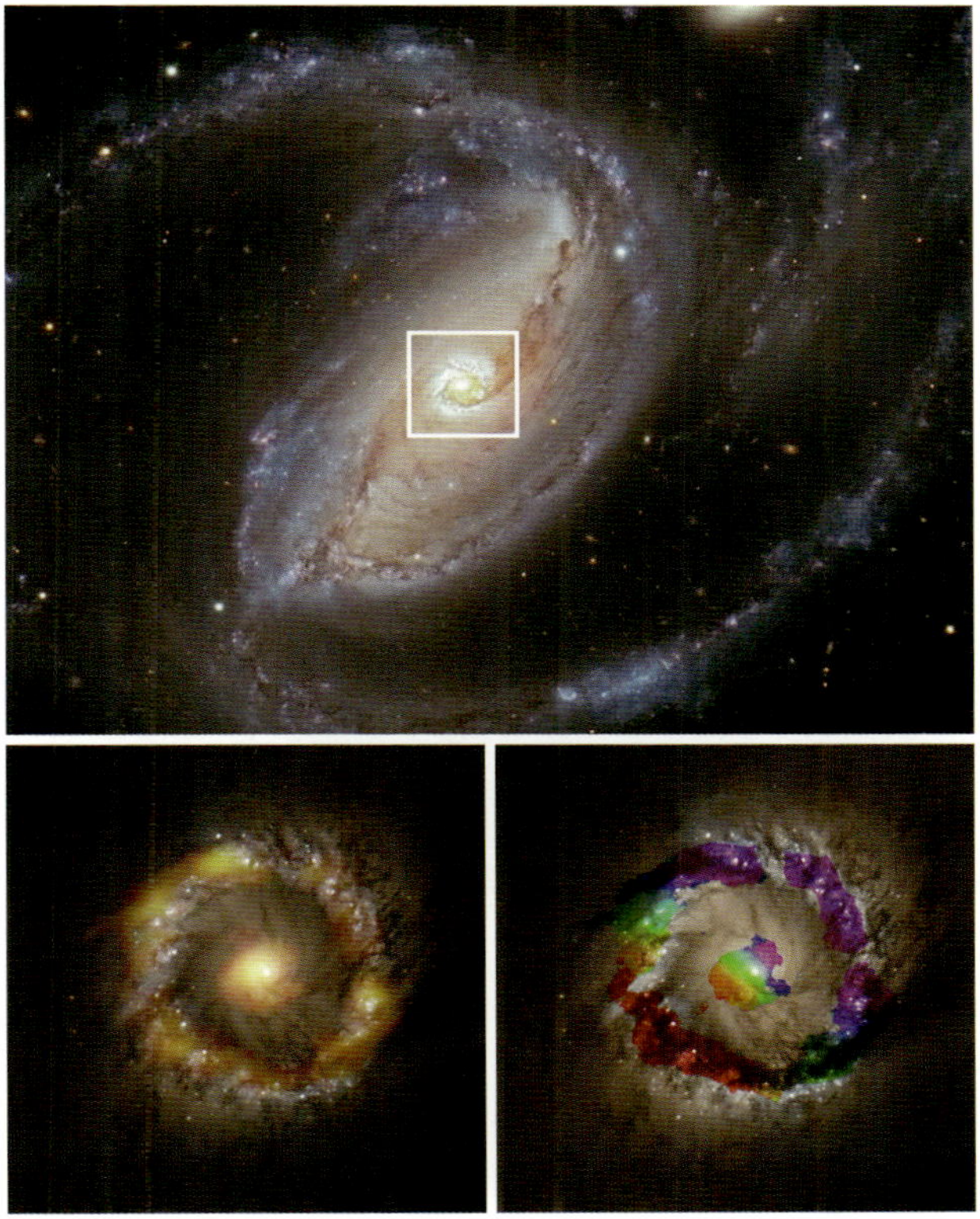

口絵5　NGC1097（http://alma. mtk.nao.ac.jp/j/news/pressrelease/201506187684.html）.
［上］ハッブル宇宙望遠鏡で撮影されたNGC 1097の可視光画像（ESO/R.Gendler）
［左下］アルマ望遠鏡で検出されたシアン化水素（HCN）とホルミルイオン（HCO^+）の分布．両者の分布はそれぞれ赤と緑で示されている．HCNとHCO^+の両方が存在する場所は黄色に見えている
［右下］HCNの速度構造．我々に近づく成分は赤，遠ざかる成分は青で示されている（［左下，右下］ALMA (ESO/NAOJ/NRAO), K.Onishi (SOKENDAI), NASA/ESA Hubble Space Telescope）

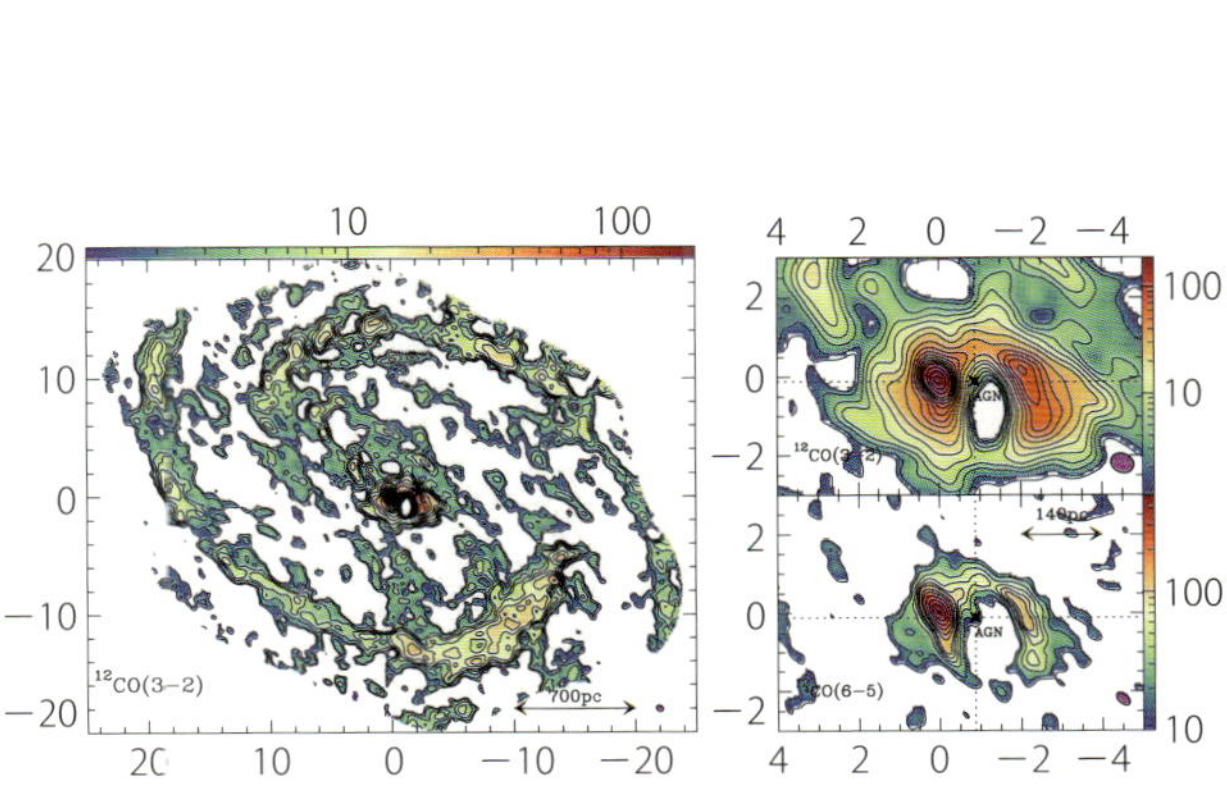

口絵6　アルマで観測されたNGC 1068のCOガス分布．右側は中心領域にある銀河核周円盤(Garcia-Burillo *et al.* 2014, A&A, 567, A125)

口絵7　ハッブル宇宙望遠鏡によるNGC 3256の可視光写真（NASA/ESA/STScI：http://hubblesite.org/newscenter/archive/releases/2008/16/image/br/format/xlarge_web/）

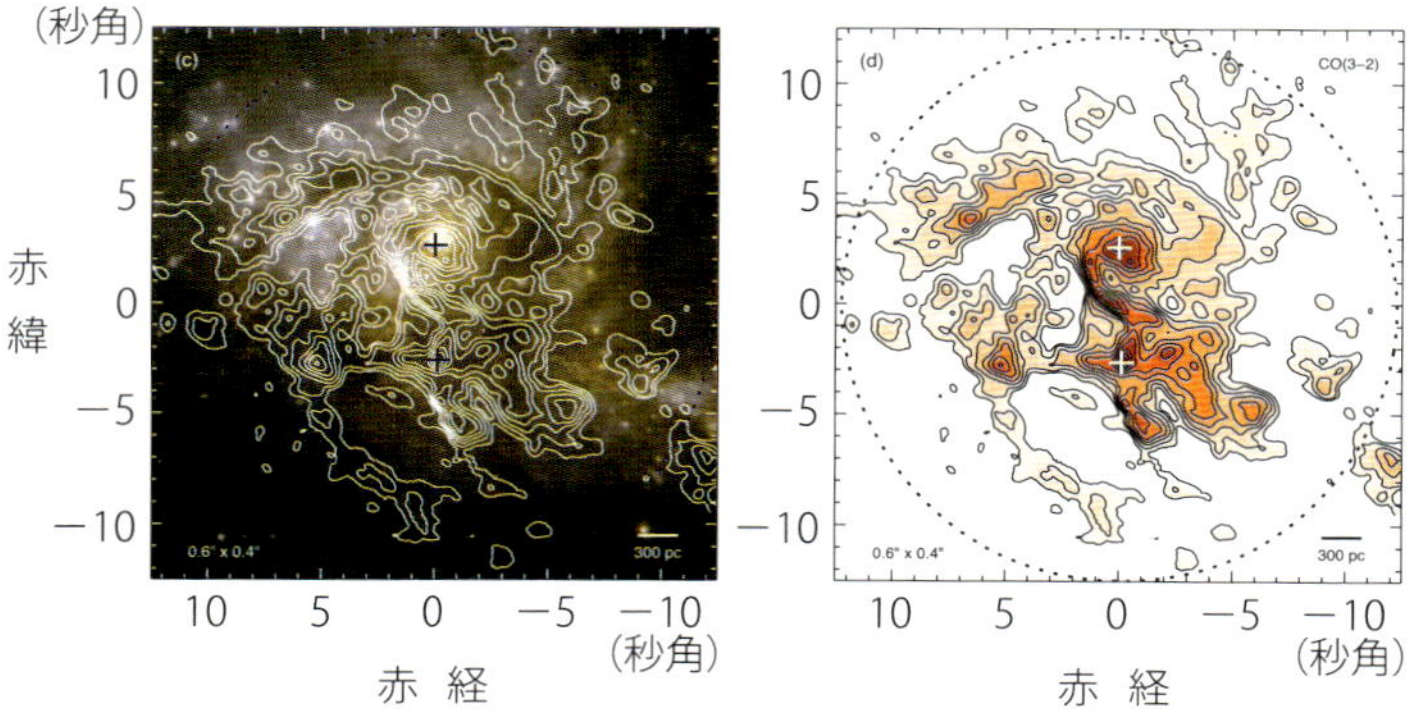

口絵8　CO分子で見えるNGC 3256 の二つの銀河中心核（＋印）．左図ではHSTのイメージ（1章の図26）に重ねて示してある（Sakamoto *et al*. 2014, ApJ, 797, 90）

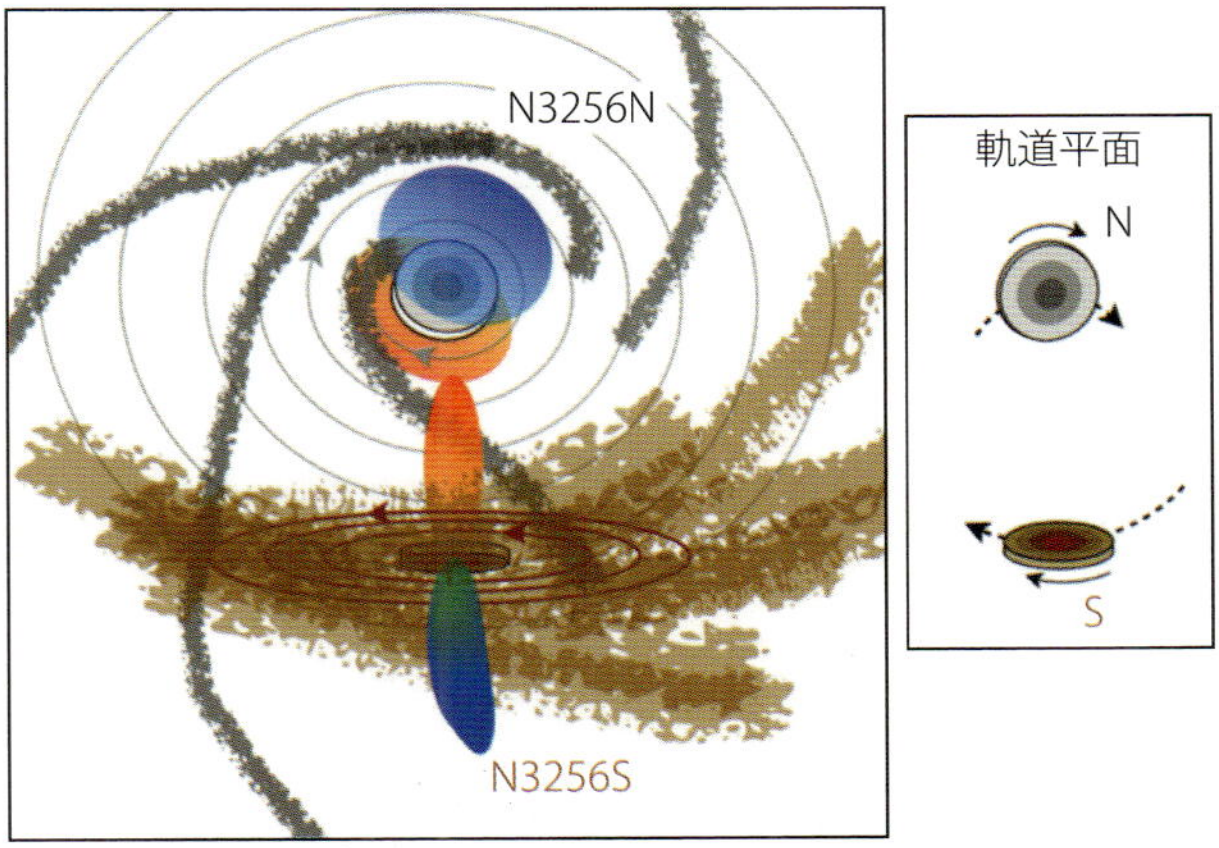

口絵9　NGC 3256 の南側の銀河中心核から吹き出る双極分子ガス流. 私たちに近づいてくる流れ（青）と遠ざかる流れ（赤）が見える(Sakamoto *et al*. 2014, ApJ, 797, 90)

口絵10　太陽のスペクトル

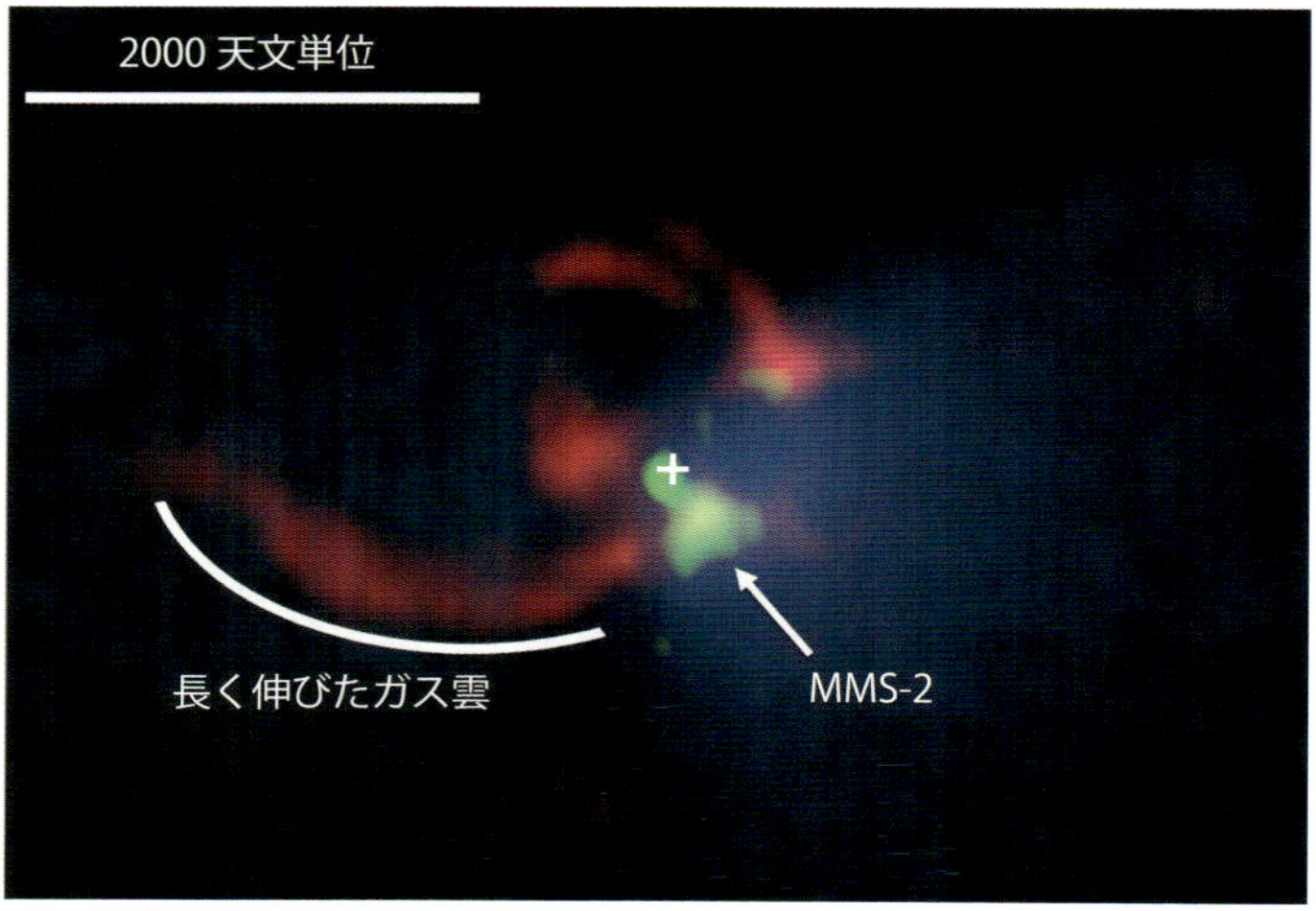

口絵11　アルマの見たMC27（徳田一起（大阪府立大学）/ALMA (ESO/NAOJ/NRAO)/NASA/JPL-Caltech）. 色の違いは分子等の違いを表す.「第1のコア天体」は十字の位置にある. 長く伸びたガス雲は, ガスの複雑な運動を物語る

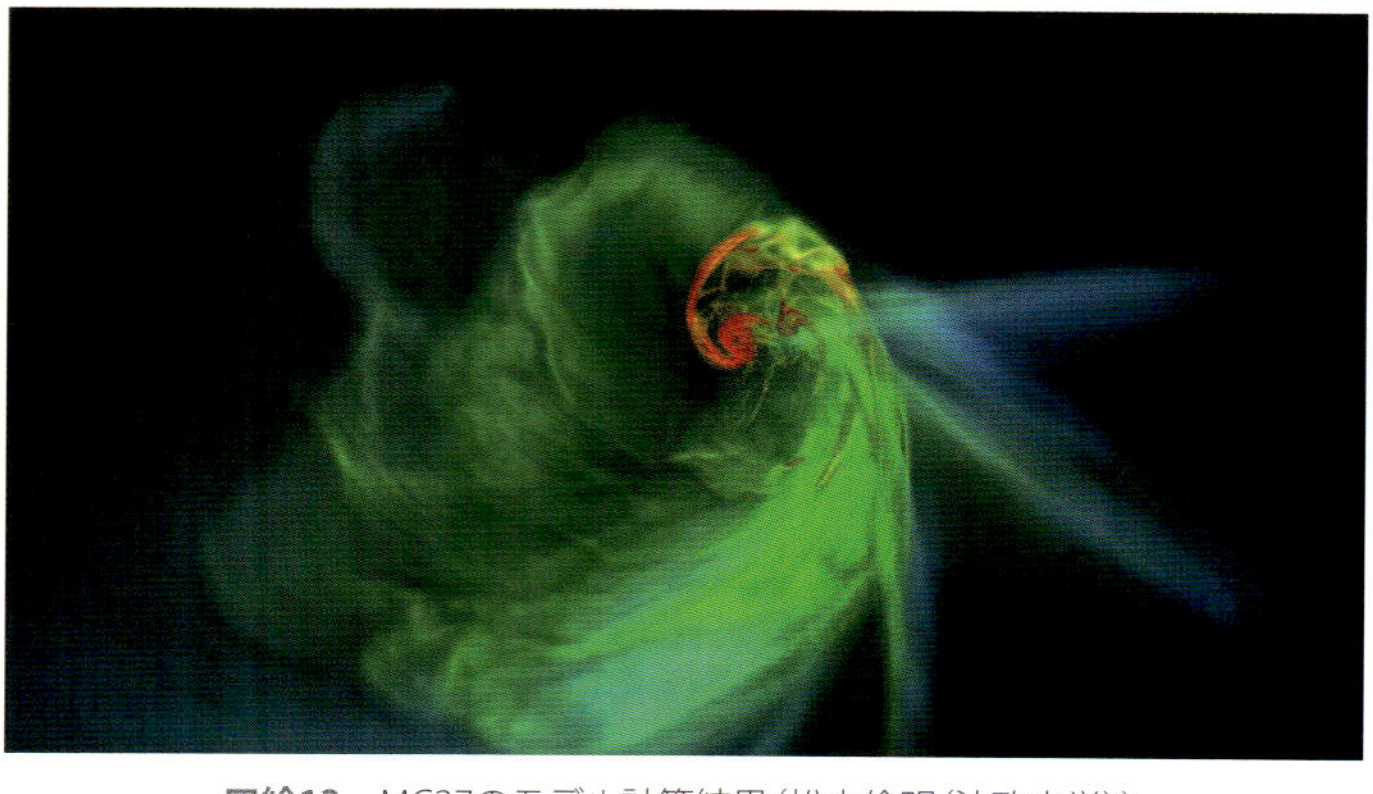

口絵12　MC27のモデル計算結果（松本倫明（法政大学））

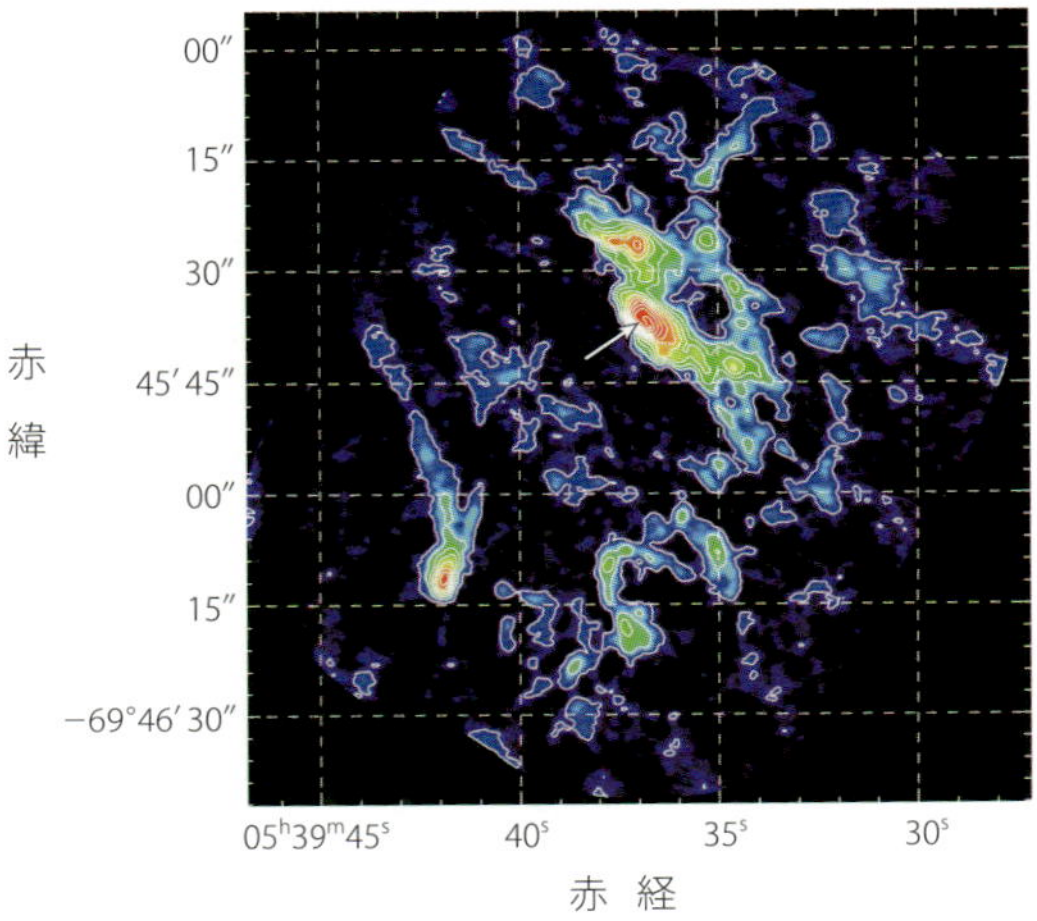

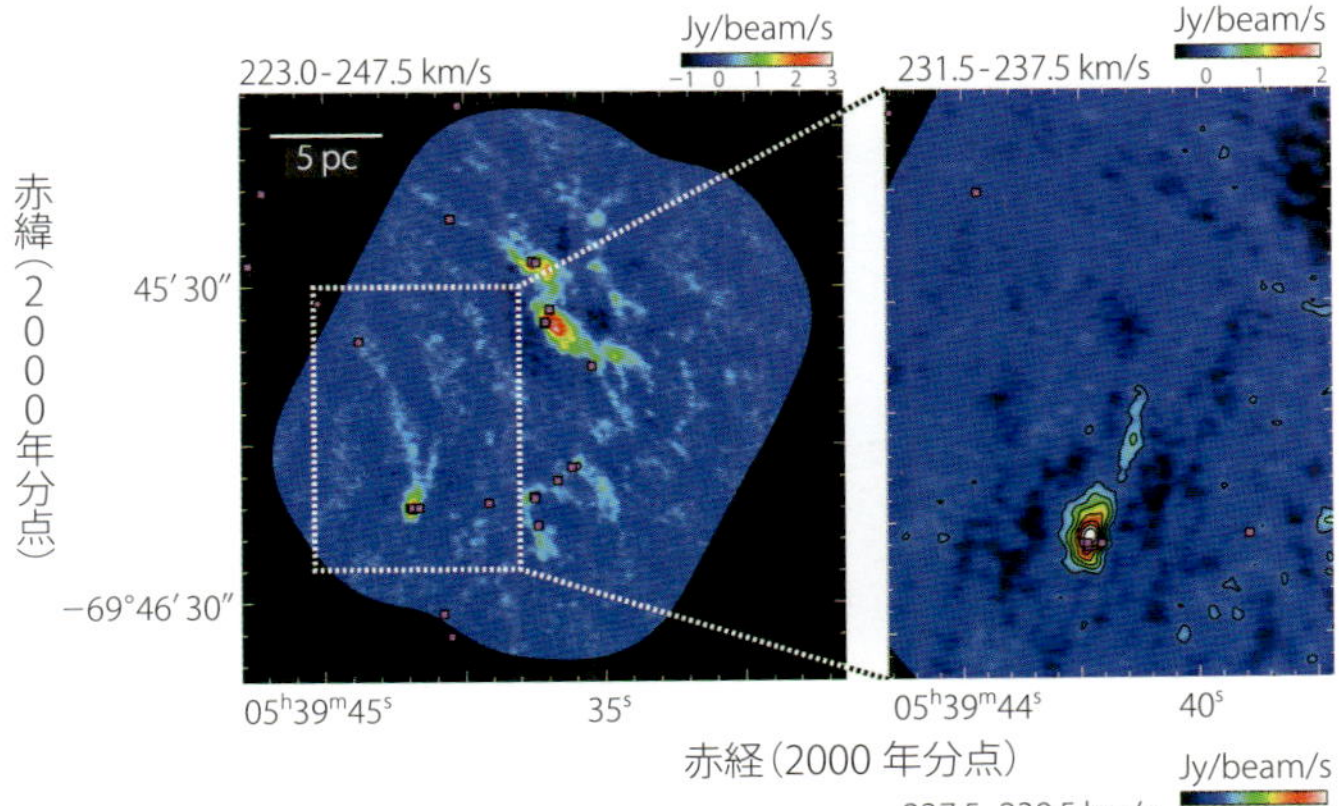

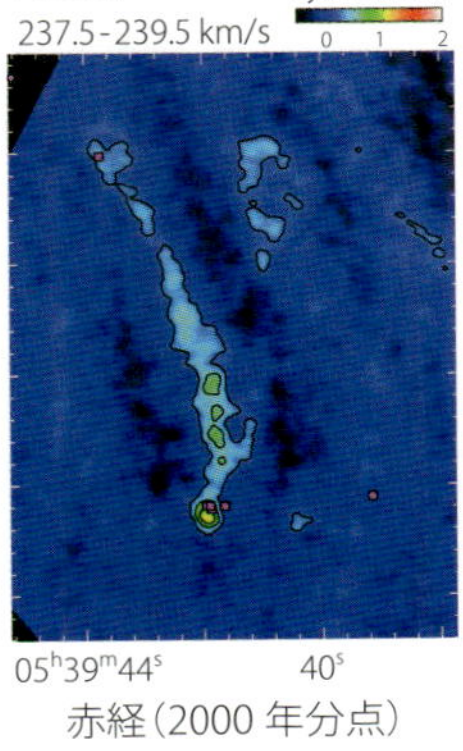

口絵13［上］　アルマの見たN159W (Fukui *et al.* 2015, ApJL 807, L4)

口絵14［右］　衝突するフィラメント. 両者の交点で巨大星が生まれている (Fukui *et al.* 2015, ApJL 807, L4)

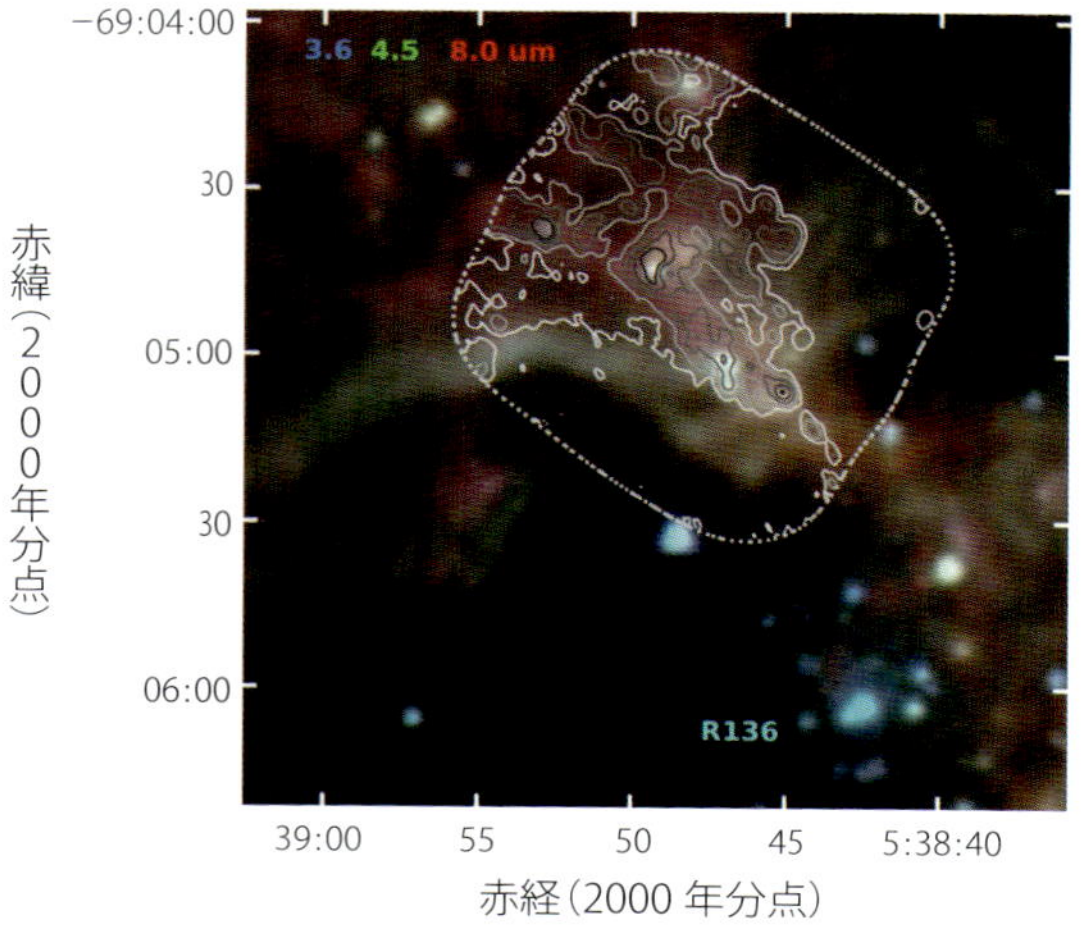

口絵15　タランチュラ30Dorのアルマ画像. 名残の分子雲が右上に見える. R136が, 毒グモ星雲の中心にある巨大星団. その方向には分子雲は存在しない（http://iopscience.iop.org/article/10.1088/0004-637X/774/1/73/meta#apj480441f1）

口絵16　赤外線暗黒星雲のアルマによる観測例（Peretto *et al*. 2014, A&A 561, A83）. フィラメントの重なった部分で星が生まれている

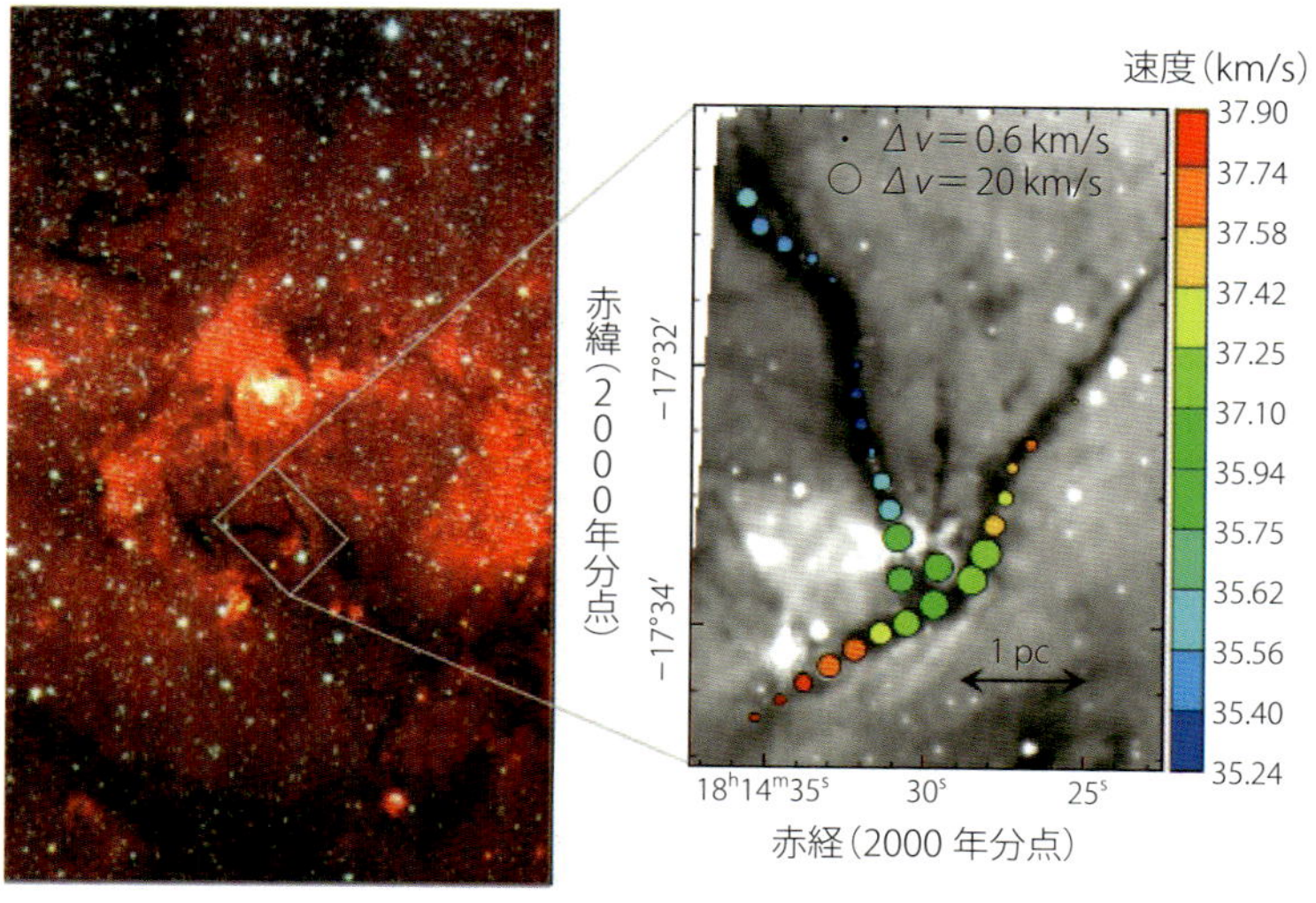

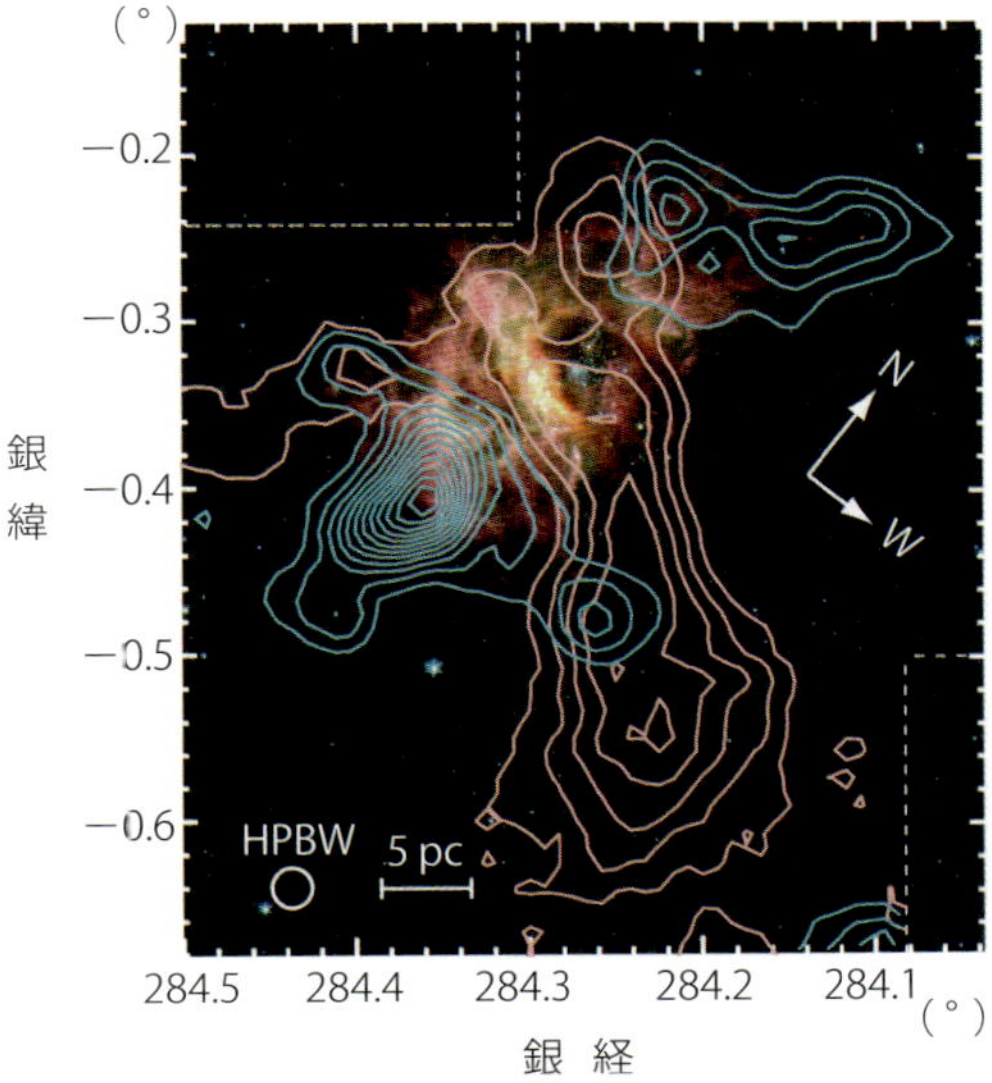

口絵17　ウエスタールンド2. 2個の巨大分子雲の交点で星団が生まれている (Furukawa *et al.* 2009, ApJL 696, L115-L119)

口絵18

[左上]NG3603(http://www.nasa.gov/multimedia/imagegallery/image_feature_2099.html)

[右上]RCW38(https://www.eso.org/public/images/eso9856b/)

[左下][DBS2003]179(GLIMPSのデータから名古屋大学で作成)

[右下]Trumpler1(https://www.spacetelescope.org/images/heic1601a/)

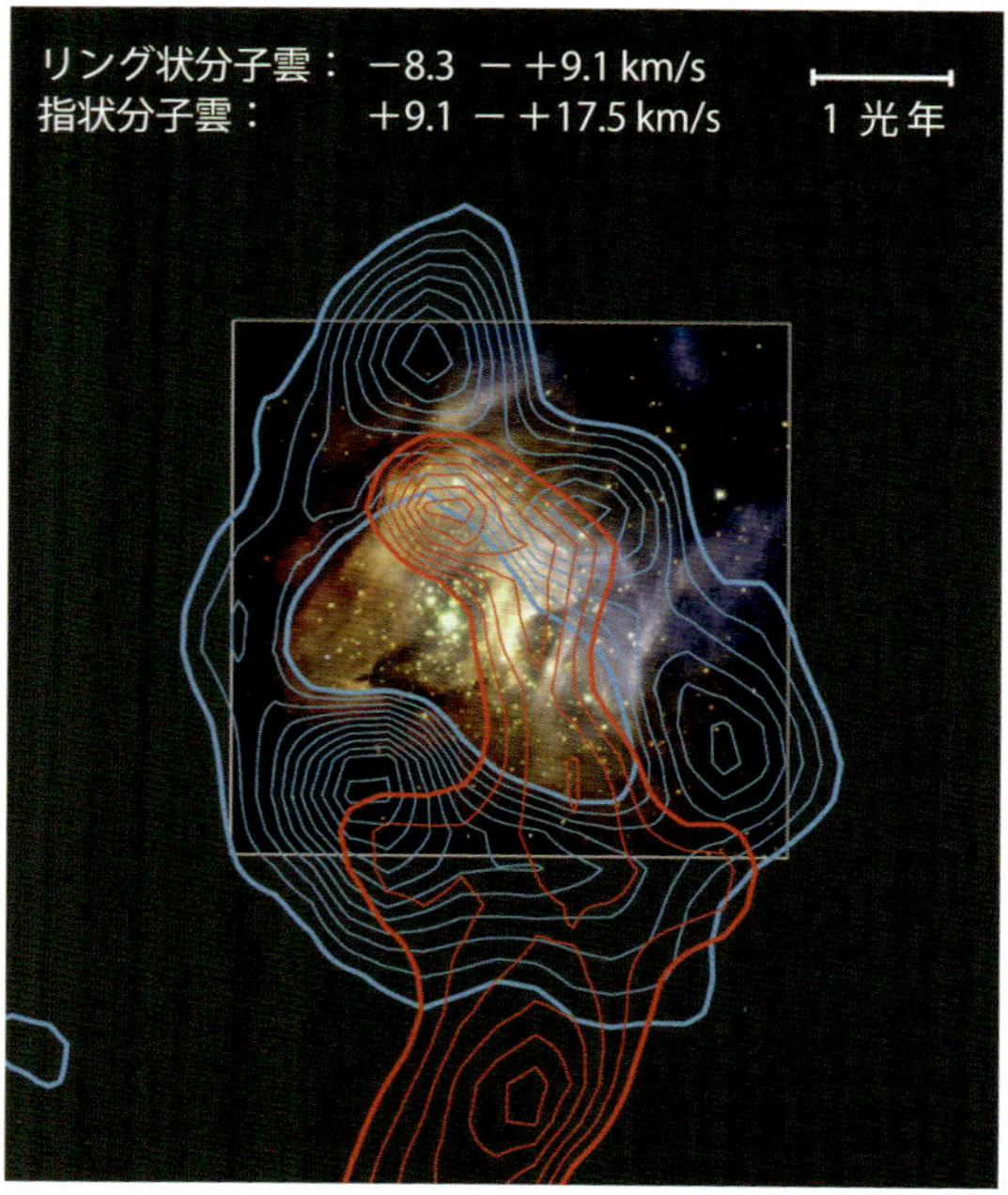

口絵19　第2章図23の中心部の拡大. 指先分子雲が重なっている場所でのみ巨大星団が生まれている (Fukui *et al*. 2016, ApJ 820, A26)

口絵20　M 20の分子雲. 左が青方偏移の成分, 右が赤方偏移の成分 (名古屋大学天体物理学研究室)

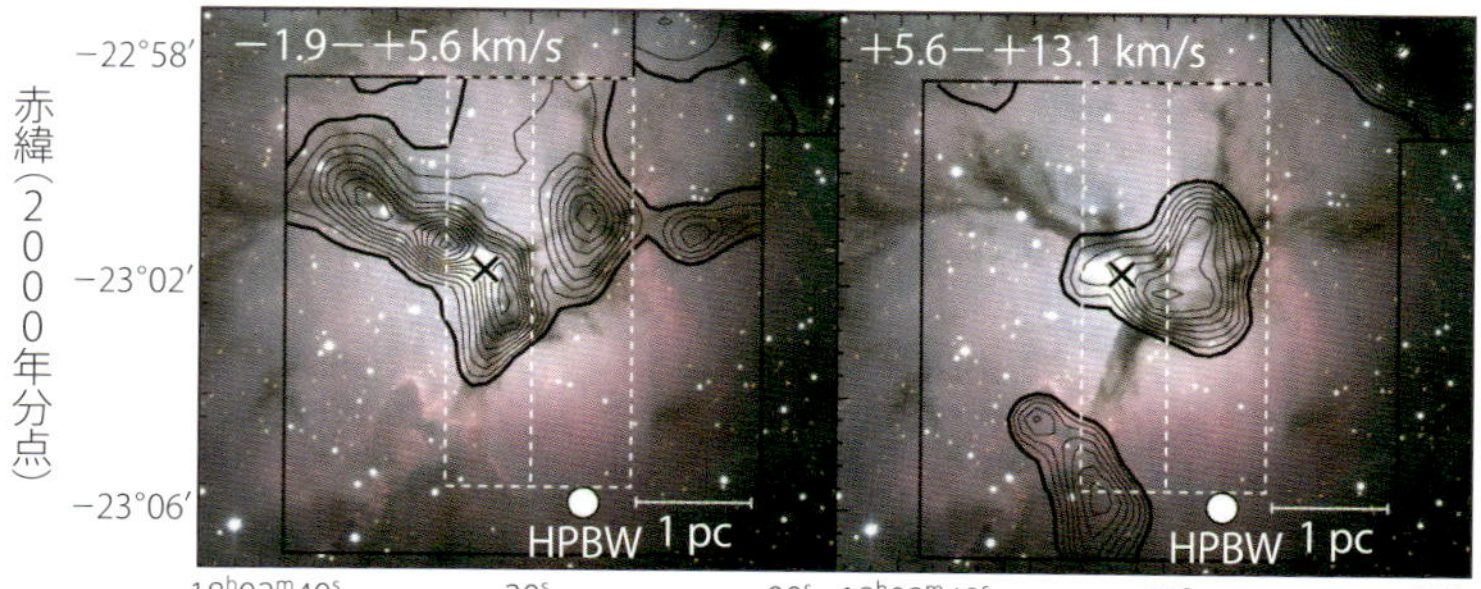

口絵21　ハッブル望遠鏡の見たアンテナ銀河 (http://hubblesite.org/gallery/album/pr1997034a). 左の拡大を右に示した

口絵22　アルマの見たアンテナ銀河((NRAO/AUI/NSF); ALMA (ESO/NAOJ/NRAO); HST (NASA, ESA, and B. Whitmore (STScI)); J. Hibbard, (NRAO/AUI/NSF); NOAO/AURA/NSF：http://www.almaobservatory.org/en/visuals/images/astronomy/?g2_itemId=3431)

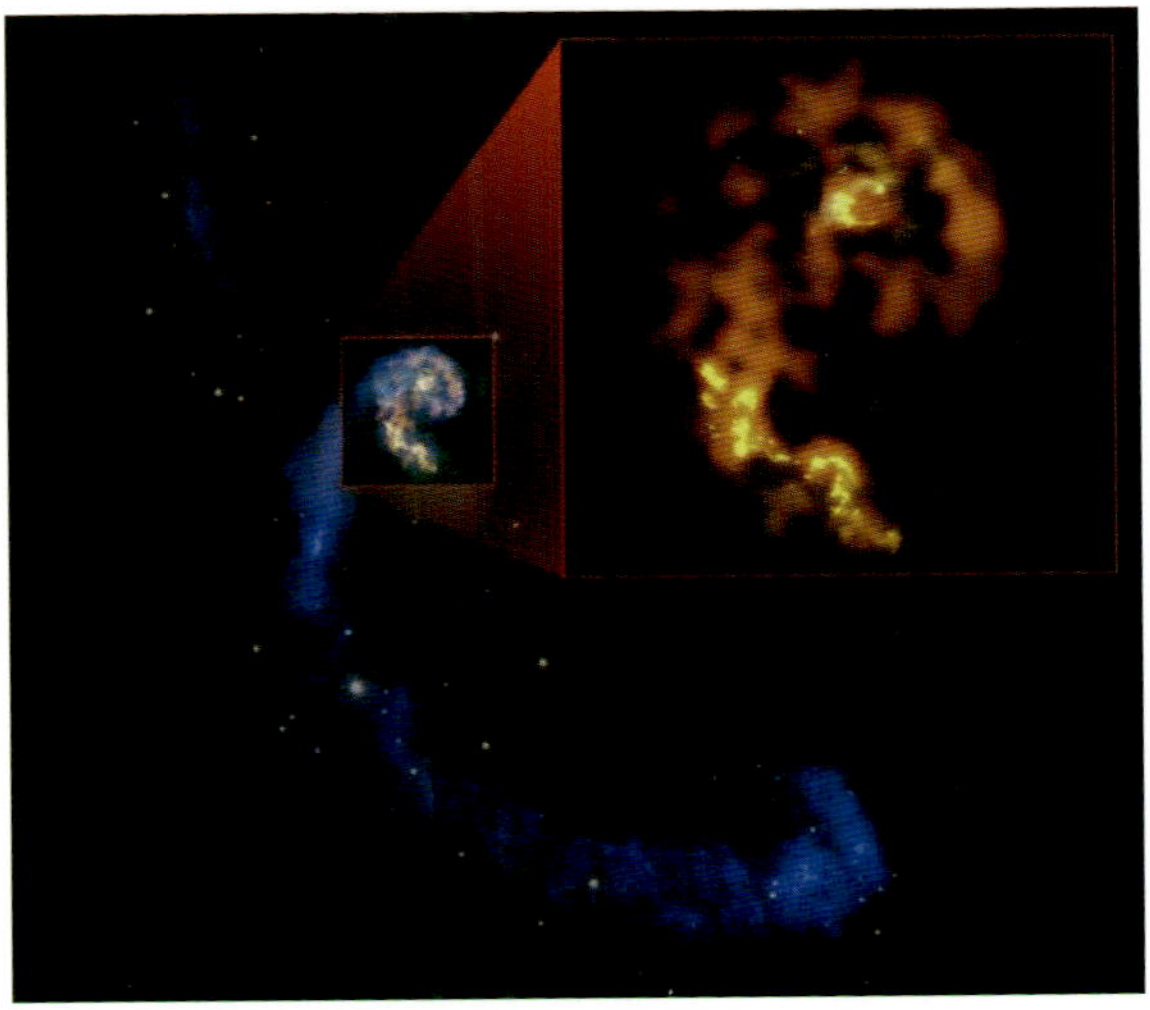

口絵23　アルマ望遠鏡の長基線観測で得られた原始惑星円盤の姿（ALMA (ESO/NAOJ/NRAO)：http://www.almaobservatory.org）

口絵24　ハッブル宇宙望遠鏡がとらえたオリオン大星雲の中に浮かぶシルエット円盤（Space Telescope Science Institute）

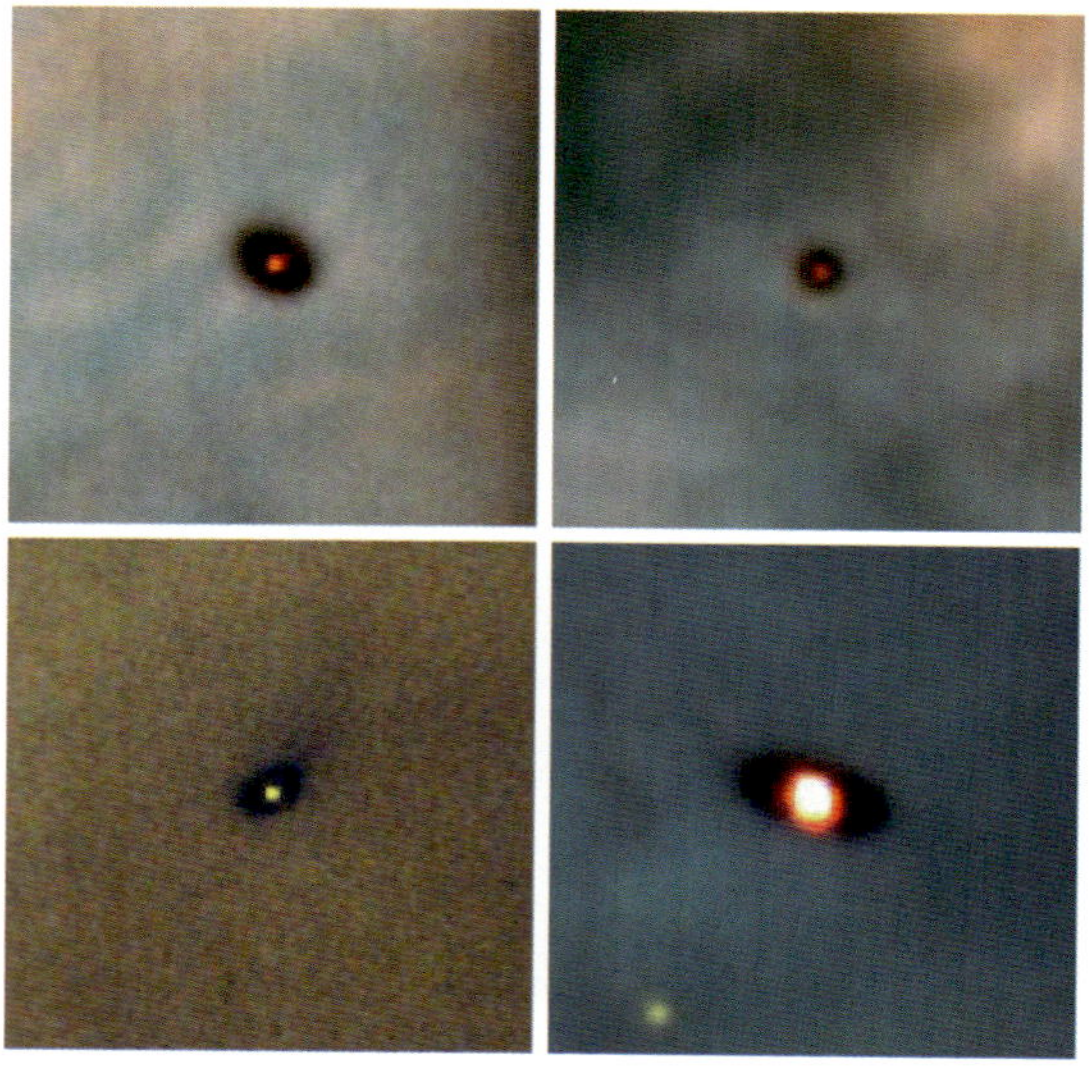

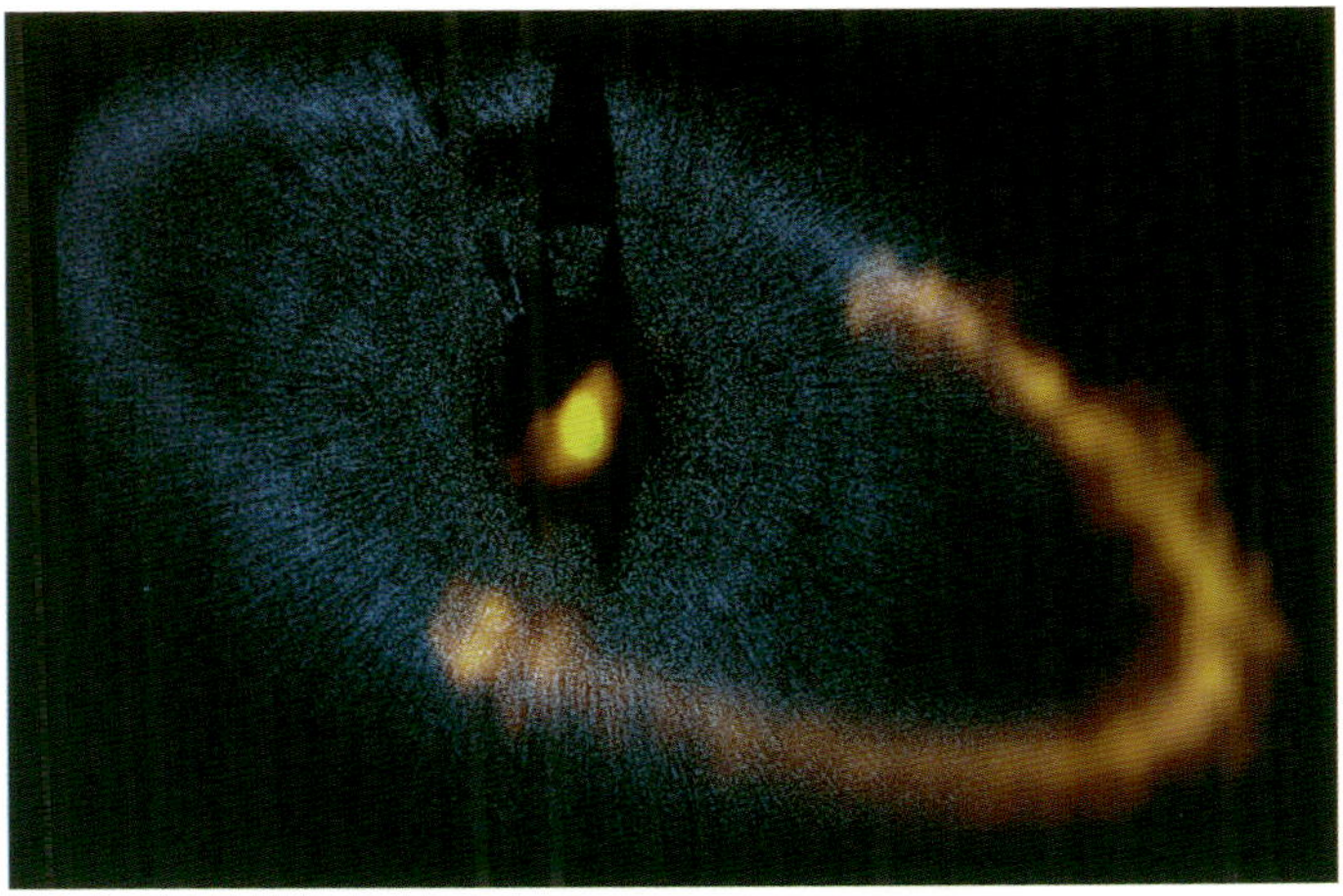

口絵25　フォーマルハウトのデブリ円盤（ALMA (ESO/NAOJ/NRAO), Visible light image: the NASA/ESA Hubble Space Telescope：http://www.almaobservatory.org）. 左側半分（青色の画像）はハッブル宇宙望遠鏡による観測, 右半分の黄色の画像はアルマの観測データ

口絵27　HD142527の周囲で発見されたドーナツ状の円盤. 塵の分布を赤, 高密度ガスを緑, ドーナツの穴の中に広がる低密度ガスを青で示した（ALMA (ESO/NAOJ/NRAO), S. Casassus *et al.*：http://www.almaobservatory.org）

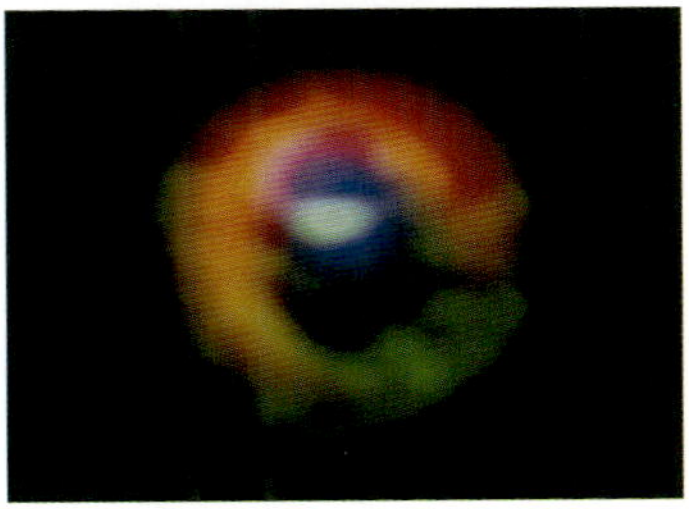

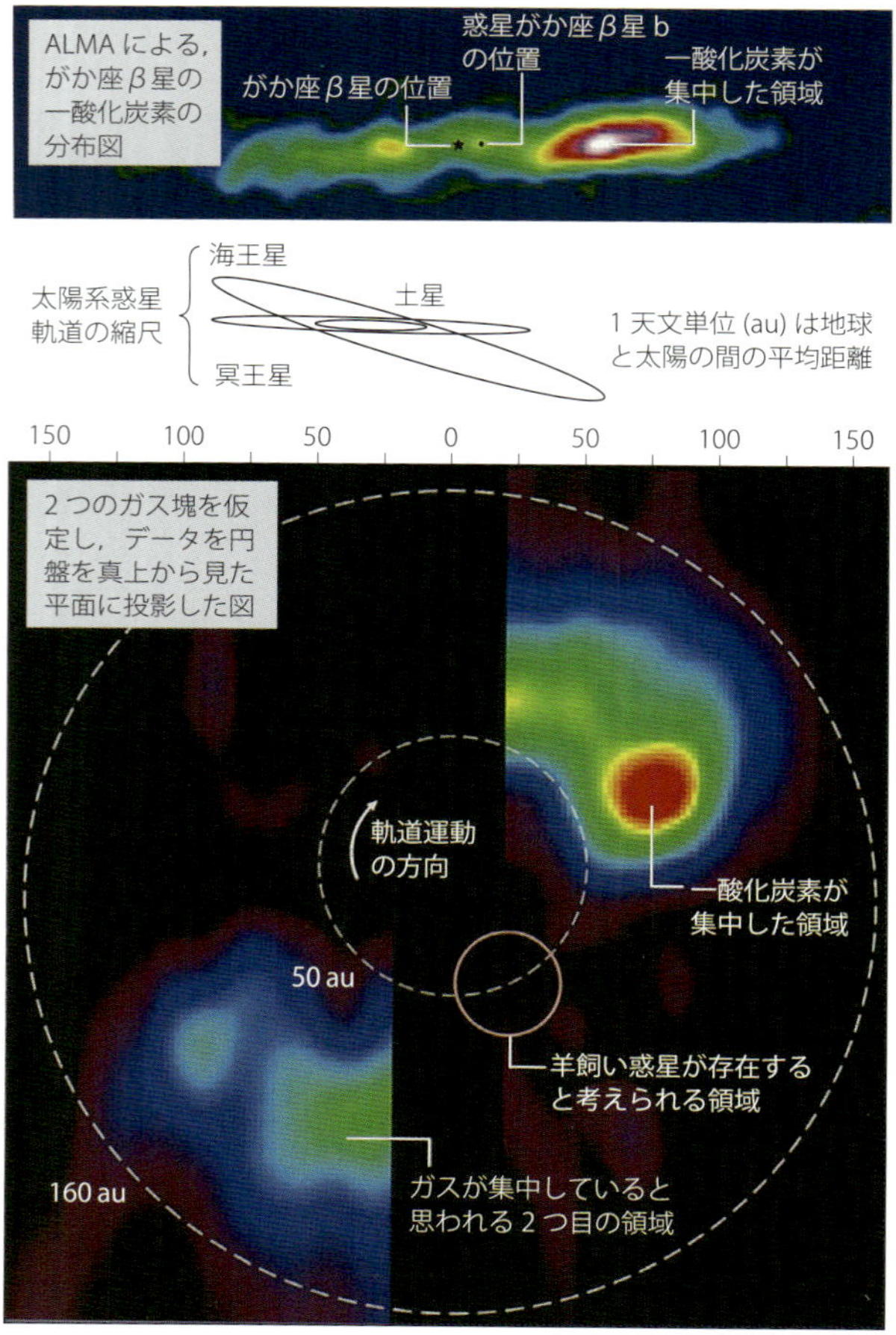

口絵26［上］　がか座β星周囲の残骸円盤から検出された一酸化炭素ガスの速度構造から推定した鳥瞰図（ALMA (ESO/NAOJ/NRAO) and NASA's Goddard Space Flight Center/F. Reddy：http://www.almaobservatory.org）

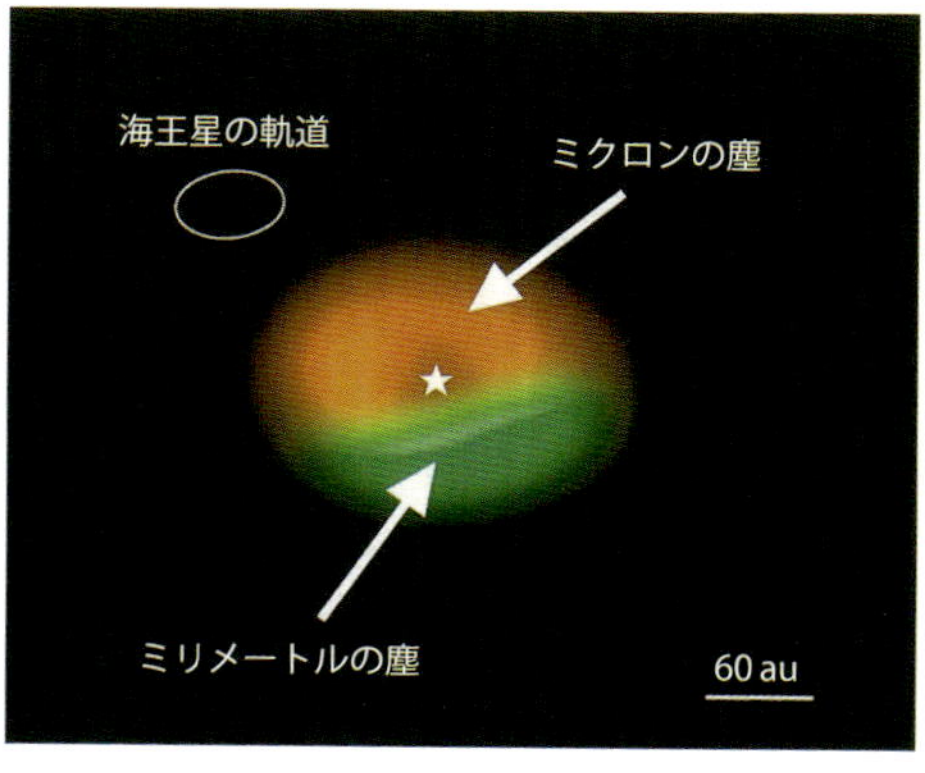

口絵28　Oph-IRS48で見つかった，偏った固体の分布を示す円盤．ミクロン程度の大きさをもつ塵が上側オレンジ色の部分に，ミリメートル程度の大きさの塵は下側緑色の部分に分布している（ALMA (ESO/NAOJ/NRAO)/Nienke van der Marel：http://www.almaobservatory.org）

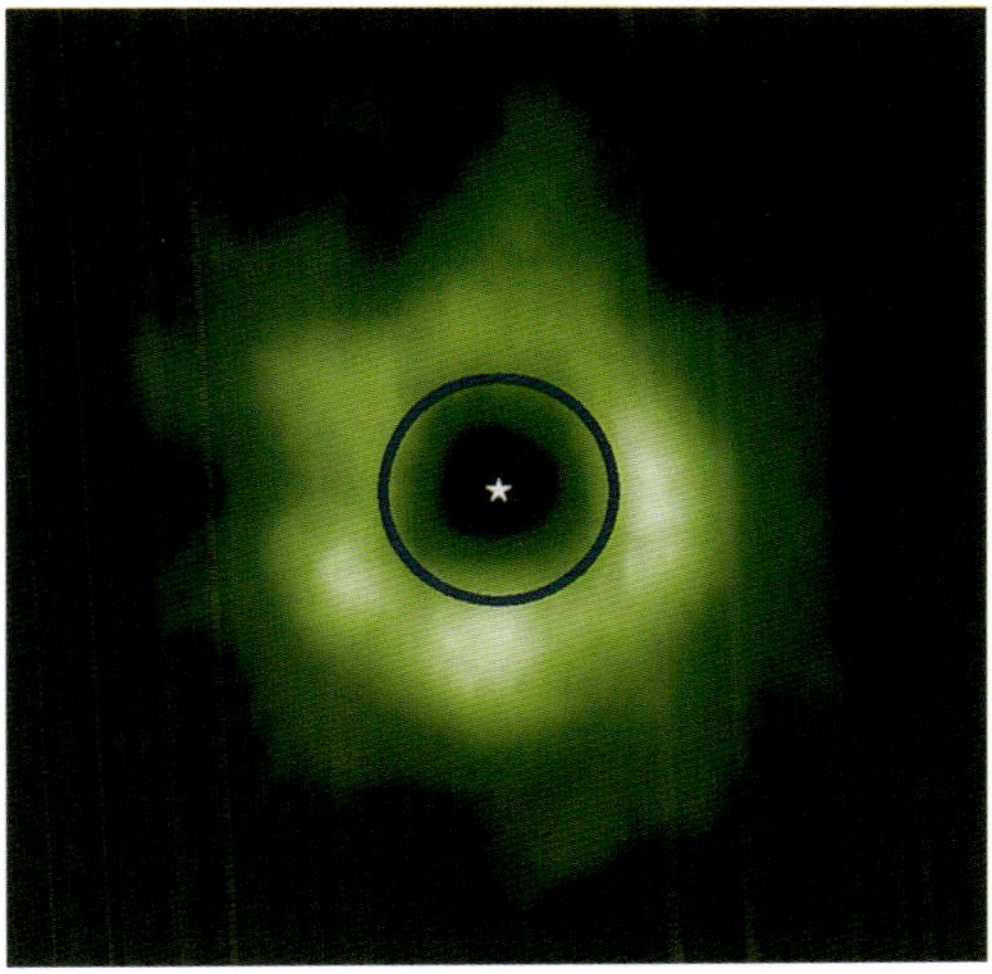

口絵29　うみへび座TW星の周囲でCOの氷が形成されていると考えられる領域. 円は海王星軌道の大きさを表す（ALMA (ESO/NAOJ/NRAO): http://www.almaobservatory.org）

口絵30　HD163296の観測から得られた原始惑星系円盤の速度構造（I. de Gregorio-Monsalvo *et al.* A&A 557, A133 (2013) http://www.aanda.org/articles/aa/abs/2013/09/aa21603-13/aa21603-13.html）. 公転運動の結果, 視線方向にとある速度で運動している成分は, 円盤の表と裏面からの放射によって2つのアーク状の構造に見える. 左下の箱内はモデル計算の結果

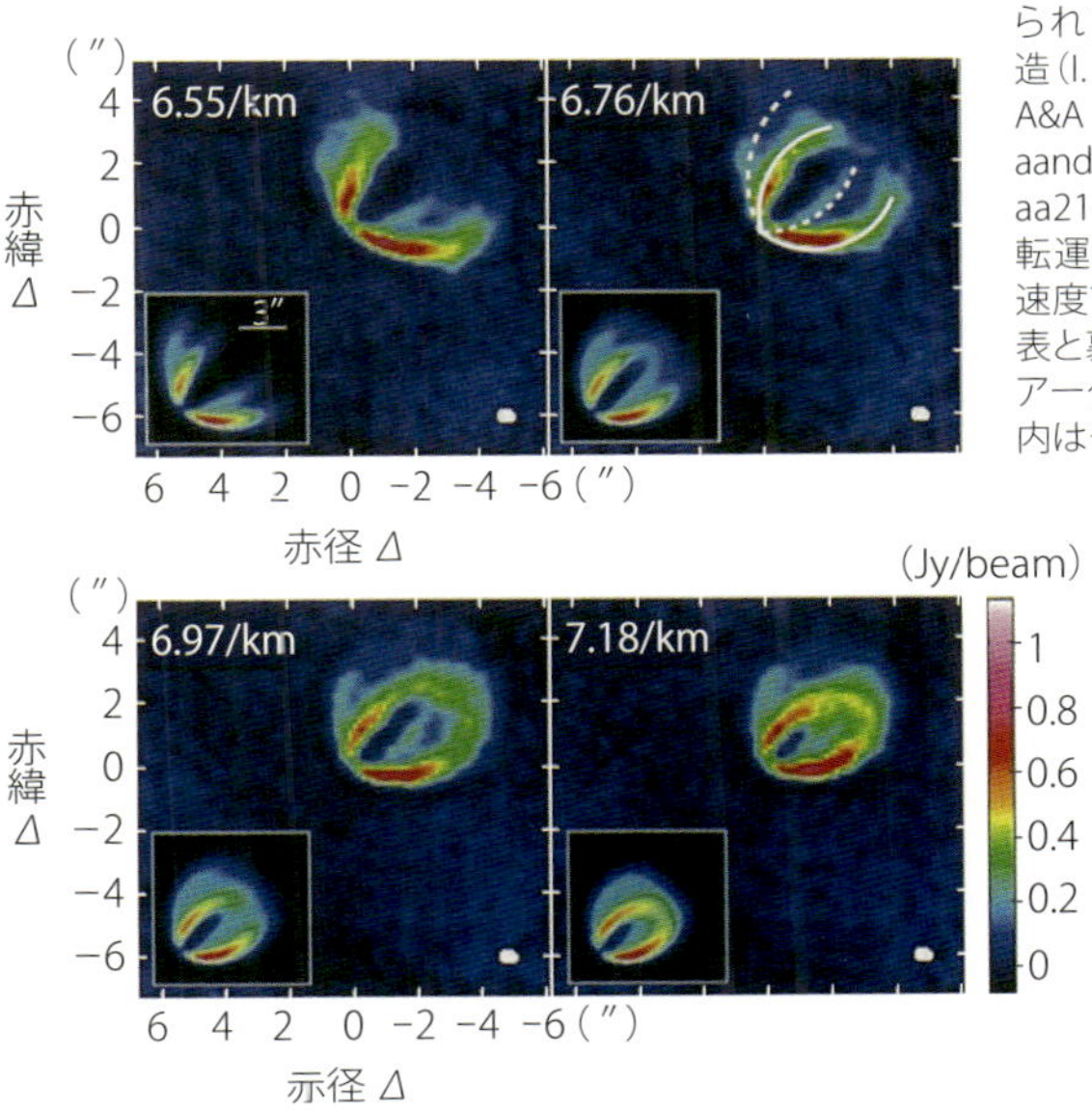

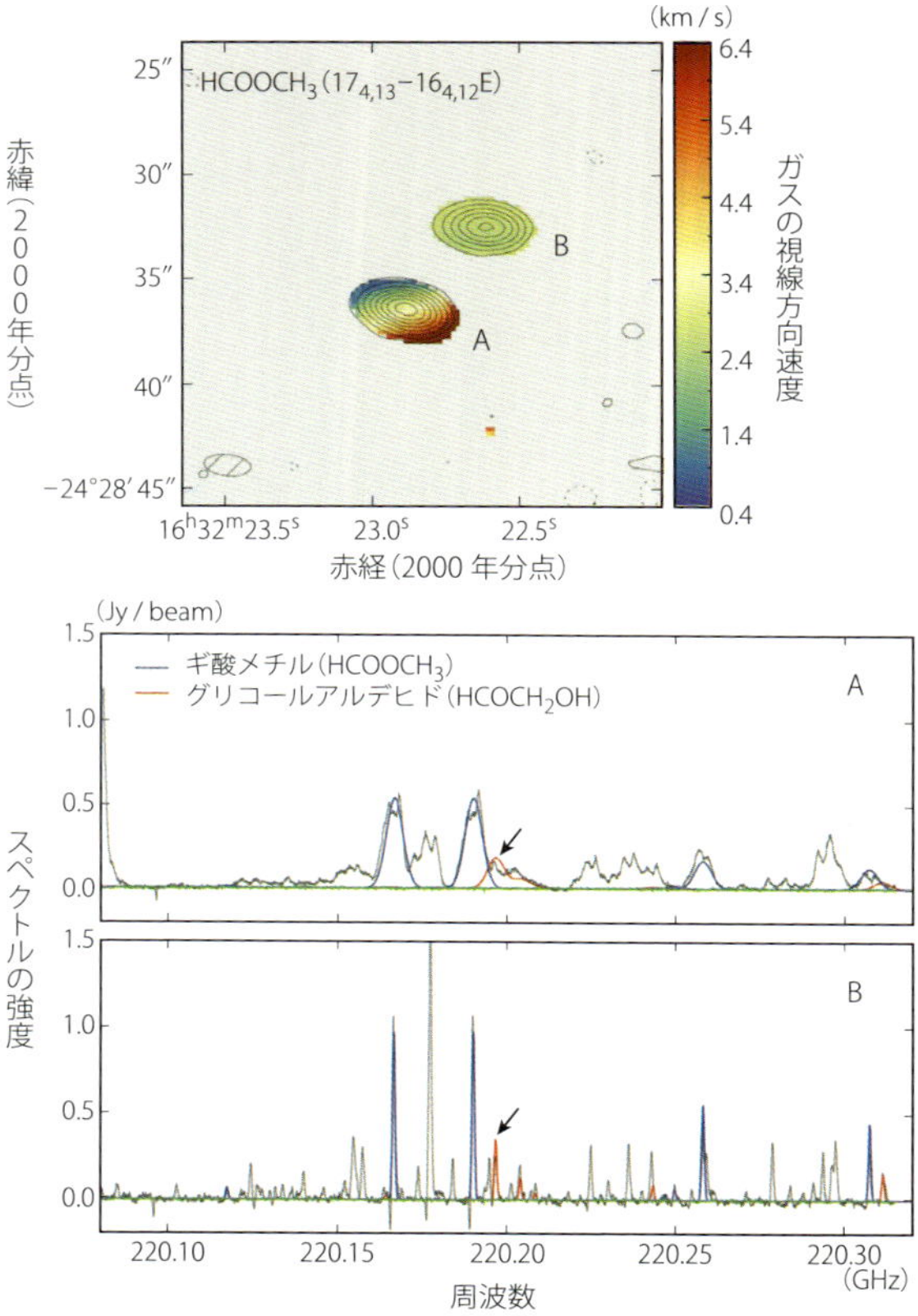

口絵31
［上］へびつかい座の原始星（連星系）IRAS16293-2422におけるギ酸メチル（$HCOOCH_3$）の分布. 赤は赤方偏移, 青は青方偏移を表している(J.E. Pineda *et al.* 2012, A&A, 544, L7)
［下］同天体で観測されたスペクトル線（黒線）. グリコールアルデヒド（$HCOCH_2OH$）の周波数に該当する場所をモデルフィットした結果が赤線（矢印）で示されている(J.K. Jorgensen,C. Favre, S.E. Bisshop, T.L. Bourke, E.F. van Dishoeck, M. Schmalzl, 2012, ApJ, 757, L4)

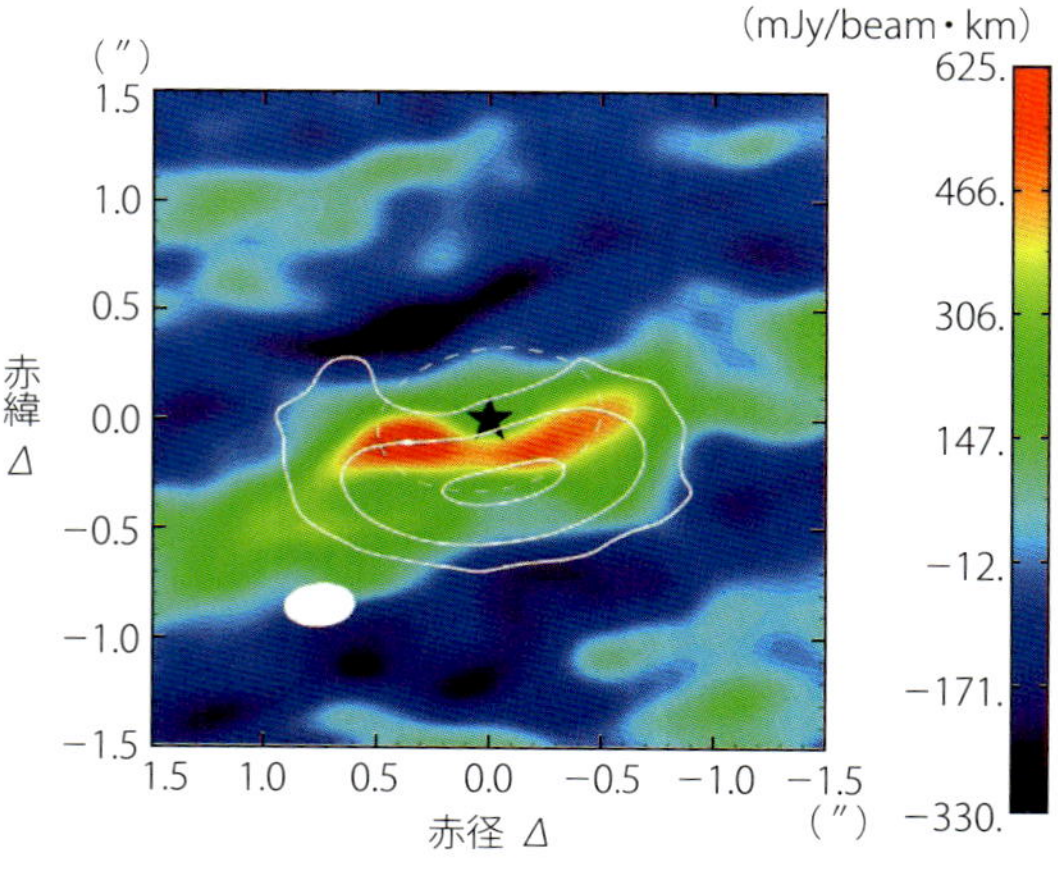

口絵32　原始星IRS48まわりのH_2CO分子の分布（カラー）とmmサイズの星間塵の分布（等高線）. 3章の図5と同じ天体（van der Marel *et al.* 2014, A&A, 563, 113）

はじめに

ついに来たアルマの時代

今、チリ・アンデスの標高５０００ｍの高地に66台のパラボラアンテナが、銀色に輝いています。ついにスーパー望遠鏡アルマが本格的な観測を開始したのです。２０１３年には、チリの現地サイトでアルマの開所式が開催されました。筆者もこの式典に参列し、アルマの道のりをふりかえり、その完成を世界の人々と祝いました。

２００４年に発刊したアルマ紹介の書籍『私たちは暗黒宇宙に生まれた』から、はやくも10年以上の月日が流れました。アルマは、私たちの期待を裏切らない、天文学の歴史に永遠に刻まれる画期的な望遠鏡として活躍しています。他の観測装置と同様にこれから30年以上にわたって天文学をリードすることになります。予想を超えた宇宙の姿が、アルマの初期観測から見えてきました。

人類の宇宙への好奇心に限界はありません。私たちは、飽くことなく人類の起源をたずねつづけ、宇宙に手がかりを求めてきたのです。スーパー望遠鏡アルマは、確実に新たな生命誕生のヒントをもたらしつつあります。２００４年に私たちが夢見た世界が、いよいよ現実になろうとしているのです。アルマのもたらした超高分解能の世界は、遠方銀河の巨大なブラックホールの存在を明らかにし、若い星の円盤に惑星形成の痕跡を発見しました。マゼラン雲では銀河系外初の原始星を発見し分子雲衝突による巨大星形成を証拠づけました。

すべての「命」は、様々な条件が満たされないと、生まれません。まず、宇宙という舞台そのものがなくてはなりません。生命を育む地球のような海のある固体惑星が必要です。さらに、生命を形づくる様々な元素は、超新星爆発のおかげでつくられます。これらの「宇宙の事件」が幾重にも重なって、「命」が成立しているのです。アルマは、これらの「事件」を読み解く最強の装置です。

本書は、アルマを使った初期の観測成果を中心にまとめました。装置とその運用についてはチリ現地で活躍している水野範和（チリ観測所）が担当しました（序章）。以下の4人の天文学者が専門領域を中心に、アルマの最新観測成果を解説しました。

第1章　宇宙論・銀河　谷口　義明（放送大学）
第2章　巨大星の誕生　福井　康雄（名古屋大学）
第3章　原始惑星系円盤　立原　研悟（名古屋大学）
第4章　物質の進化　坂井　南美（理化学研究所）（敬称略）

アルマは、2013年に初めて観測提案を国際公募しました。ほぼ年1回提案の公募がなされています。2016年に世界各国から提出された観測提案は、約1500件です。審査にも膨大な労力が必要です。1500件の観測提案の審査のために100名近い審査員が年に1回、世界の一か所に集合し、ほぼ1週間かけて個別審査、総合審査を行ないます。提案は、「星形成」、「円盤」、「銀河」などの分野毎に区分され、それぞれを担当する7、8人の小委員会が約100件の提案の審査を担当します。小委員会は10以上あり、事前に書面審査で評価点をつけ、それをもとに順位をつけて委員会での合議審査を行います。各審査委員は「アセッサー（assesar）」と呼ばれ、アメリカ、ヨーロッパ、日本、チリの天文学者から選ばれてそれぞれ3年の任期です。提案の競争率はほぼ4～5倍です。一人100件の提案を読んで判断するのは大変な仕事ですが、大規模な国際協力によってこの審査は運営されてきました。また、チリ現地では日本のスタッフも含めて100人の職員がアンテナ・受信機などの保守運用にあたっています。史上初の大規模な国際協力が成功したのです。

これからの宇宙研究はアルマだけでは閉じません。2016年は、ライゴによる重力波の発見によって、天文学史上、記念すべき年になりました。向こう10年でさらに多くの重力波源が発見されるでしょう。ここでの天文学の課題は、重力波源がどの天体かを特定することです。これによって天体の進化とブラックホールの進化の関係が見えてくるはずです。筆者は、球状星団のような巨大星団がもっとも有力な重力波源の候補ではないか、と予想しています。このような星団は、高密度でブラックホールを含むからです。いいかえると、アルマによる球状星団の誕生の解明が、重力波天文学に基礎を与える可能性もあるのです。

ますます、アルマの成果から目が離せません。読者の皆さんとともに、アルマによってベールがはがされる「宇宙の素顔」を楽しみたいと思います。

新緑の美しいプラハの天文学研究所にて
2016年7月　　福井　康雄

4章

物質の進化

坂井南美

序章

スーパー望遠鏡「アルマ」

水野範和
MIZUNO Norikazu（国立天文台チリ観測所准教授）

1 アルマ望遠鏡

前史

人類は、昔から光で宇宙を観てきました。目の網膜で認識できる可視光の波長は0・4〜0・7ミクロン（1ミクロン（μm）は1メートルの百万分の一）で、波長が短い方から、紫‐藍‐青‐緑‐黄‐橙‐赤の7色になります。また、光は電磁波の一つであり、電磁波は電気振動が光速度で真空中を伝わる現象です。電磁波の大部分は、可視光以外の波長を持ち、電波、赤外線、紫外線、X線、ガンマ線と呼ばれます（図1）。

そのうちの一つの電波は、波長によってさらに細かく分類されます。アルマ望遠鏡が狙うのは「ミリ波サブミリ波」という、電波の中でももっとも波長の短いものにあたります。もちろん目では見えませんが、高精度な電波望遠鏡を使えば観測できるようになるのです。

電波天文学は20世紀半ばの1950年ごろから本格化しました。可視光の天文学に比べて若い分野ですが、その後発展した赤外線観測などに比べますと、電波観測の蓄積は大きく、現代

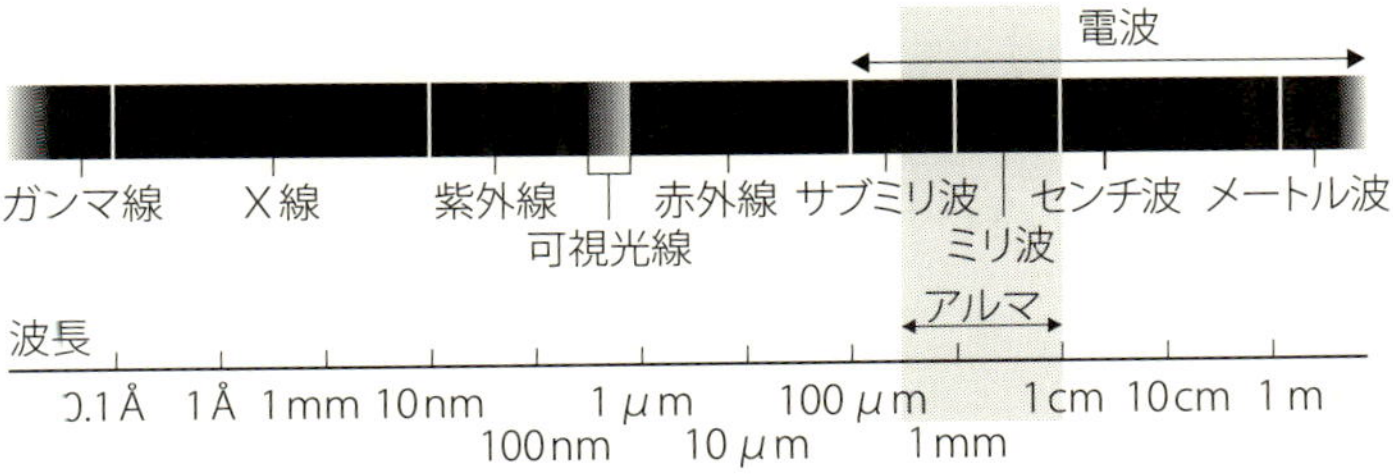

図１　波長と周波数の違いによる、さまざまな電磁波

の宇宙観の基礎を形成するまでになっています。

可視光天文学で観測できる対象は、太陽などの自ら光る星「恒星」です。恒星の表面温度は数千度から数万度におよび、この温度によって、放たれる電磁波の波長が決まるのです。ミリ波は波長１㎜から１㎝、サブミリ波は０・３㎜から１㎜の電波で、ミリ波サブミリ波を放つ天体は一般に温度が低く、数１００度以下の天体なのです。このような低温の天体は、星ではありません。星をつくる原料になる星間空間のガスや塵なのです。

ガスの主成分は水素です。さらに水素の10％のヘリウムも含まれます。加えて、水素の一万分の一ほどの炭素、酸素、窒素などの重元素（天文学では水素やヘリウムより重い元素を指す）が固体の塵を形成します。塵の質量はガスの質量の百分の一程度です。

水素原子は、陽子１個と電子１個からできていて、宇宙のもっとも基本的な原子です。星間ガス中の水素原子は１９５１年に発見されました。水素原子は、波長21㎝に特有の電波を発し、この電波が天の川から検出されたのです。

もう一つのエポックが１９７０年に刻まれました。一酸化炭素分子ＣＯの放つ波長２・６㎜の電波の発見です。ＣＯ分子を含むガス雲は主に水素分子からできていると考えられます。宇宙の大部分は水素であることに変わりはありません。ガスが濃くなると、水素原子Ｈは２個結合して、水素分子H_2に姿を変えます。化学反応によって分子が形成されるのです。

電波観測は、技術の発達に大きく影響を受けてきました。一般に波長の長い電波技術が初めに発達し、より波長の短い電波の観測技術が徐々に進歩してきました。波長が短いと、機器にはより高い精度が求められます。特に波長が短いミリ波サブミリ波の観測は、電波の中でももっとも難しいテーマであり、本格的な観測は１９８０年代以降になって行なわれたのです。水素原子の発見の背景には、第2次世界大戦におけるレーダー技術の開発がありました。軍事のために開発された技術が電波観測に応用されました。ＣＯ分子の発見はミリ波の天文観測の重要性を示し、その後のミリ波天文学発展の口火を切ったのです。

１９７０年以降、世界には口径数10㎝から数10ｍの多くのミリ波の電波望遠鏡がつくられ、分子雲が観測されました。その結果、多くの星間分子が発見され、分子雲という宇宙の濃いガス雲の世界が開かれました。ミリ波の観測が、これらの分子の発見の表舞台でした。これまでに発見された分子は軽く１３０種類を超えます。星をつくる多様な原料の「顔」が見えてきたのです。

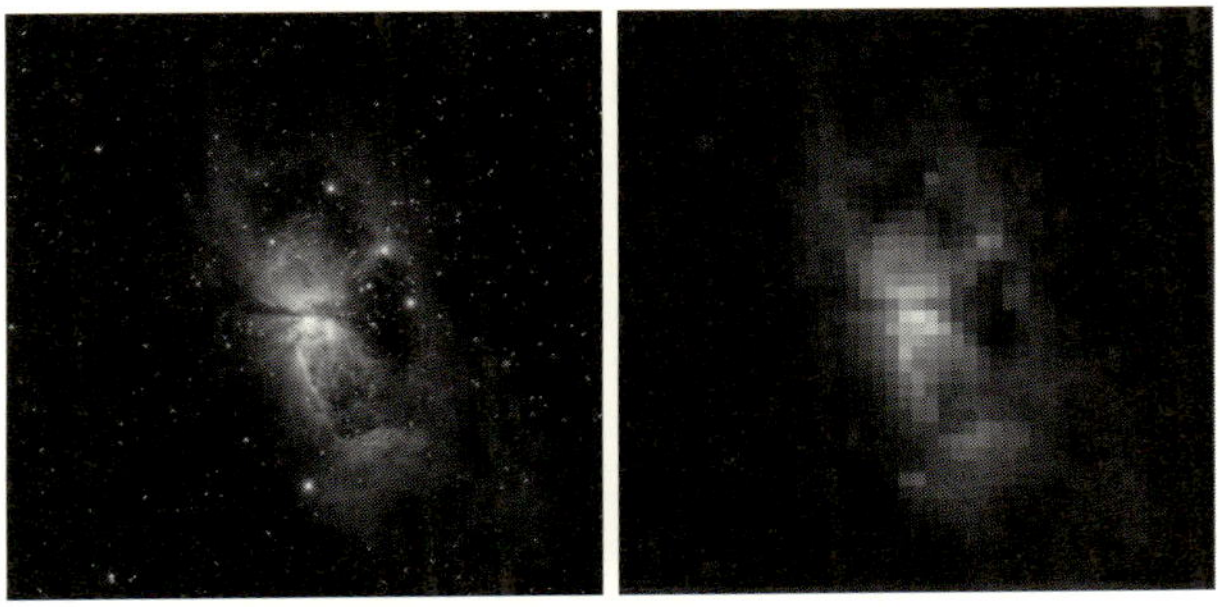

図２　高い解像度で観測された星雲（S106）の写真（左）と、解像度の低い画像（右）との比較（国立天文台）

アルマに向けて

電波観測の大きな目標の一つは、角度分解能を高めることです。角度分解能とは、小さな構造を大きく拡大してみたときの解像度のことです。可視光は波長が短いので角度分解能が高いのです。鮮明な銀河や星雲の美しい写真が、可視光の解像力を示しています。これに対して、電波は解像力が低いのが弱みでした（図２）。これは波長が長いためです。一般に観測の分解能は、波長と望遠鏡の口径で決まります。可視光の波長０・５ミクロンに対して波長１㎜は２０００倍の長さです。可視光と同じ分解能を達成するには、口径が２０００倍なくてはなりません。

　角度分解能をあげるために、電波望遠鏡の口径を大きくすることがまず考えられます。しかし、これには限界があります。地上においた電波望遠鏡は、大きくすると地球の重力によって変形します。大きくすればするほど変形量はどんどん大きくなります。現在動いている望遠鏡の口径はミリ波では１００ｍが最大で、それでも可視光とくらべる

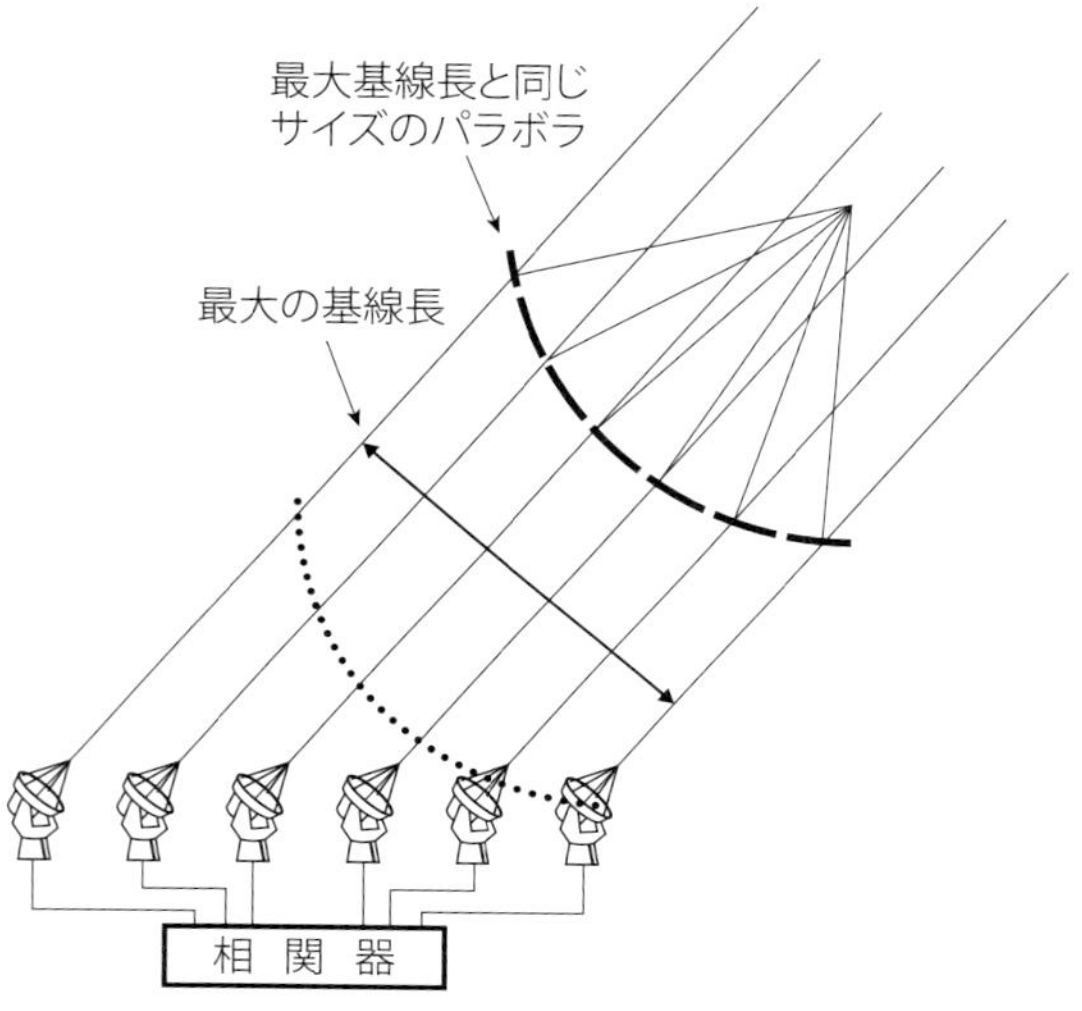

図3　干渉計による電波観測の概念図

と解像力は1万倍劣るのです。

この弱点を克服する方法が干渉計です。干渉計とは、2個以上の電波望遠鏡を結合することです（図3）。そうすると各望遠鏡は、望遠鏡の口径よりも何倍も大きな距離を隔てて、設置できることになります。この場合の分解能は、波長と望遠鏡どうしの距離の比で決まるため、重力変形の小さな望遠鏡でも、単体よりはるかに高い分解能が実現できるのです。この手法は1946年、英国のライルによって考案され、「開口合成法」とよばれています（図4）。その考え方は、最大基線長と同じサイズの口径をもつ望遠鏡を、2個以上の電波望遠鏡で時間をかけて合成する、というものです。時間はかかりますが、地球の自転によって望遠鏡の位置関係が変動することを利用して大きな口径と等価な観測ができるようになりました。

1980年代には、ミリ波での干渉計が2台つくられました。一つは日本の国立天文台が野

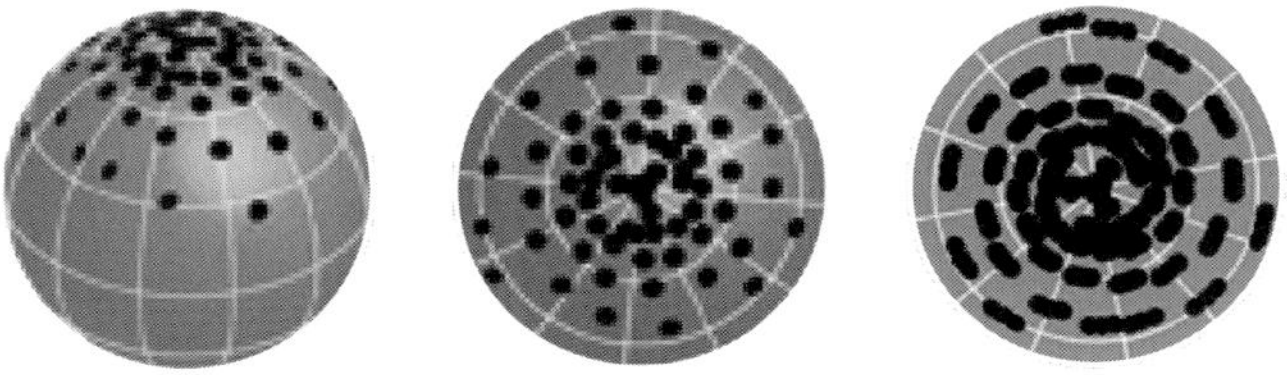

図4　地球の自転を用いた開口合成法の概念図。地上に置かれた多くの望遠鏡を天体から見たとき、地球の自転によって回転した結果、あたかも一つの巨大な望遠鏡として機能する（国立天文台）

辺山につくった5素子干渉計、もう一つはヨーロッパ連合のミリ波天文台がフランスにつくった6素子干渉計ＰｂＢＩ（将来は12素子のＮＯＥＭＡに拡張される）です。これらの装置は、ミリ波帯で銀河や星形成領域の高分解能観測を実現し、さらに大きな干渉計を建設することに多大な意義があることを示したのです。一方米国は、ＶＬＡというセンチ波の干渉計によって波長が長い領域の観測を行なっていました。

１９８０年代に入り、世界の3極（日本、ヨーロッパ、北米）で次の時代のミリ波干渉計計画が検討され始めたのは自然な展開でした。いろいろな経緯を経て、世界で統一して大ミリ波干渉計を建設することが真剣に検討されたのが、１９９０年代後半です。協力することで、別個に作るよりもはるかに高性能の干渉計が実現できます。なかでも日本は、ミリ波にとどまらず、サブミリ波も射程にいれることを主張して、この装置の短波長化をリードしました。こうして２０００年代に世界はアルマ実現に向けて大きく踏み出すことになったのです。

ミリ波サブミリ波観測に必要な条件

ここで起きた一つの大きな問題は、望遠鏡のサイト（設置場所）でした。大気中の水蒸気が赤外線からミリ波にかけての電磁波を吸収することが、観測の質を大きく左右します。すばる望遠鏡はハワイのマウナケア山頂につくられました。標高４２００ｍの高地で空気が薄く、水蒸気も少なく、電磁波が大気によって吸収されにくいのが大きなメリットであったためです。

また、可視光では、画質は空気の揺らぎによって左右されます。これをシーイングといい、このシーイングの善し悪しが問題になりましたが、マウナケアはこの点でもすぐれていました。ミリ波干渉計も、水蒸気量が少ないことは大切な条件です。日本という場所は、その意味でサイトとしてはまったく適しません。詩歌に謳われる四季の美しさは、水蒸気の生み出す雲や霞によるところが大きく、宇宙観測には向かないのです。逆に乾燥しきった世界が必要で、ハワイもその意味ではベストとはいえなかったのです。

当初米国内にサイトを探していた米国勢（ＮＲＡＯ：米国国立電波天文台）も関心を示し、途中から日本と協力体制をとるようになり、そこで注目されたのが南米チリのアンデス山脈でした。アンデスは地殻が隆起してできた地形で、標高５０００ｍ級の高地が広がります（図５）。ハワイ山頂に比べて土地は無限に広がっています。

１９９０年代の中頃、チリと日本の天文学者が共同でチリ北部の調査を始め、その後各国と共同で候補地をしぼり込みました。その結果、チャナントールと呼ばれるアタカマ高地の一部

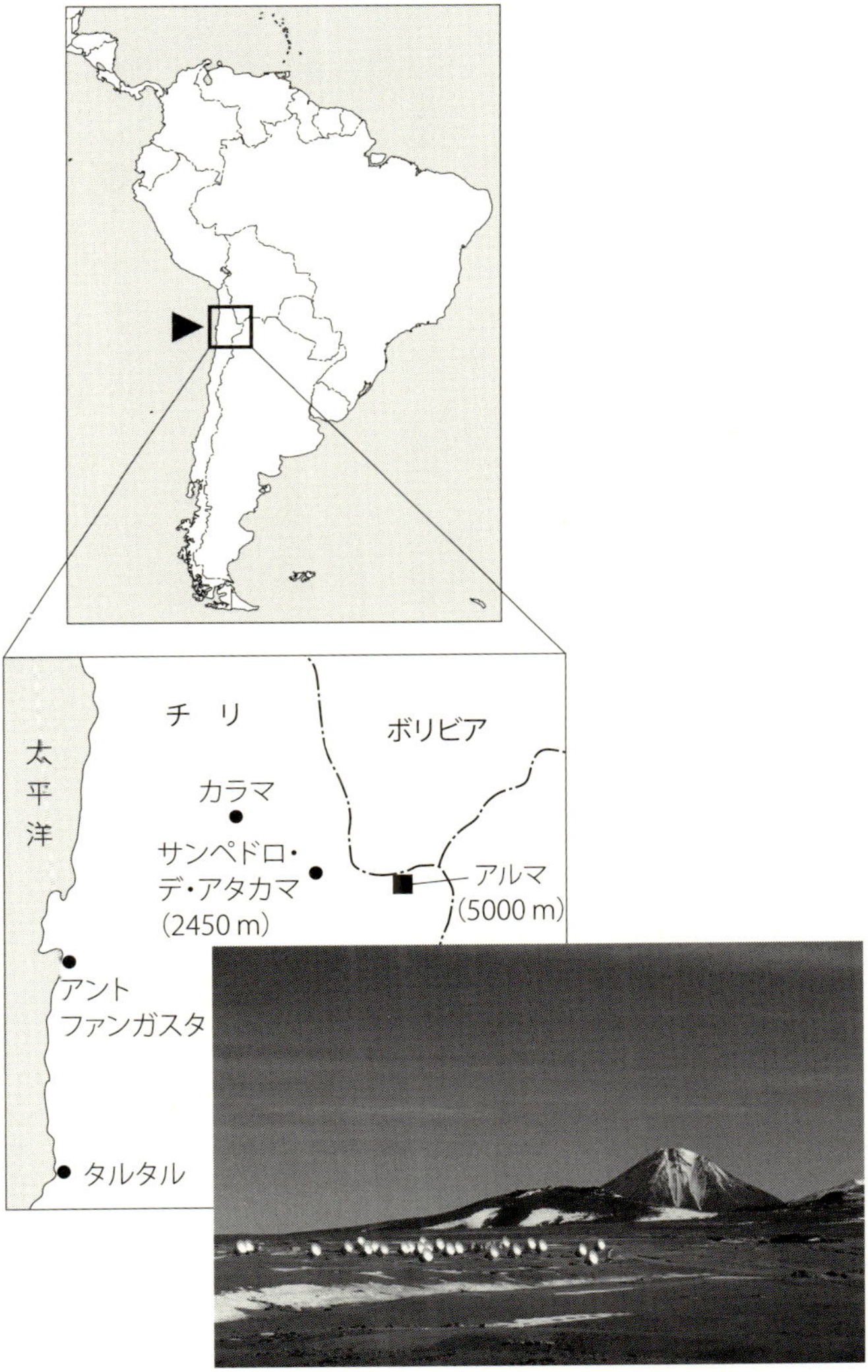

図5　アルマ望遠鏡が設置されたチリ・アンデス山脈北部のアタカマ砂漠

が最適地候補であることが分かったのです。乾燥しており、年間70％が晴れているというのです。国立天文台は、ここに気象観測装置を設置して気象データを取り、同時に簡単な電波測定器を設置して電波の透過度を調べました。結果は上々で、最終的にここがアルマの建設地となりました。これと並行して各国は望遠鏡の設計など、干渉計自体の開発に力を注いでいき、アルマ計画は日増しに具体性を帯びてきたのです。

アルマ望遠鏡の所用予算はほぼ1200億円でした。これを3極のパートナーが分担し、文字通りの国際協力を実現しようという骨格が固まりました。日本の分担分は最終的に250億円程度になったのですが、これを支える体制づくりが各極の課題となったのです。

日本では、望遠鏡開発、建設作業などは国立天文台が担当し、台内にアルマ計画準備室が設けられ、名古屋大学出身の石黒正人、川辺良平らが担当しました。この規模の計画になると、全日本をあげて協力する体制が必要になります。電波天文学者の総意を集め、計画を議論する枠組みです。

1997年には大学共同利用機関国立天文台にアルマ計画推進小委員会が設置され、福井康雄が小委員長になって国内研究者の結集をはかりました。また国際的にはアルマ科学諮問委員会ASAC（ALMA Science Advisory Committee）がつくられたのです。

2002年、米国側とヨーロッパ側はアルマ建設の合意に至り、正式に建設が始まりました。しかし、日本側は同時に正式参加できませんでした。その背景の一つは、当時進んでいた大学等の研究教育機関の独立法人化でした。２００４年に発足する計画で進行していた独立法人化が完了した時点で初めて、２００４年にアルマの日本側参加も正式に決定されたのです。このために、後発の日本がアルマのどの部分を担当するかが問題になりました。

2　干渉計とは

干渉計の仕組み

解像度の高い、シャープな写真を撮りたい場合、どのようにしたら良いのでしょうか？　最近はデジタルカメラも高性能化が進み、携帯電話に付いているカメラですら10メガ（１千万）ピクセル以上、プロ用の一眼デジカメなら数十メガの画素数を誇るものも珍しくありません。画素数が多くなればなるほど細かいところも鮮明な画像を得ることができます。しかし、いくら画素数を多くしても、得られる画像の鮮明さには限界があります。空気の揺らぎがあるからです。

地上光学望遠鏡ではこの大気の揺らぎ（シーイング）が、画像の鮮明さ（分解能）を決めてしまいます。そこですばる望遠鏡では、この揺らぎを補正するための特殊な装置を搭載しています。一方ハッブル宇宙望遠鏡は大気圏外に打ち上げることで、シーイングの効果を最初からなくすことができたのです。

では技術の進化とともに無限に画素を多くすることができたとして、宇宙望遠鏡なら際限なく分解能を上げることができるのでしょうか？　ここではまた別の限界が立ちはだかるのです。回折限界と呼ばれる現象です。

すでに述べたように光は電磁波と呼ばれる波です。望遠鏡ではレンズを通ったり鏡で反射させたりして光を集めますが、この過程で波の回折と呼ばれる物理現象が起きます。高校物理で単スリットの回折実験を習ったことがある人は思い出してください（図6）。スリットにレーザー光のような単色光を当てると、通り抜けた光はスクリーンにあたり、縞状の明暗パターン（図6の右のグラフ）が現れます。この縞一本の幅はスリットの幅自体よりも太く、回折現象により像はぼやけます。

波が障害物を回りこむのも同様に回折現象で、基地局から見て障害物の影にいても、携帯電話が通じるのもこれのおかげなのです。波が回折によって進む方向を曲げられる角度（回折角）は、スリット（望遠鏡ではレンズや鏡に対応）の幅dと、その波長λの比λ/dで決まります。すなわち、波長の長い電波で観測する場合、回折角を極力小さくするためには、dが大きな鏡を持つ望遠鏡が必要となるのです。

しかし人間が作れる鏡の大きさには限界があり、また大きな鏡になるほど精度を上げることが難しくなってしまうのです。光の観測では回折角は十分に小さいため問題になりませんが、比較的小さな鏡で長い波長の観測を行おうとすると、画素の大きさやシーイングより、回折角

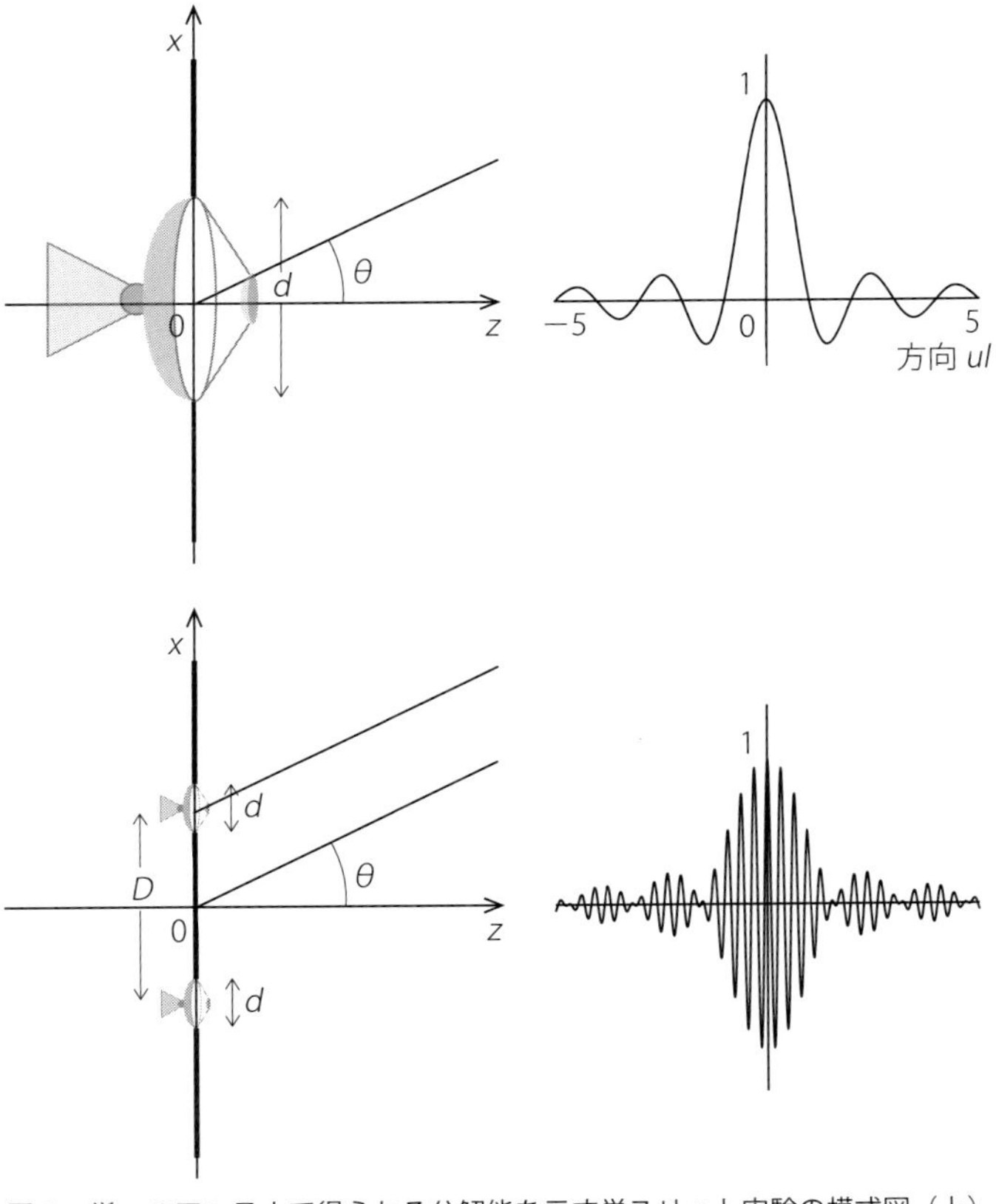

図６　単一のアンテナで得られる分解能を示す単スリット実験の模式図（上）と、干渉計により高い分解能を得られることを示す複スリット実験の模式図（下）。右のグラフはスクリーン上に投影された明暗の縞（干渉縞）を表す

が分解能を決める要因となってしまうのです。

そこで考え出されたのが干渉計です。もっとも簡単に、2つのアンテナによる干渉計を考えてみましょう。ここでもアンテナをスリットだと思うと、ヤングの実験として知られている複スリットの干渉を思い浮かべると判りやすいでしょう。

2つのスリットを通り抜けた光は、それぞれの光が通る経路の差（光路差）によって干渉が起き、単スリットと同様にスクリーンに明暗の縞模様を描きます。このときの縞の幅は2つのスリットの間隔をDとすると、およそλ/Dとなり、間隔Dを大きくすれば単スリットのときと比べて縞模様の幅をより小さくすることが可能になるのです（図6の下図）。

この実験では一般に、スリットに対し平行な光が一様に照射されている状況を考えますが、実際の天体には大きさや形があり、それに伴って縞模様の現れ方が変わります。この干渉縞から天体の画像を得るためには、異なる間隔Dを持つアンテナのペアが作る干渉縞をたくさん組み合わせ、計算機の中で再合成するのです（開口合成という）。多くのアンテナからなるアルマ望遠鏡は、たくさんのアンテナのペアを作ることができます。また地球の自転による天体の日周運動を用いると、同じアンテナのペアであっても、天体の方向から見たアンテナの見かけの間隔が変わることにより、Dを連続的に変えたのと同じ効果が得られるのです。

図7　NANTEN2を電波干渉計で観測した際、12mアンテナのみの干渉計で得られる画像（右）と、7mアンテナのみの干渉計で得られる画像のイメージ（中）

「ACA」の概念

干渉計には弱点もあります。分解能が高すぎるために、小さい領域の細かな構造については検出力が高いものの、広がった構造を見落とす可能性があるのです。そのために、天体の電波強度を少なく見積もってしまうことになります。強度を精確に測定するためには、大きな障害になるのです。これを補う方法として、国立天文台が検討したのはコンパクトアレイでした。本体の12mアンテナ50台に加えて7mアンテナ12台と12mアンテナ4台を加えて広がった成分を見落とさないことが計画されたのです。この別アレイはACA（Atacama Compact Array、モリタアレイ）とも呼ばれます。

図7に、12mアレイと7mコンパクトアレイの感度分布の比較を示します。12mアレイでは細かい構造は捉えられますが、その背景になる広がった分布は見えません。アルマの12mアンテナどうしの間隔（基線長と呼ばれる）は、短いものでは15m、もっとも長いものだと16kmまで可能です。これより短い基線長だとアンテナどうしがぶつかってしまうため実現不可能ですが、

より口径の小さい7ｍのアンテナを用いれば、8・9ｍまで基線長を短くすることができます。こうして7ｍの鏡を加えることによって、広がった成分がとらえられるになったのです。さらに干渉計ではなく単一鏡モードで観測したデータを組み合わせれば、質の高い画像を再合成することが可能となります。

このようにして、実質的に巨大な1枚の鏡からなる望遠鏡に匹敵する撮像性能を実現することができるようになりました。干渉計型望遠鏡は、こうして高い分解能の電波画像を得ることができるようになったのです。

3 アンテナ

電波望遠鏡の外見は巨大なパラボラアンテナです。これは天体から来る微弱な電波を焦点に集め、それを受信機へと導く役割を担っています。アルマ望遠鏡の写真を見ると、注意深い人は4つの異なるタイプのアンテナから構成されていることに気付くでしょう（図8）。電波を反射するパラボラ鏡（その形状からお皿を意味するディッシュと呼ばれることもある）のサイズが、直径12ｍのものと7ｍのものに大別することができます。

さらに12ｍのアンテナも、北米とヨーロッパ、そして日本の3つが、競い合うようにそれぞれの最新技術を投入して作られていて、少しずつデザインが異なります。ただし北米製とヨー

図8　さまざまなタイプのアンテナからなるアルマ望遠鏡（ALMA（ESO/NAOJ/NRAO), C. Padilla）（口絵１）

ロッパ製の12mアンテナはそれぞれ25台ずつあるのに対し、日本製の12mアンテナは4台しかないので、見つけるのは難しいかもしれません。

これらはアルマ望遠鏡の性能を引き出すために、超高性能のアンテナとして機能するように設計されているのです。ここには、これまでの電波天文学を支えるために築き上げてきた技術が、惜しげもなく投入されています。なお、日本のアンテナは、すばる望遠鏡や野辺山観測所45m望遠鏡を作った三菱電機が設計と製作を担当しています。

各国でデザインは少しずつ違っても、どのアンテナもアルマの厳しい要求を満たすように設計されています。要求仕様の中でも、技術的に大きな挑戦として（1）鏡面精度、（2）駆動性能、（3）安定性の3つを高いレベルで実現することがあげられます。これら一つ一つの要求を満たすだけでも大変なことですが、それらを同時に満たすことの困難さは並大抵のものではありません。

アルマは電波の中でもサブミリ波と呼ばれる、もっとも短い波長で観測を行います。観測する波長が短くなれば、それだけ鏡面は滑らかでなければいけません。アルマの12ｍアンテナの鏡面精度（理想的な形からのズレ）は25ミクロン以下であることが求められています。これは人間の髪の毛の太さのおよそ1／4ほどしかありません。アルマはアンテナの台数も多く、またそれらは移動するため、ドームに入れることは困難です。アタカマの強烈な直射日光や砂嵐にさらされる環境下でも、これほどの精度が維持されることが条件に加えられるのです。

一般的に光学望遠鏡ではより高い鏡面精度を実現するため、高精度に磨いたガラスに金属を蒸着させて鏡を作ります。しかしこの方法では鏡自体が重くなり、高速でアンテナを駆動する必要がある電波干渉計には不向きです。だからといって金属表面をあまりピカピカに磨いてしまうと、太陽の方向に向けることができなくなってしまうという問題が発生します。アルマは電波で太陽を観測することも予定されていますが、ピカピカの鏡を太陽に向けると、集めた光の熱で副鏡（パラボラの焦点に置かれた小さな鏡）が溶けてしまうからです。そのため、アルマアンテナでは鏡面にわずかな凹凸をつけ、特定の波長より短い光は散乱するように設計されているのです。アンテナ鏡面を目で見ても、周りの景色を反射することなく、全体が白っぽく見えるのはこのためです。

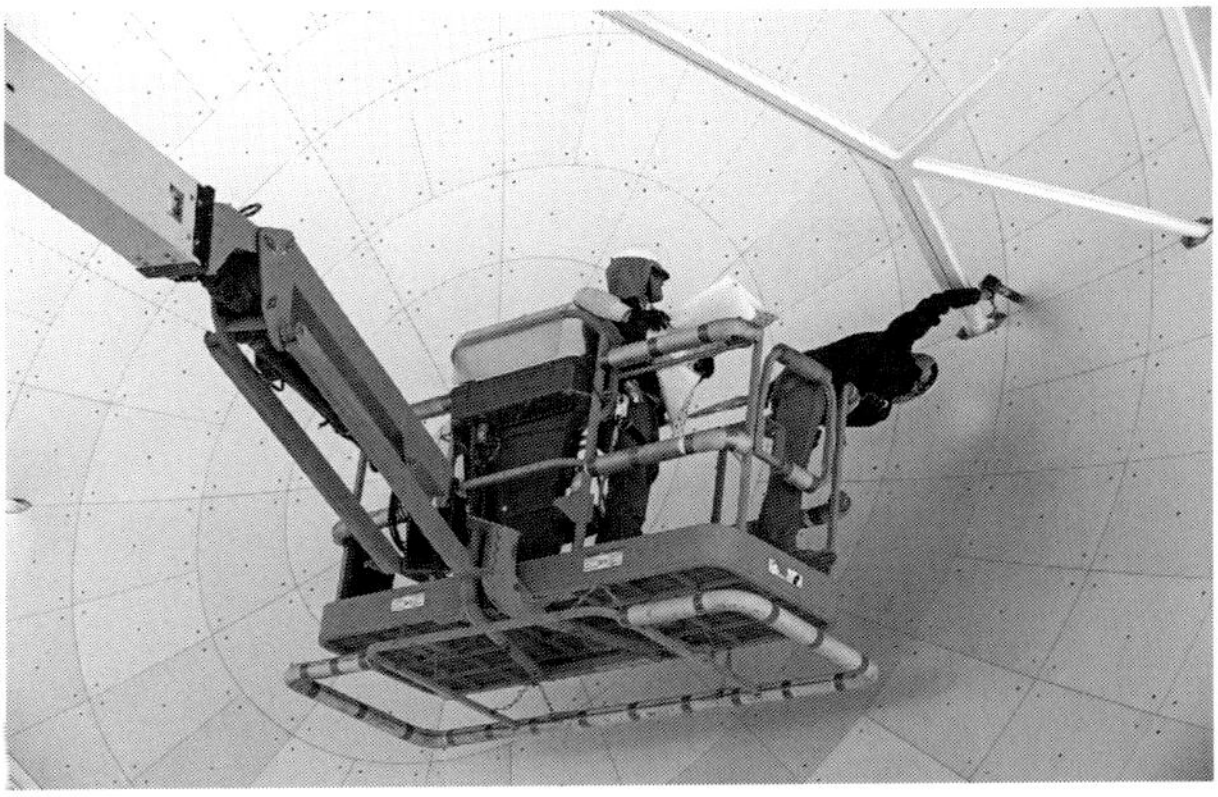

図９　鏡面精度を高めるためのパネルの調整作業（ESO/M. Alexander）

鏡面は約２００枚のパネルに分割され、フレームに取り付けられています。それぞれのパネルには調整機構がつけられていて、鏡面のズレの測定を行い（ホログラフィー測定という）、その結果によって調整作業を行い、これを繰り返すことで理想的な鏡面に近づけて行くのです（図９）。このような作業を経て、25ミクロンの鏡面精度を実現しています。また熱変形の影響を最小限にする工夫もされていて、軽くて熱膨張の少ない素材（たとえばカーボンファイバーなど）を鏡の裏側にふんだんに使ったり、アンテナ内に多数のファンを取り付けて空気を循環させ、温度の偏りを作らないようにしたり、さまざまな工夫が見て取れます。

望遠鏡の駆動には、天体の方向に正しく向き（指向精度）、さらに日周運動に伴って天体を正しく追いかけること（追尾精度）が求められます。アマチュア向けの小型望遠鏡と違い、大型の望遠鏡はほとんどが経緯台式の架台に乗せられていて、アンテナの回転軸が少しでも傾いたりたわんだりするだけで、性能が落ちてしまいます。当然観測に使う前にはそれらのズレや精度を十分に測定し、コンピュータで制御する際に補正するようにしていますが、熱変形や突風などによる指向精度や追尾精度の悪化は避けられません。そこでアルマのアンテナはそれ自体に多数のセンサーを搭載し、傾きやたわみを検知して自らそれを補正して動くように設計されているのです。

ここには今までになかった技術が多く投入され、アルマアンテナがもっともハイテク化された部分だといわれる理由です。また、アンテナを回転させるモーターは、滑らかに駆動できるようリニアモーターなどの技術を使い、また角度検出センサーも非常に高い精度でアンテナの向きを検知できるようになっています。

アルマは30年以上の長期運用を予定しており、その間に性能が劣化しないよう、長い耐用年数が求められています。強烈な紫外線に加えて昼夜の温度差、強風、極度の乾燥など、過酷な環境下においても高性能を維持することは、大変に高い要求でもあります。多くの台数のアンテナを良い状態に維持するため、つねに何台かはメンテナンスの作業を行っており、鏡面調整も定期的に行われています。

さらに干渉計望遠鏡に特有の問題として、アンテナ移動に伴う振動や衝撃にも耐えられるよう設計されています。アンテナは巨大な運搬専用台車（トランスポータ）に乗せられて、チャナントールのおよそ10数キロメートルの広範囲に展開されます。アンテナの置かれた位置は、観測を始める前に正確な位置測定を行います。アンテナが置かれる計192台のパッドと呼ばれる台は地面にしっかりと固定されているものの、アルマの精度を担保するためには、さらに数10ミクロンの精度での測定が必要なのです。

アンテナを移動するたびにこの位置測定が行われ、また安定性も確認されています。チャナントールの地盤は堅固ですが、チリは日本と同様に地震国であり、このような測定を定期的に行い、観測データの校正に役立てているのです。

4 受信機

パラボラアンテナで集められた信号は、副鏡で反射され、アンテナの主鏡面の中央部の穴を通って、受信機の電磁ホーンに波として取り込まれます。光の望遠鏡では焦点にCCDカメラが置かれていますが、電波望遠鏡ではこのホーンが観測装置への信号の入り口になります。

CCDカメラはとても多くの画素からなる視野を持ちますが、アルマ望遠鏡の受信機は1画素（天球上でのビーム幅に対する1点の情報しか得られないということ）の電波カメラです。それを干渉計の技術を使うことで、ビームの中にある天体の構造を分解して調べることができるようになるのです（「干渉計とは」を参照）。

アルマ望遠鏡では、波長が9㎜のミリ波から0・3㎜のサブミリ波までを観測する必要があるため、大気の窓に合わせた10種の波長（周波数）帯（バンド）が用意されています。これらの10種類のバンドに対応したカートリッジ型受信機は、直径１m程度の真空容器に格納され、マイナス２６９℃（絶対温度４Ｋ）に冷却されています。この低温により受信素子は超伝導状態になり、高感度が実現されるのです。また、受信機周囲の熱による雑音の影響も極力抑えることができます。この冷却には、ヘリウムガスを使用した極低温冷凍機が使用されています。

病院でＭＲＩ（磁気共鳴断層診断装置）の検査を受けると、「シュコンシュコン」という音がしますが、まさに同じ音がアルマ望遠鏡の中の受信機から聴こえてきます。これは、冷凍機の蓄冷材がシリンダ内部を往復運動した際に発生する音です。波長が長い電波の観測では、ＨＥＭＴ（高電子移動度トランジスタ）冷却増幅器で直接増幅することができますが、ミリ波サブミリ波のように短い波長帯では低雑音増幅器がなく、最先端の超伝導技術を使った検出器が必要となるのです。現在、10種類のバンドに対して、７種類のバンドの超伝導受信機が開発、製作され、望遠鏡に搭載されています。日本はこのうち３種類（バンド４、８、10：図10）の製作を担当しました。

アルマで要求される性能は極めて高く、また製作される73台の受信機すべてで均一な低雑音性能、故障に対する高い信頼性など、さまざまな要求が課せられています。波長が短いほど、その受信機を構成するホーン、導波管、デバイスも小さくなり、高い加工精度が要求されます。日本は、国立天文台が中心となり、大学、研究機関の研究者や技術者とも協力して、世界最高

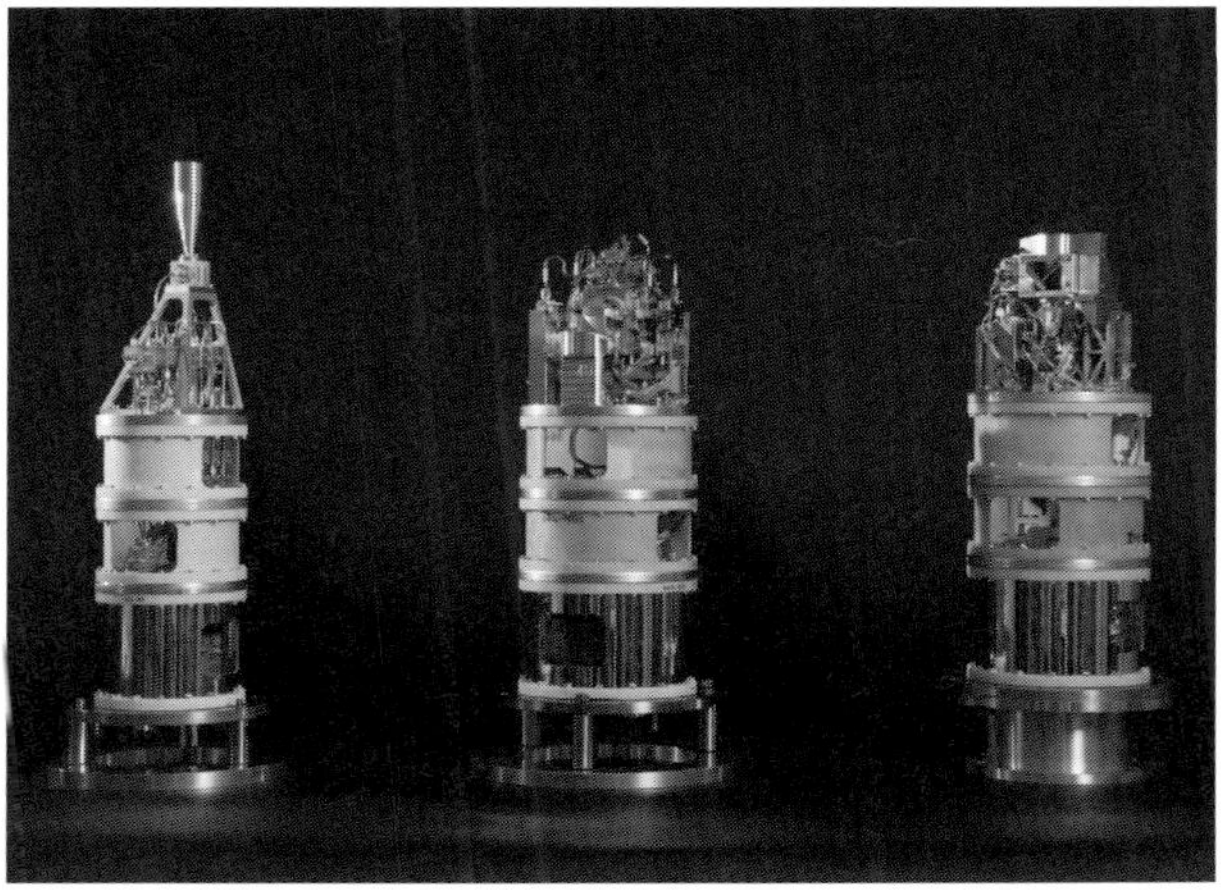

図10　日本が開発したアルマ用受信機（左からバンド4、8、10）（国立天文台）

レベルの感度をもつ受信機の開発、量産に成功しました。

受信機で受信された電波は、扱いやすいマイクロ波（数GHz）の中間周波数帯に変換、増幅処理された電気信号となり、さらにこのアナログの電気信号をデジタルの光信号に変換します。この光信号は、アンテナが設置されたステーションから地下の光ファイバーを通して山頂施設に集められ、相関器に送られるのです。

5　相関器

各アンテナからの光信号は、山頂施設の建物内にある「相関器」と呼ばれる専用スーパーコンピュータに送られます。この相関器での処理を通して、初めて複数の個々のアルマアンテナがつながり、一つの大きな望遠鏡としての機能が実現されます。

　2つのアンテナからなるペアを考えてみましょう。2つのアンテナが、ある基線長をもって離れていて、同時に同じ天体を観測します。天体から2つのアンテナまでの信号の到達時間には時差が生じます。相関器は、この二つのアンテナの信号が一致する時間を測定、計算する装置であり、これによりその天体がどの方向にあるかを知ることができます。

　これをすべてのアンテナのペア（50台のアンテナなら1225ペア）に対して行い、その結果を合成することでアルマ望遠鏡による「電波画像」ができあがります。アルマ望遠鏡には、米欧が開発した最大で64台のアンテナ（2016通りのアンテナの組み合わせ）で受信した信号を処理する64素子相関器と、ACAを構成する16台のアンテナで受信した信号を処理する日本が製造したACA相関器の2種類の相関器を備えています（図11）。

　64素子相関器は、17ペタフロップス（毎秒1・7京回）の性能があり、この1秒間の演算回数はスーパーコンピュータ「京」の性能である約11ペタフロップスを超える専用スパコンです。ACA相関器も毎秒120兆回の演算性能をもつ、スーパーコンピュータです。1秒でDVD50枚以上がいっぱいになるデータ量を計算します。

　この相関器は、アルマ観測所の山頂施設にあり、世界で最も高いところに設置されたスーパーコンピュータなのです。標高5000mは、空気は平地の半分であるため冷却効率は低下し、装置が過熱しやすいのです。また、通常使用される計算機の記憶媒体としてのハードディスク

図11　(a) 12 m アンテナの処理を担当する、64素子相関器（ESO）
(b) 7 mアンテナと12 m のアンテナからなるモリタアレイの処理を担当する ACA 相関器．日本の国立天文台と富士通が共同で開発した（国立天文台）

ドライブ（HDD）も、チャナントールの0・5気圧下では浮力が不足するために、故障のリスクが高くなります。このため、熱の発生箇所が集中しないように部品の配置や放熱を最適化する設計やHDDを使用しないシステムを採用するなど、特別な工夫がなされています。

6 より精密な測定のために

アルマ望遠鏡の各アンテナ（12m鏡のみ）には、水蒸気ラジオメータ（Water vapor radiometer、WVR）と呼ばれる大気中の水蒸気量を測定する装置が搭載されています。大気中を通過してくる宇宙からの信号は、大気中の水蒸気により、数分以下の短い時間で位相が揺らぎます。このため、特にアンテナが基線長数km以上に展開した場合、位相の変動を追跡し、補正する必要があるのです。この装置なしには、アルマ望遠鏡による画像は、まるで海中から太陽を見上げているようなボケたものになってしまいます。

その他にも、各アンテナからの光信号を伝達する光ファイバーが気温変化やアンテナの駆動による振動で伸び縮みをすると信号の位相が揺らいでしまいます。これらを補正する機構も開発、導入されています。

7 アルマ望遠鏡の運用

アルマ望遠鏡のチリ現地での運用は、合同アルマ観測所（Joint ALMA Observatory、ＪＡＯ）が行っています。世界各国から集まった研究者や技術者とチリ現地で採用された現地スタッフが一緒になって働く、国際色豊かな職場です。運用は、アルマ望遠鏡が設置されているアタカマのサイトとチリの首都サンティアゴ市にある中央事務所の2か所に分かれて行われています。

サンティアゴ中央事務所（Santiago Central Office、ＳＣＯ）には、アルマ望遠鏡のあるアタカマの山頂施設の相関器で生成された観測データが、アルマ山麓施設を経由して転送されます。観測データを保管するデータアーカイブ機能をもっていて、ここから、東アジア、北米、ヨーロッパの各アルマ地域センターにデータを配信する役割を行っています。観測提案をした研究者は、各アルマ地域センターから品質保証がなされたデータを取得し、自らの解析を開始します。つまり、地上の望遠鏡でありながら、観測提案者はアルマ望遠鏡のある観測所まで出向く必要はないのです。

観測は、合同アルマ観測所と各アルマ地域センターから派遣されてきたスタッフが、採択された観測提案の優先度、アンテナの配列、観測装置の状態や気象条件に応じて、最適な観測プロジェクトにして実施しています。合同アルマ観測所所属の天文学者は、月に一度ほどアタカマサイトに出張し、当番でこの観測実行を担当しますが、通常は、サンティアゴ中央事務所（SCO）に常駐しています。アルマ望遠鏡で取得された観測データをもとに最先端の研究を行うとともに、アルマ望遠鏡の観測システムの科学的な検証を行い、その性能の向上を目指して活動しています。

アルマ望遠鏡が設置されているアタカマサイトは、山頂施設（Array Operations Site、AOS、標高5000m）と山麓施設（Operations Support Facility、OSF、標高2900m）から構成されています。山頂施設（AOS）には、アルマ12mアンテナ50台で構成される12mアレイ、そして、ACAアンテナ16台から構成されるACA、そして、相関器などが設置された山頂観測装置棟（AOS Technical Building）があり、アルマ望遠鏡本体そのものです。

12mアレイを構成する50台のアンテナは、最大16km四方に展開できるようになっています。干渉計の配列（基線長）を広げれば広げるほど、仮想的により巨大な1つの電波望遠鏡とみなすことができるのです。12mアンテナの台数は50台ですが、アンテナを設置するコンクリートの基礎は192台あり、アレイ配列の大きさを変更することが可能なのです。

大きいアレイ配列にすると分解度は良くなりますが、視野は狭くなってしまうのです。ある決まった天体を詳しく観測したいときはアンテナを広げて、広い範囲を観測したいときはアンテナを小さい領域に密集させて配列します。アルマ観測所には、2台のアンテナ運搬専用台車

（トランスポータ）があり、毎月平均20台程度のアンテナを移動、順番に配列を変更していきます。このトランスポータもアルマ望遠鏡のための特別設計の車両で、700馬力のディーゼルエンジンを2機搭載し、14組28個のタイヤを自在に操って重さ100トンのアンテナを安全かつ精確に設置しています。アンテナの移動後は、すぐに観測が開始できるように、移動中のアンテナには電力が常時給電されており、超伝導受信機は冷却状態が保たれます。

山頂施設は標高5000mのため、冬季は気温マイナス20度、風速20m／sにもなり、降雪もありうるので滞在時間に制限があり、作業時は、酸素ボンベを背負っての酸素吸入が必須となります。

アンテナ配列をかえるアンテナ移動、定期的なアンテナや観測装置などの保守点検、不具合発生時のトラブルシューティング等が、日中、この山頂施設で、合同アルマ観測所の技術部門のスタッフによって日々、実施されています。安全かつ効率的な運用のため、極力、標高5000mの山頂施設での作業は短いものとする必要があり、可能な限り、遠隔でのアンテナや観測装置の稼働状況を診断する機能が備わっているのです。これにより、山麓施設からの状況の確認や、山頂での作業を綿密に事前に準備することが必要となるのです。大規模な修理・保守・改良については原則として山頂施設では行わず、アンテナを山麓施設に移動して実施することになっています。

山頂施設がアルマ望遠鏡そのものであるのに対し、山麓施設は、観測制御のための司令室であり、また望遠鏡および観測装置の保守、改良を行う拠点としての機能を持っています。24時間体制で、観測制御室からは観測オペレータが当番天文学者とともに、観測の実行および望遠鏡の制御、監視を行います。

望遠鏡および観測装置の保守、新規装置の試験のための実験室、工作室も充実していて、障害が発生しても現地で多くのことが対応可能です。超伝導受信機の修理など、チリ現地で対応ができない場合は、東アジア、北米、ヨーロッパにそれぞれあるアルマ地域センターが対応します。山麓施設には、200名程度のスタッフが常駐し、これらスタッフのための宿泊施設、食堂、医務室などが完備しています。3機のタービン発電機からなる発電施設もこの山麓施設に設置され、山頂施設の望遠鏡へ送電されます。

2015年からは、この山麓施設については、週末に一般公開が行われ、運が良いと山頂施設から降りてきたアルマ望遠鏡やアンテナ運搬台車(トランスポータ)を見ることができます。

8　アルマ望遠鏡の将来拡張

すばる望遠鏡やハッブル宇宙望遠鏡も新しい観測装置が搭載されると、同じ望遠鏡でも新発見がなされ、新しい宇宙の描像が明らかにされてきました。アルマ望遠鏡の今後20年、30年の運用の中で、日進月歩の先端技術を使った新規の観測装置、手法の導入で観測性能、効率を拡大することが求められます。現在、アルマ望遠鏡で稼働している観測装置も、その開発から完成までに10年以上の歳月を要しています。今後、10〜20年先の天文学、宇宙物理学の展望を見すえたアルマ望遠鏡の将来拡張についての議論、開発研究がすでに始まっています。

アルマ望遠鏡には、10種類の周波数バンドに対応した受信機が搭載可能であることは先に述べました。このうち、7種類の受信機はすでに観測運用に供されています。残された3つのバンド（バンド1、2、5）についても、現在、受信機の開発が進められています。バンド5は、波長約1・4〜1・8㎜の波長帯をカバーし、特に、銀河の誕生や惑星系に存在する水の研究が可能となるのが特長です。現在は、ヨーロッパと北米の研究機関が共同で開発製造し、アルマ望遠鏡への搭載、試験が進められています。生命の誕生には、水が不可欠と考えられていて、われわれ人間の体も約60％は水で満たされています。原始惑星系円盤を観測し、その円盤の中に水分子がどのように存在するか、という研究が進むことが期待されています。

アルマ望遠鏡でもっとも波長が長い（4〜9㎜）バンド1、2受信機も銀河の進化を理解する上で重要です。遠方にある銀河内の星間分子ガスからの一酸化炭素分子スペクトルが赤方偏移し、これらのバンドで観測されます。現在、東アジアと北米、そしてチリが共同でバンド1受信機の開発を進めています。

波長が短い方についても、現在の最高周波数帯バンド10より、さらに周波数の高い（波長の短い）バンド11受信機（1・1〜1・6ＴＨｚ）も検討されています。技術的にきわめて困難とわれたバンド10受信機の開発の成功と、アタカマ高地の優れた大気の透過度、そしてアルマ望遠鏡のアンテナの鏡面精度の高さにより、未開拓のテラヘルツ天文学をアルマ望遠鏡によって切り開くことが可能になったのです。

アルマ望遠鏡は、アンテナ間の基線長を最大16 kmとすることで最高分解能である数ミリ秒角の空間分解能での撮像観測が可能となりました。しかし、この高い分解能をもってしても、構造を分解できないコンパクトな天体もあります。そこで、世界中の既存のアンテナと組み合わせた超長基線電波干渉法（Very Long Baseline Interferometry、ＶＬＢＩ）により地球サイズ（口径９０００km規模）の電波望遠鏡として観測をする取り組みがあります。

北米、ヨーロッパ、南極にある既存のミリ波電波望遠鏡とアルマ望遠鏡を結合し、巨大ブラックホールの直接撮像を目指すものです。すでに実験として、アルマ望遠鏡の全アンテナで取得されるデータを足し合わせて一つの巨大なアンテナとして機能するかどうかの試験や水素メーザーを利用した原子時計（それぞれの観測所での観測時の基準時計を合わせる）の導入が進められています。

アルマ望遠鏡の新しい観測装置や手法の導入は、いままで明らかにされていなかった宇宙の謎の解明に大きく貢献するでしょう。しかし、この桁違いの性能を持つアルマ望遠鏡は、謎を解くだけでなく、きっとこれまで知られていなかった新たな現象、天体の発見、新たな謎をもたらしてくれるに違いないのです。

1章

宇宙と銀河の誕生

谷口義明
TANIGUCHI Yoshiaki（放送大学教授）

1　宇宙の進化

私たちの住んでいる宇宙はどのようなものなのでしょうか。日々の生活の中で、このような疑問を持つことはあまりありません。しかし、私たちは確かにこの宇宙に住んでいるのです。たまには、自分たちの住んでいる宇宙について考えてみてはどうでしょう。ということで、まずは私たちの住んでいる宇宙がどのようなものか、お話しすることにしましょう。

宇宙。まず、この言葉の意味を考えてみましょう。宇宙は二つの漢字、「宇」と「宙」からなっています。「宇」は空間を意味し、「宙」は時間を意味します。つまり、宇宙は空間と時間を包括する全てのことを意味する言葉です。これはわかりやすい。つまり、時の流れの中で、森羅万象がどのようにあるか。それこそが宇宙なのです。

理由はわかりませんが、私たちは宇宙に住んでいます。宇宙の住人です。住人であれば、自分たちの住んでいる宇宙が何であるか、理解しておいたほうが良いに決まっています。宇宙に宿った知的生命体である人類は、太古の時代からこの宇宙を理解しようとして来た歴史があります。しかし、昔の人々が見ていたものは、昼間の太陽と夜空に浮かぶ月と星々だけでした。物理学の法則も知らない時代、宇宙を理解するのは至難の業でした。

ところが、今は違います。力学や電磁気学などの物理学は整備され、ミクロの世界を扱う量子力学やニュートン力学に変わる相対性理論が20世紀になって登場しました。物質の根源を理解する素粒子物理学も大きく発展し、宇宙の理解を助けてくれるようになりました。また、宇宙を観測する技術も飛躍的に向上しました。ガリレオ・ガリレイが口径4cmの望遠鏡で宇宙を観測してから400年あまり経ちましたが、今や可視光の望遠鏡の口径は10mにもなっています。さらには、ガンマ線、X線、紫外線、赤外線、そして電波の波長帯でも超高性能の望遠鏡が宇宙の観測に利用されているのです。

宇宙の誕生と進化のシナリオもだいぶわかるようになってきました。宇宙膨張率の測定や、ビッグバンの名残である宇宙マイクロ波背景放射の詳細な観測、そして理論物理学の発展が、私たちの住む宇宙の姿をあぶり出してくれたのです。まずは、宇宙の誕生と進化をざっと見ていくことにしましょう（36ページの図1）。

宇宙創成のシナリオは確定しているわけではありません。いくつか提案されているシナリオの中で、ここでは〝無から宇宙が生まれた〟という説を採用しておくことにします。何もない状態から、この広大な宇宙が生まれたとは想像しにくいことです。しかし、現在の物理学の描像では、無の世界ですら揺らいでいます。あるとき、エネルギーを持った場所が発生し、それ

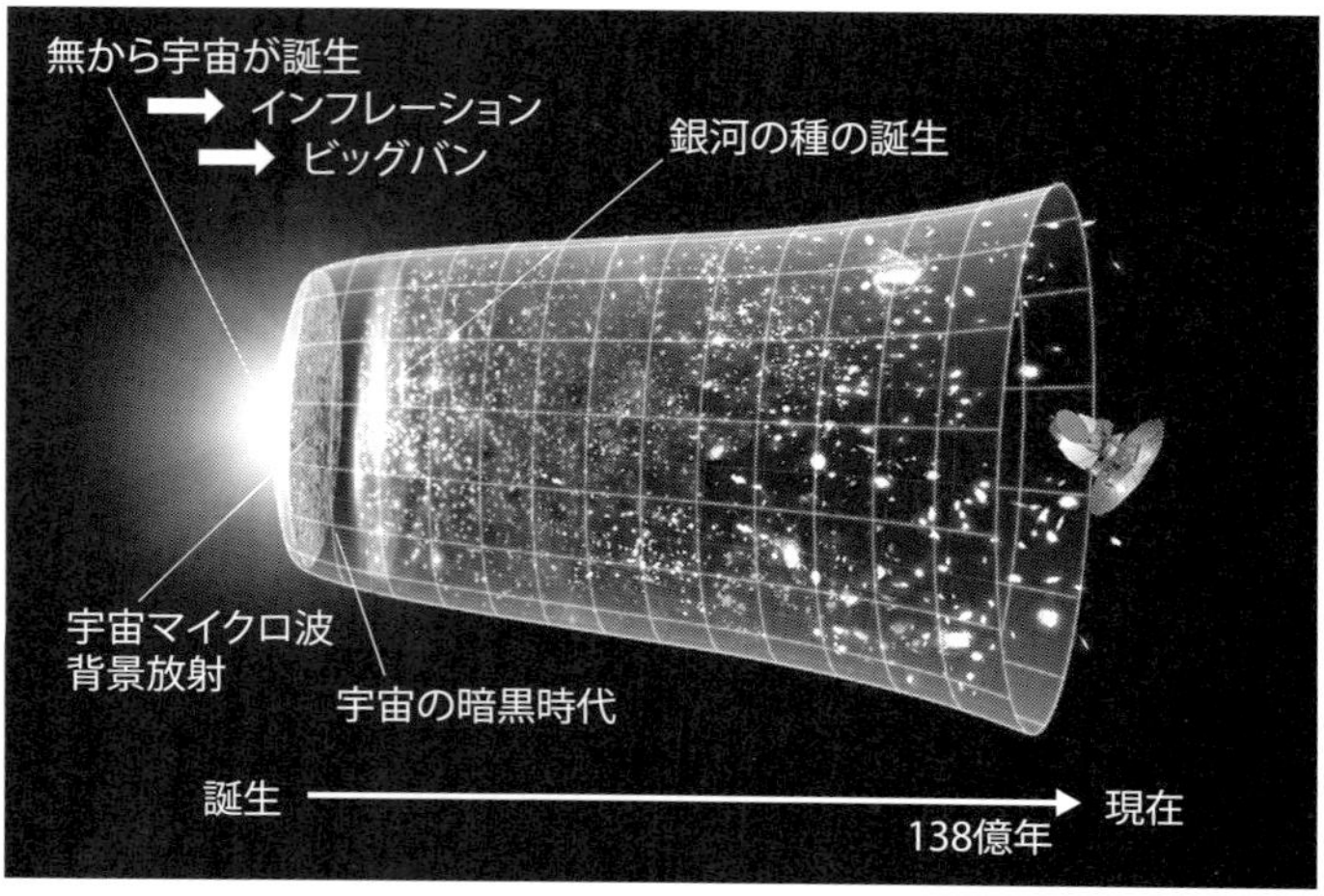

図１　宇宙の誕生と進化の様子（背景に使われている図はWMAPから）

が宇宙誕生の瞬間になります。このとき、宇宙には時間と空間が生まれました。つまり、この宇宙が誕生する前には、時間すら存在しなかったことになります。宇宙の前に何があるか？　この問いには、何もなかったと答えるしかないのです。

　エネルギーを持って生まれた宇宙は、そのエネルギーで膨張します。そのとき、宇宙は自分自身の状態を変えながら進化します。たとえば、水は液体ですが、０℃以下になれば氷という固体になります。また、１００℃を超えると気化し水蒸気になります。つまり気体です。このような変化のことを相転移と呼びます。宇宙はこの相転移を何回か経験して巨大化してきたのです。この現象をインフレーションと呼びます。宇宙誕生後、10^{-36}秒後にスタートし、10^{-34}秒後には終わります。この間、宇宙は倍々ゲームのようにふくれあがり、大きさは10^{43}倍にもなります。インフレーションは宇宙に膨大な熱を残して終了します。その熱エネルギーを利用して、宇宙はさらに膨張し続けます。これがビッグバンです。*1

宇宙最初の3分間は元素合成ができるほど高温・高圧だったので、この時期に水素とヘリウムができました。その後、膨張するにつれ宇宙の温度は下がり続け、38万歳の頃には、宇宙の温度は3000K（ケルビン、絶対温度で0K＝マイナス273℃）まで下がります。この温度になると、それまで電離状態を保っていた陽子と電子は結合して、中性の水素原子になります。電離していた頃は、光は電子に散乱されて宇宙を自由に飛び交うことができません。宇宙は曇っていたのです。しかし、中性水素原子になると、邪魔者は消えます。宇宙はすっかり晴れ上がり、このときの宇宙の姿を見ることができます。それが宇宙マイクロ波背景放射です。

現在の宇宙の大きさは、38万歳の頃の宇宙の1000倍もあります。この宇宙膨張の影響で、3000Kの熱放射の波長は1000倍引き延ばされます。すると、エネルギーは1／1000になり、温度も1／1000になります。したがって、現在、この放射を観測すると3000になり、

＊1　ビッグバンの基本的な考え方を提案したジョージ・ガモフは自身のモデルを〝ファイアーボール・モデル〟と称していました。対抗するモデルである定常宇宙論を提案していたフレッド・ホイルがイギリスのラジオ番組で「あんなモデルは嘘っぱちだ！」と言って非難しました。ビッグバンとは英語のスラングで大ボラ吹きの意味があります。結局、この名前がガモフのモデル名として定着したのです。

０Ｋではなく３０００Ｋ×１／１０００＝３Ｋの温度の熱放射として観測されます。これが宇宙マイクロ波背景放射なのです。ガモフは５Ｋで観測されると予想していましたが、当たらずといえども遠からず。つまり、宇宙マイクロ波背景放射はビッグバン宇宙論の動かぬ観測的証拠となっているのです。

その後、宇宙の膨張と共にさらに温度が下がり、冷たい分子ガス雲ができるようになります。この成長を促しているのが、原子の総量の数倍もある暗黒物質（ダークマター）です。暗黒物質の重力に導かれて原子が集まり、分子ガス雲ができるのです。分子ガス雲の密度の高い場所では、ガス自身の重力のおかげで収縮し、星が生まれます。これが初代星です。宇宙年齢が２億歳の頃、初代星が生まれると考えられています。これらは銀河の種です。小さなガス雲（質量でいえば、現在の銀河の百万分の一程度）どうしが合体し、成長していきます。その結果生まれて来たのが銀河です。

2 銀河の誕生

私たちは「銀河系」あるいは「天の川銀河」と呼ばれる銀河に住んでいます。銀河に含まれる星の個数は数１００億個から１０００億個にもなります。大きさは数万光年[*2]から10万光年もあり、まさに宇宙に浮かぶ巨大な星の大集団です。

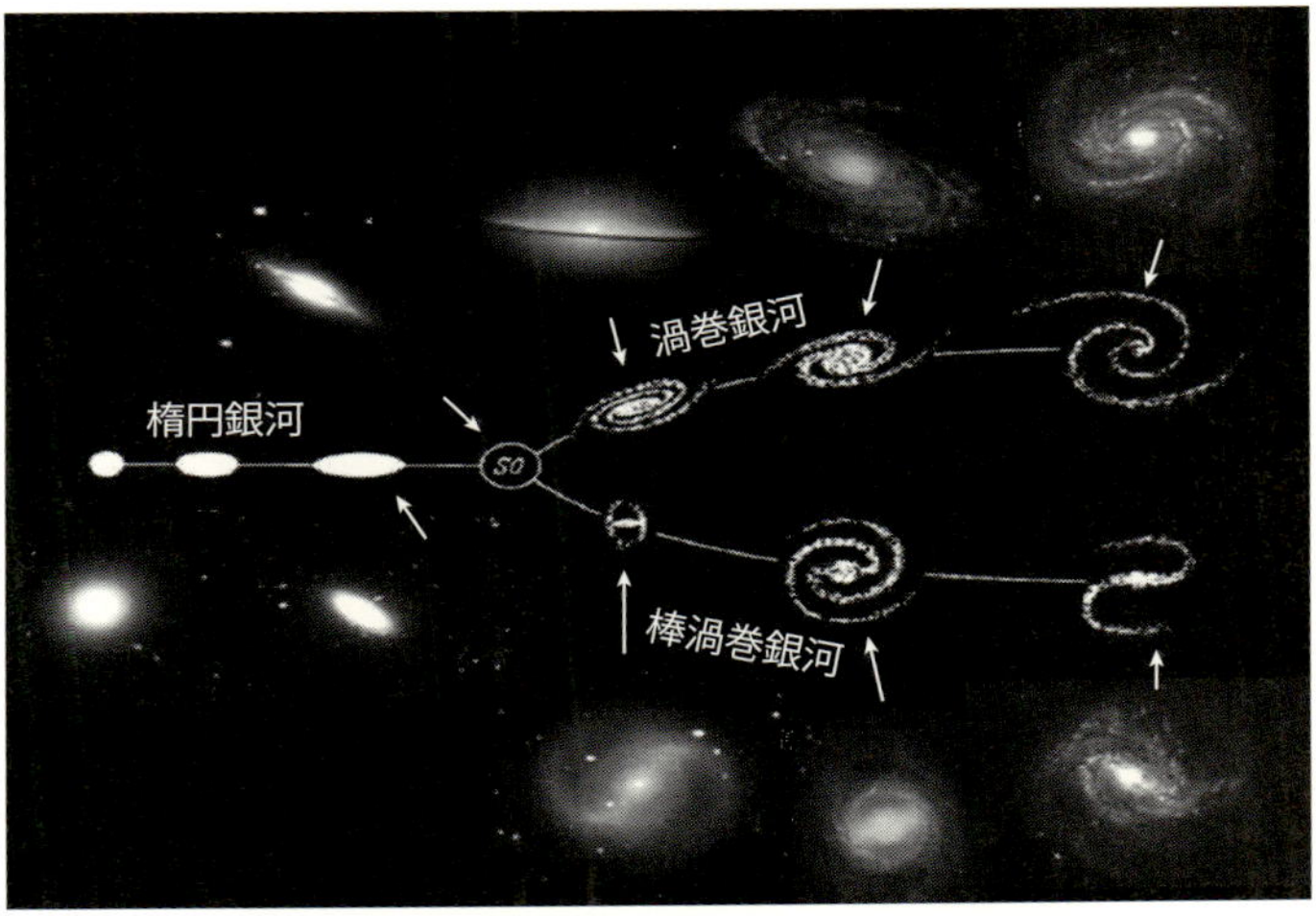

図2　近傍の宇宙で観測されるさまざまな銀河

銀河は様々な形をしていて個性的です（図2）。球形やアンパンのように膨らんだ銀河は天球に投影してみると楕円形に見えるので楕円銀河と呼ばれています。また、星々でできた円盤を持つ銀河があり、円盤には美しい渦巻が見えるものがあり、これは渦巻銀河と呼ばれています。銀河系はこの渦巻銀河に分類される銀河です（40ページの図3、図4参照）。

私たちの住む銀河系はとても美しい渦巻銀河です。この銀河系は、いつ、どのようにして生まれ、育って来たのでしょうか？　まず、気になるのは年齢です。銀河系は果たして何歳なのでしょうか？　この答えを知る一つの方法は、銀河系の中にある、年老いた天体を探すことです。その天体の年齢が銀河系の年齢の目安となるからです。

図3　近赤外線（波長約2ミクロン）で見た銀河系の姿。美しい円盤（横から眺めているので線状に見えている）と銀河中心部にある膨らんだバルジと呼ばれる構造が見える。右下に見える銀河は大マゼラン雲と小マゼラン雲

図4　銀河系を真上から眺めた様子。銀河系内のガスの運動と分布を再現するようにコンピュータで形状を調べた結果。下の二重丸は太陽系の位置（馬場淳一氏提供）

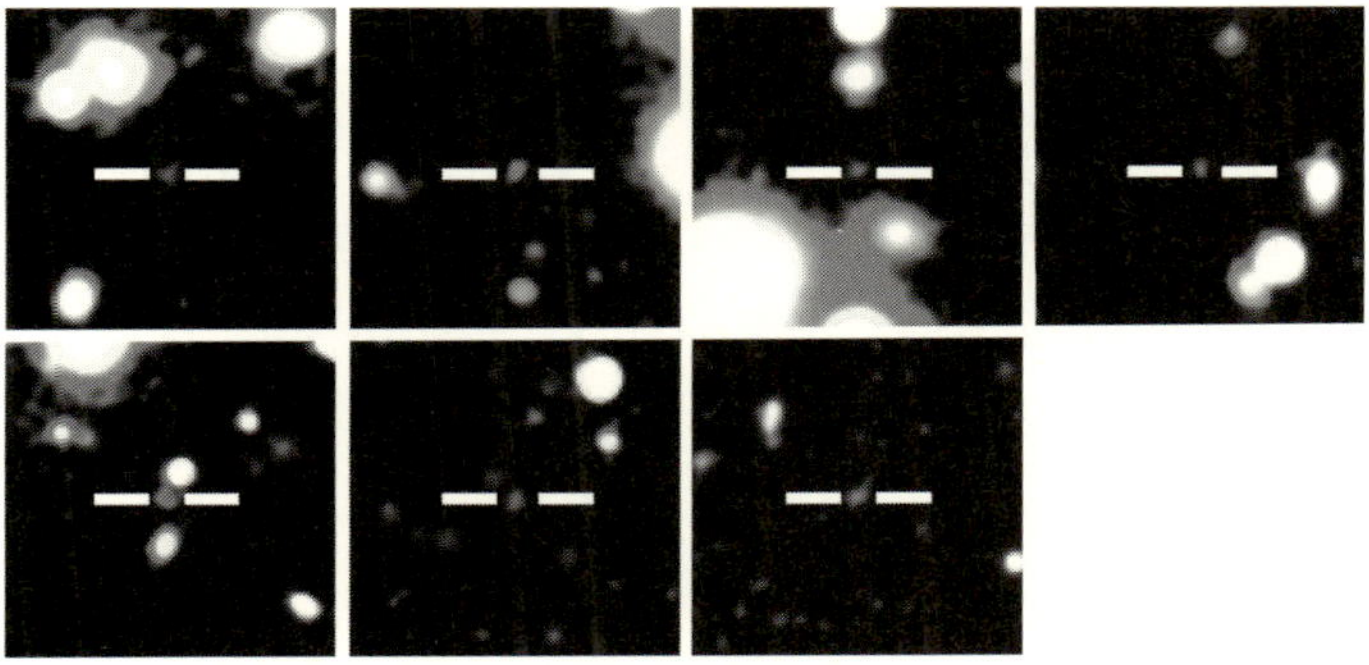

図５　すばる望遠鏡で発見された131億光年彼方の銀河。白線で挟まれたところに見える天体（国立天文台：http://www.naoj.org/Pressrelease/2014/11/18/fig1j.jpg）

銀河系の中で年老いた天体の代表格は球状星団です。その名のとおり、球状に星々が集まり（星の個数は数万から数10万個）、銀河系を取り巻くように分布しています。これらの年齢を調べてみると、最も古い年齢のものは１２５億歳であることがわかっています。球状星団が銀河より先に生まれるとは考えにくいので、銀河系の年齢は少なくとも１２５億歳以上であることが推定されます。

一方、遠方の銀河を探査すると、現在では１３１億光年の彼方にある銀河が見つかっています（図５）。宇宙の年齢は１３８億歳なので、これらの銀河は宇宙誕生後、７億歳の宇宙に存在しています。既に銀河として見えているということは、誕生はもっと前だったことがわかります。宇宙の一番星（初代星）が生まれたのは、宇宙年齢が２億歳の頃だと推定されています。これらが銀河の種になったと考えるのは自然のことなので、銀河の年齢として最も

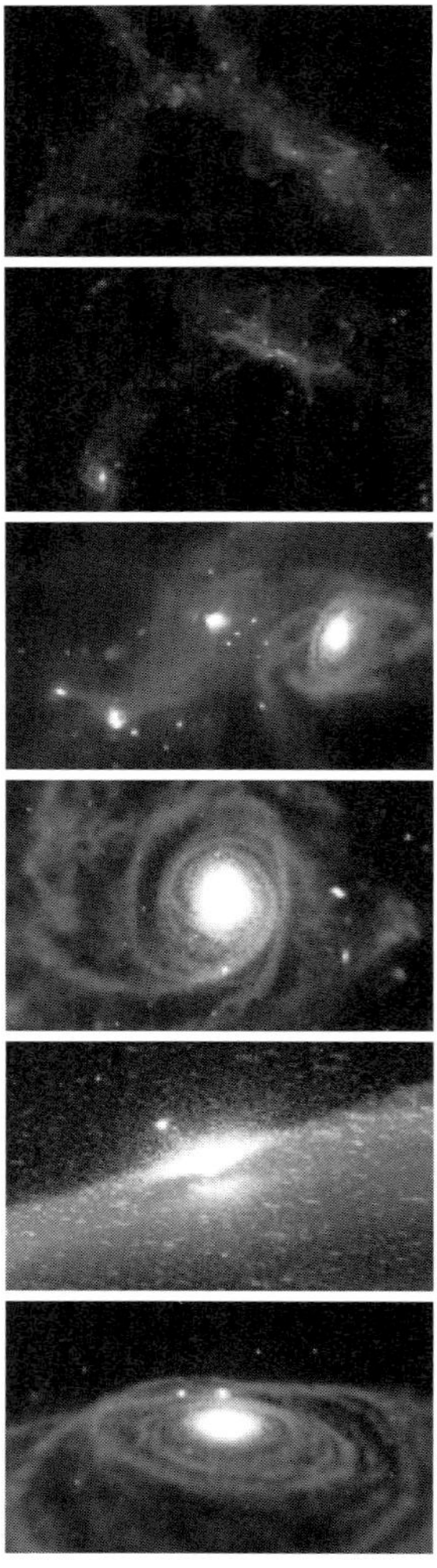

宇宙初期のわずかな密度揺らぎが次第に成長して，ガスが集まってきます．ただし，ガスを集めている重力の源は暗黒物質です．その重力でガスの密度が高くなった場所で星が生まれ始めます．

暗黒物質の重力でガス雲が集まり，さらに星が生まれていきます．

ガス雲は次第に合体していき，だんだん大きな銀河に成長していきます．ガス雲は合体を通じて回転する能力（角運動量）を獲得していき，円盤状の銀河になります．

円盤状のガスの中ではさらに星が生まれ，近傍の宇宙で観測されるような円盤銀河に育っていきます．

真横から見ると，薄い円盤状をしているのが分かります．

こうして，100 億年以上の時間をかけて，円盤銀河ができ上がります．

図 6　円盤銀河のできる様子（国立天文台：http://4d2u.nao.ac.jp/t/var/download/spiral2.html）

古いものは、現在の宇宙では１３６億歳になっていることが予想されます。銀河系もそのぐらいの年齢なのかもしれません。

では、宇宙初期に生まれた銀河はどのようにして育って来たのでしょうか？　現在考えられているシナリオは[*3]、次のようなものです。

・暗黒物質の重力に導かれてガスが集まる
・密度が高いガス雲が生まれて、その中で星々が生まれる
・それらのガス雲が順次合体し、次第に大きな銀河に育つ

この様子を示したものが図６です。

＊2　（38ページ）１光年は光が1年間に進む距離で、約10兆キロメートルです。
＊3　「冷たい暗黒物質（cold dark matter、ＣＤＭと略される）」モデルと呼ばれる。ここで〝冷たい〟というのは、速度にして銀河の回転速度（数１００km／s）程度で運動している暗黒物質を意味します。ちなみに光速度あるいはそれに準ずる高速度で運動している暗黒物質は「熱い暗黒物質」と呼ばれます。ニュートリノがそれに該当します。

Column

宇宙を操るもの

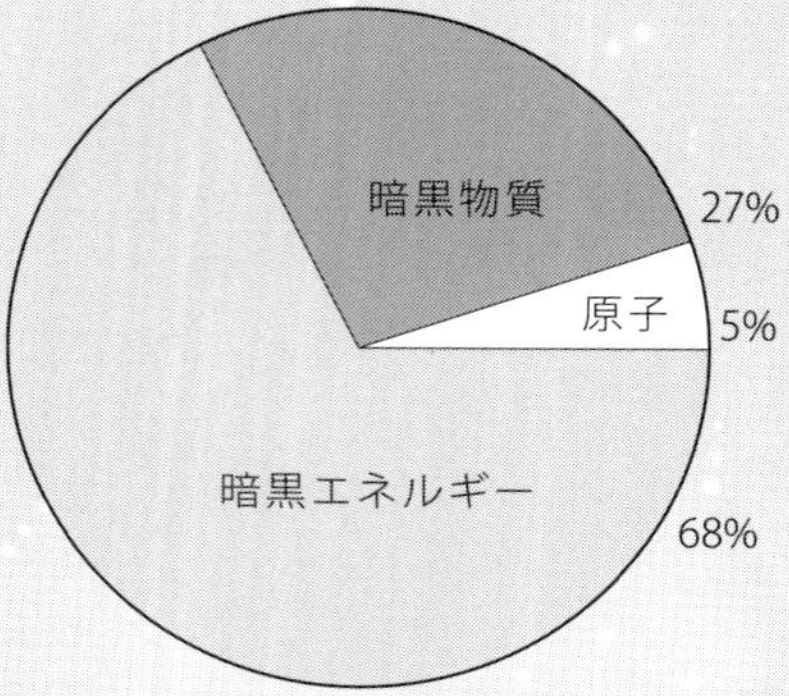

図　宇宙の成分表（宇宙の質量密度を担うもの）

私たちの身体や身の回りのもの、さらには地球や太陽などは原子でできています。水素、ヘリウム、炭素、鉄などの原子が結びついてできています。ところが、宇宙の質量密度を測定してみると、驚くべき結果が得られています（上図）。全体を１００％とすると、原子の占める割合はたった５％しかないのです。残り、27％は暗黒物質、そして68％は暗黒エネルギーです。暗黒物質は未知の素粒子だろうと考えられていますが、まだ特定されていません。暗黒エネルギーに至っては、まったく正体不明です。つまり、人類が理解していないものが95％を占めているのです。私たちの住む宇宙は暗黒に操られているとしか言いようがありません。

図7　初代星が生まれ、超新星爆発を起こして死んでいく様子（国立天文台：http://www.naoj.org/Pressrelease/2014/08/21/fig4j.png）

宇宙の一番星を探す

銀河の誕生と進化を理解するためには、図6に示した、さまざまな進化段階にある銀河を実際に観測することです。鍵となるのは、銀河誕生の瞬間を捉えることですが（図7）、これは現在の観測技術ではかなり難しそうです。暗すぎるからです（46ページの表1）。初代星が数万個単位で生まれてくれていれば、約30等級なので、ハッブル宇宙望遠鏡で長時間観測すると見える可能性はあります。しかし、それより少ない個数の場合は絶望的です。もし1個しか生まれていないとすると、見かけの等級は40等星です。こうなると、次世代の超大望遠鏡をもってしても観測することはできないでしょう。

しかし、あきらめてはいけません。とにかくベストを尽くして宇宙を探査していくしかないのです。図5に示したすばる望遠鏡による遠方

表1　初代星の見かけの等級（波長1500Åでの等級：m_{1500}）
M＝初代星の質量（単位は太陽質量）、N＝初代星の個数。初代星が生まれた時代を赤方偏移zで示してある。z＝10、20、30は宇宙年齢5億歳、2億歳、1億歳に相当する。その下の（）内の数字は波長1500Åの紫外線を観測できる波長。赤外線の波長帯で観測されるので、検出はさらに難しい（Bahena & Klapp 2010, ApSS, 327, 219）

M ($M_\odot$)	N	$z=10$ (1.65 μm)	$z=20$ (3.15 μm)	$z=30$ (4.65 μm)
500	1	38.4	39.3	39.9
500	100	33.4	34.3	34.9
500	10000	28.4	29.4	29.9
100	1	40.9	41.8	42.4
100	100	35.9	36.8	37.4
100	10000	30.9	31.8	32.4

銀河探査は、まさに誕生間もない銀河を探すために行われています。ただ、見つかった銀河の年齢をきちんと評価するのが難しいので、まだ銀河の赤ちゃんは見つかっていないというのが実情です。

アルマでは星の光を直接みることはしませんが、星が生まれるガスやダスト（塵粒子）を調べることができます。初代星が誕生するガス雲では、まだ水素とヘリウムしかないので（「銀河の化学進化」の項を参照）、アルマの観測波長帯では調べることができません。*4しかし、ひとたび初代星が生まれ始めると超新星爆発の結果、炭素等の元素がガス雲の中にまき散らされて、アルマで観測できるようになります。したがって、赤ちゃんとは言えずとも、銀河の幼少期の姿を捉えることは可能です。アルマの大きな研究目標の一つであることはまちがいありません。

3 銀河の進化

１３８億年という宇宙の歴史の中で、銀河がいつ生まれ、どのように育って来たのでしょうか？ 銀河系の歴史も気になりますが、宇宙全体でどのような銀河進化があったのかを理解することは大切です。

銀河の進化は極論すると、ガスから星を造り続けて来た歴史です。つまり、銀河の初期状態は、星が１個もなく、ガスしかなかったということです。一方、銀河系のように現在の宇宙にある銀河では、質量のうち約９割が星になっていて、ガスの量は１割程度しか残っていません。したがって、銀河の進化を理解するには、銀河の中で、いつ、どのように星を造って来たかが重要になります。

しかし、宇宙にある全ての銀河をつぶさに観測することは不可能です。そこで、まず、さま

＊４　水素が放射する最も強い輝線放射は中性水素原子が放射する波長21㎝のスペクトル線です。宇宙誕生後間もない頃の中性水素原子が放射する波長21㎝のスペクトル線は赤方偏移の影響で波長が１ｍを超える電波として観測されます（宇宙が膨張するために電磁波の波長が伸びるためです）。このような観測を実現するために、現在ＳＫＡ（Square Kilometer Array）と呼ばれる新たな電波干渉計が建設されています。

ざまな銀河探査で発見された銀河の星生成率を測定します。星生成率は1年当たり、どのぐらいの質量のガスが星に転換されたかを示す量で、単位としては$M_\odot$/年（$M_\odot$ yr^{-1}）を使います。ここで$M_\odot$は太陽の質量で、$M_\odot = 2 \times 10^{30}$ kgです。このような観測結果に基づき、ある宇宙年齢のときの単位体積当たりの星生成率を評価し、宇宙年齢の関数として調べる方法がとられています。この単位体積当たりの星生成率は星生成率密度と呼ばれています。単位体積としては1立方メガパーセク（Mpc^3）が採用されます。1 Mpcは約3×10^{22} mです。天文学の単位は大きな数字になってしまいますが、ご了承ください。

最近、ハッブル宇宙望遠鏡やすばる望遠鏡の深宇宙探査が進み、星生成率密度の進化が見えてきました（図8）。この図を見るとわかるように、宇宙年齢が数億歳の頃の星生成率密度はだいたい$10^{-4} M_\odot$ yr^{-1} Mpc^{-3}です。その後、宇宙年齢が20～30億歳の頃にピークを迎え、あとはまた単調減少しています。宇宙年齢が20～30億歳の頃、なぜ宇宙では星の生成が活発に行われていたのでしょうか？　何か原因があったはずです。まだ確定的なことは言えませんが、育ちつつある銀河同士が合体して、多数の星が生まれたのではないかと考えられています。

ダストに隠されたサブミリ波銀河

図8を見ると、もう宇宙における星生成史はわかってしまったと思われたかもしれません。しかし、それは違います。ハッブル宇宙望遠鏡やすばる望遠鏡の深宇宙探査では、可視光や近

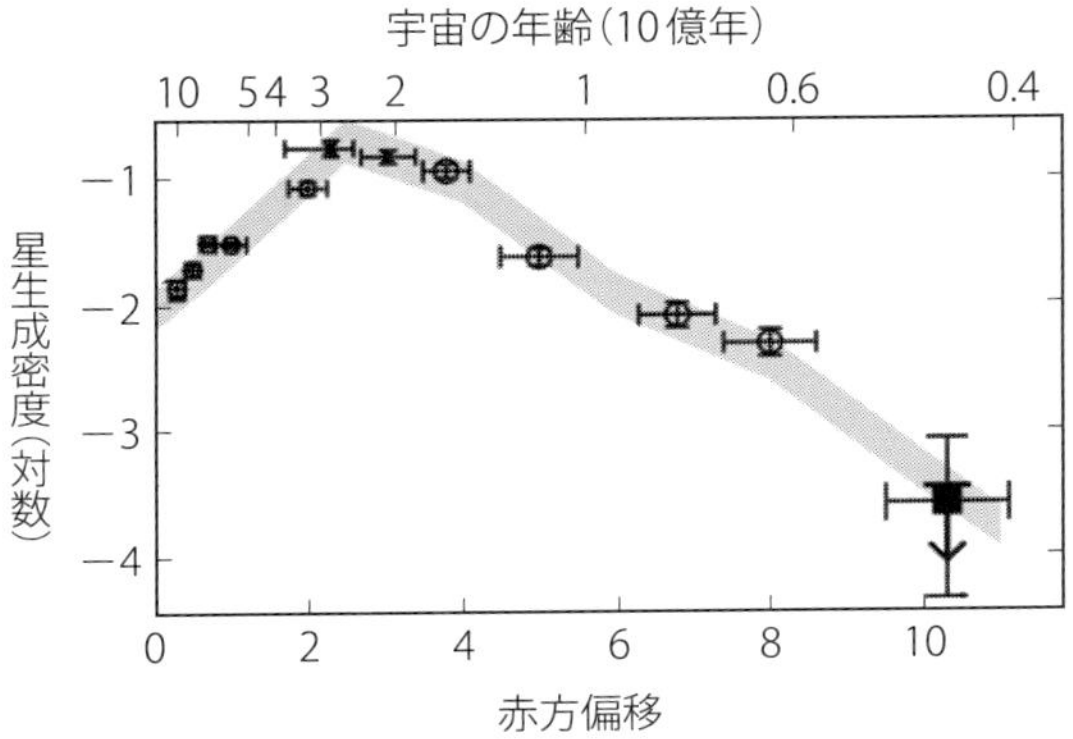

図8　宇宙における星生成率密度の進化（http://www.firstgalaxies.org/the-latest-results）

赤外線による銀河の観測をしています。遠方の銀河から放射される紫外線が、赤方偏移のために可視光や近赤外線の波長帯で観測されるはずです。もし、銀河の紫外線がそのまま見えているのなら、かなり精確に星生成率を測定していることになります。ところが、現実の銀河では、そう理想通りには行きません。なぜなら紫外線を吸収してしまうダスト（塵粒子）が銀河の中にたくさんあるからです。つまり、ダストによる吸収があると、紫外線光度は暗くなり、星生成率を少なく見積もってしまうことになるのです。

では、どうすれば良いか？　それは遠方の銀河を電波で観測することです。遠方の宇宙に、ダストに隠された銀河があると、可視光の深宇宙探査では見つかりにくくなります。ところが、それらの銀河の中にあるダストは星の光で温められて温度が上がり、遠赤外線[*5]を放射するようになります。温められたとはいえ、ダストの典型的な温度は30K程度です。これは摂氏でいうとマイナス240℃ぐらいですが、銀河の中にある星間ガスの平均的な温度である10Kに比べると、高い温度といえます。温度が30K程度のダストは波長100ミクロン程度の遠赤外線を放射します。遠方の銀河を観測すると、宇宙膨張のため、この遠赤外線は波長数100ミクロンのサブミリ波帯で観測されることになります。[*6] まさに、アルマの得意な波長帯です。

したがって、アルマを使ってサブミリ波帯で深宇宙探査を行うと、従来の可視光の深宇宙探査では見過ごされていた銀河を発見することができます。これらはサブミリ波銀河（submillimeter galaxy、SMGと略されます）と呼ばれています。人類史上、初めてサブミリ波銀河を発見したのは、じつは私たちのグループとイギリスのグループでした。1998年のことで、二つのグループの論文は仲良くネイチャー誌に掲載されました。ハワイ島マウナケア山にあるジェームズ・クラーク・マクスウェル電波望遠鏡（口径15m）に搭載されたサブミリ波カメラを使った観測で、今でもよく覚えています。もし、遠方の宇宙にサブミリ波銀河がたくさんあると、大変なことになります。それらの寄与で、宇宙の星生成率密度は思った以上に高いことが予想されるからです。サブミリ波銀河の探査が、いかに重要か、おわかり頂けると思います。

アルマでは、サブミリ波帯での深宇宙探査は現在のところ十分には行われていませんが、[*7] 早くもその類い稀なる能力を発揮しつつあります。その成果を52ページの図9に示しました。この図はＳＸＤＳ領域で発見された波長１・３㎜で輝くダストに隠された銀河です。波長が１・３㎜なので正確に言うとミリ波銀河ですが、性質はサブミリ波銀河と同じものだと思ってください。この探査で発見された銀河は、今まで観測されたものより10倍も暗い銀河です。つまり、今までの観測では見つかっていなかった銀河です。今まで見つかっていたサブミリ波銀河は激しい星生成（スターバーストと呼ばれる現象）を経験している稀なものでしたが、普通に星生成を経験している銀河が見つかったと言ってよいでしょう。

銀河の電波での明るさと1平方度当たりの個数密度の比較を示したものが53ページの図10です。アルマは今まで見ていなかった暗い銀河を発見したことがよくわかると思います。実線は銀河形成理論の予測ですが、総じて良く合っていることがわかると思います。しかし、一番暗い銀河に対するデータ点（左上のマーク）は理論予測から少し外れているようにも見えます。理論予測が正しいかどうか、今後、独立した観測が必要であることがわかります。こういうこ

＊5　（49ページ）赤外線は波長によって以下の3種類に分類されます。近赤外線：波長1〜5ミクロン、中間赤外線：波長5〜30ミクロン、遠赤外線：波長30〜３００ミクロン。ちなみに波長が３００〜９００ミクロン（つまり、波長が０・３〜０・９㎜）の電磁波はサブミリ波と呼ばれます。

＊6　赤方偏移zの銀河から放射された電磁波の波長は（１＋z）倍引き延ばされた電磁波として観測されます。例えばz～５（１２５億光年彼方）の銀河の放射する１００ミクロンの遠赤外線は、（１＋５）×１００ミクロン＝６００ミクロンのサブミリ波帯で観測されることになります。

＊7　Hatsukade *et al.* 2013, ApJ, 769, L27

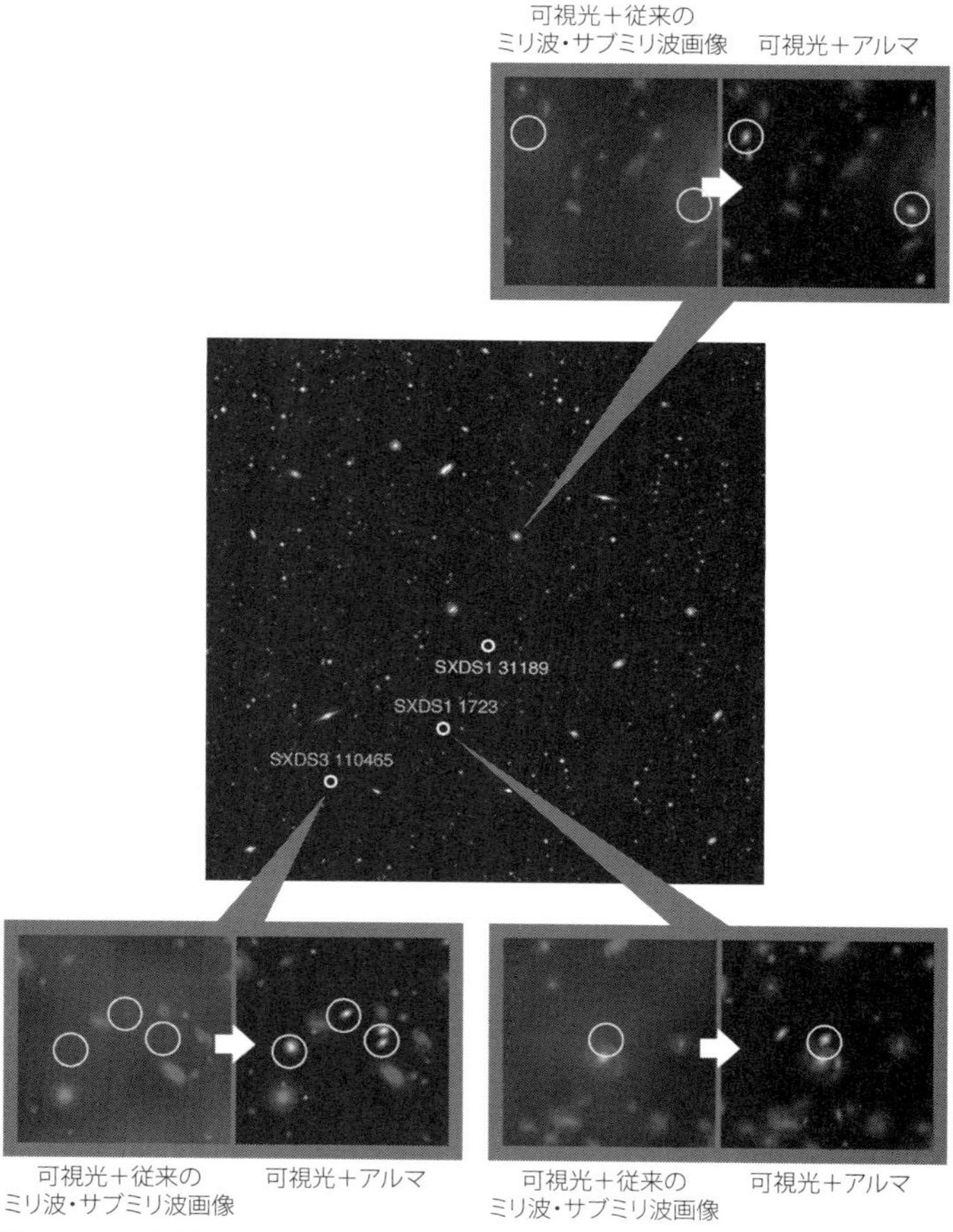

図 9　SXDS 領域で発見されたミリ波銀河（ALMA（ESO/NAOJ/NRAO）、京都大学：http://alma.mtk.nao.ac.jp/j/news/pressrelease/201305317116.html）。SXDS はすばる望遠鏡と XMM-Newton X 線天文台を用いた深宇宙探査プロジェクトで、Subaru XMM-Newton Deep Survey の略称

とがわかってきたのも、アルマのおかげということができます。

銀河の化学進化

私たちの身の回りを見てみると、たくさんの元素があることに気がつきます。水はH_2Oなので、水素と酸素からなっていることがわかります。空気の8割を占めているのは窒素（N）ですし、木造家屋の主成分は炭素（C）です。車は鉄（Fe）のボディを持ち、タイヤを支えているのはアルミ（Al）です。現在では、110種類を超える元素が確認されています（54ページの図11）。

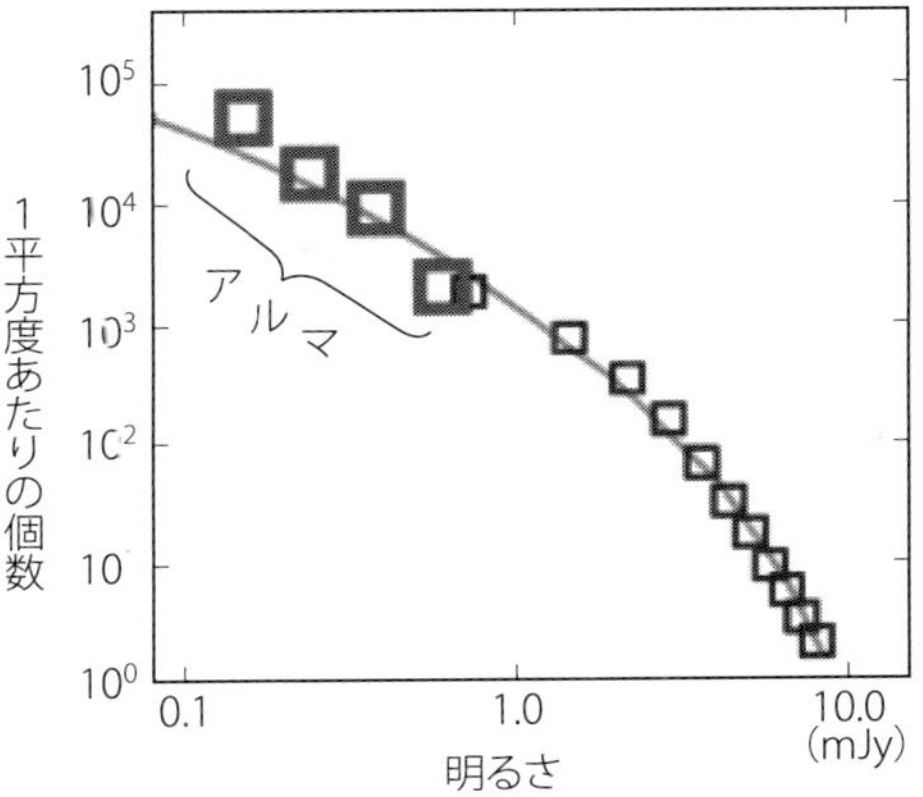

図10　サブミリ波銀河の銀河計数（ALMA（ESO/NAOJ/NRAO）、京都大学：http://alma.mtk.nao.ac.jp/j/news/pressrelease/201305317116.html）。実線は銀河形成理論の予測。横軸の明るさの単位は mJy（ミリジャンスキー）。1 Jy は 1 平方メートル当たり、1 ヘルツ当たり、10^{-26} W のエネルギー流量に相当する明るさで、1 Jy = 10^{-26} $Wm^{-2}Hz^{-1}$。1 mJy は 1 Jy の 1/1000。宇宙からの電波を最初に受信したカール・ジャンスキーの名前に因んだ電波強度の単位で、電波天文学のみならず観測天文学でよく使われる単位

　では、これらの多様な元素は宇宙に最初からあったのでしょうか？　答えはノーです。ビッグバンで始まった宇宙は、最初の3分間に元素を造るこ

	族																	
周期	1	2	3	4	5	6	7	8	9	10	11	12	13	14	15	16	17	18
1	H																	He
2	Li	Be											B	C	N	O	F	Ne
3	Na	Mg											Al	Si	P	S	Cl	Ar
4	K	Ca	Sc	Ti	V	Cr	Mn	Fe	Co	Ni	Cu	Zn	Ga	Ge	As	Se	Br	Kr
5	Rb	Sr	Y	Zr	Nb	Mo	Tc	Ru	Rh	Pd	Ag	Cd	In	Sn	Sb	Te	I	Xe
6	Cs	Ba	ランタノイド	Hf	Ta	W	Re	Os	Ir	Pt	Au	Hg	Tl	Pd	Bi	Po	At	Rn
7	Fr	Ra	アクチノイド	Rf	Db	Sg	Bh	Hs	Mt	Ds	Rg	Cn	Nh	Fl	115	Lv	117	118

図11　元素の一覧

とができました。宇宙は灼熱の火の玉（ファイアーボール）で、最初の3分間は元素を造ることができるほど、高温だったからです（1000万度以上）。しかし、この時に生成された元素は水素とヘリウムだけです。リチウムなどの軽い元素も少しは生成されたものの、私たちに馴染みのある炭素より重い元素はまったく造られませんでした。したがって、現在の宇宙で観測される多様な元素の起源を解明することはとても重要な問題です。この問題は銀河の化学進化として、研究が続けられています。

アルマで見えてきた、銀河の初期化学進化

水素やヘリウム以外の元素は、いつ、どのぐらい、どのようにしてできたのでしょうか？　この問題を解決するにはできるだけ遠方の銀河を観測して、さまざまな元素の存在量を調べることが大切です。アルマは赤方偏移z＝4・76（124億光年彼方）にあるサブミリ波銀河 LESS J033229・4-275619から放射される窒素の一階電離イオンの輝線の検出に成功しました。[*8] この輝線は微細構造輝線と呼ばれ、静

止波長は205ミクロンです。この銀河から放射される炭素の一階電離イオンの輝線は既にアタカマ高地にあるAPEXと呼ばれる口径12mの電波望遠鏡で検出されていました。そこで、窒素が炭素に対してどのぐらいあるかを調べるのが目的でした。

窒素と炭素の存在比がなぜ大切なのか？　それは二つの元素の起源が全く異なるからです。まず炭素ですが、この元素は3個のヘリウム原子核を核融合して造られます。ヘリウム原子核はα粒子とも呼ばれるので、ヘリウムを合成してできる元素はα元素と総称されます。酸素などもα粒子の仲間です。ところが窒素はα粒子である炭素を原料として、複雑な核融合プロセス（CNOサイクルと呼ばれる）を経て造られます。したがって、窒素は炭素に比べて遅れてできるのです。太陽より少し重い星の内部でこのプロセスは進みますが、星間ガスに窒素が放出されるにはさらに時間がかかります。つまり、銀河があまり若い進化段階にあると、窒素は少ないことが予想されるのです。

ところが、アルマは予想以上に明るい窒素イオンの輝線を検出しました（56ページの図12）。予想以上に明るいとはいえ、炭素イオンの輝線強度のわずか1/10です。それでも、きれいに窒素イオンの輝線が検出されました（57ページの図13）。まさにアルマのパワーです。

そしてもっと驚くことがわかりました。窒素と炭素の輝線強度比は太陽の元素組成比から予

＊8　Nagao *et al.* 2012, A&A, 542, L34

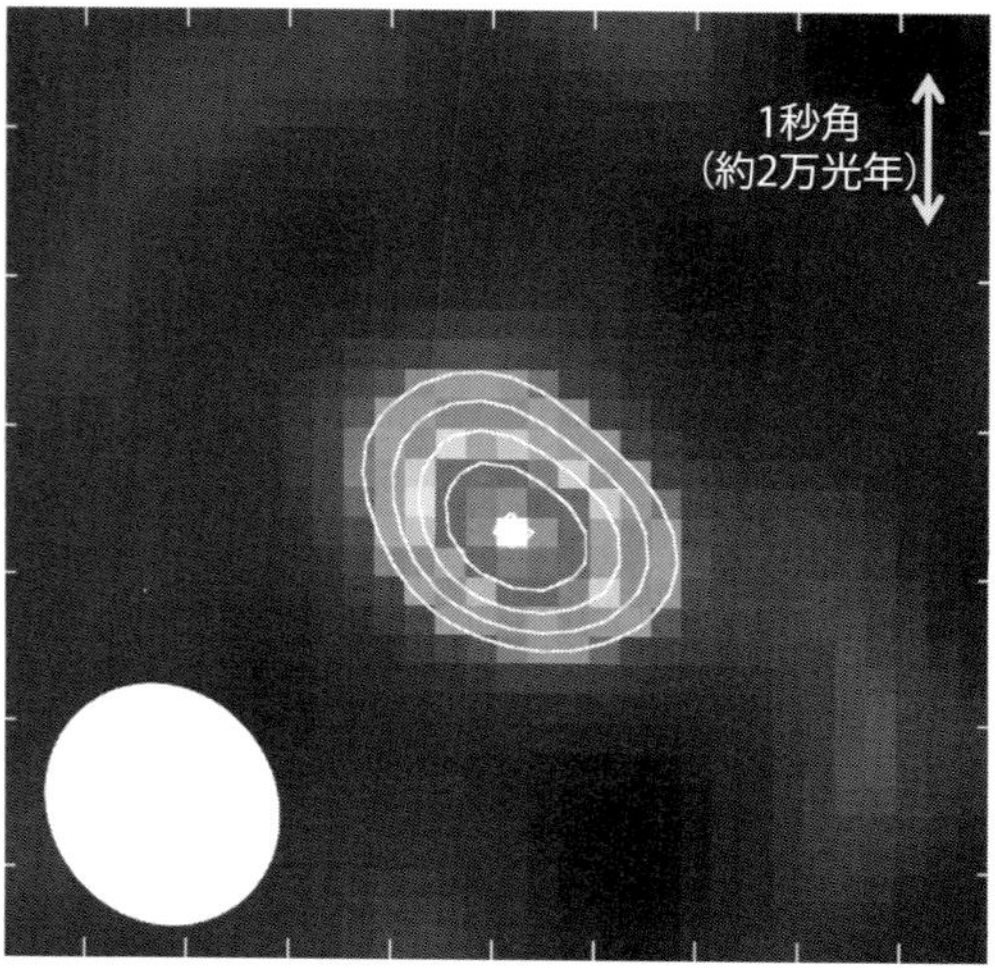

図12　アルマが検出したLESS J033229.4-275619から放射された窒素の一階電離イオンの輝線（ALMA（ESO/NAOJ/NRAO）、京都大学）（口絵２）

想される値とほぼ同じなのです。太陽は46億歳ですが、宇宙年齢が90億歳の頃に生まれた星です。銀河の進化がかなり進んだ頃に生まれたということです。その太陽と組成比が同じということは、LESS J033229.4-275619では、既に化学進化が太陽程度に進んでいることを意味します。この銀河は比較的大きく重い銀河ですが、若い段階で急速に化学進化が進んだことになります。

この結果をどのように理解すればよいのでしょうか？　銀河の形成と進化の一般論は「小さなものから大きなものへ」で言い表されるものです。最初にできた銀河の種は現在の銀河の百万分の一程度のガスの塊で、その中で初代星が生まれると考えられています。その後、周辺にある銀河の種同士が合体を繰り返し、大きな銀河へと成長していきます。もし、この一般論を採用するなら、大きな銀河ができるのは最近のことであり、宇宙年齢が若い頃には小さな銀河しかなかったことになります。その分、銀河の化学進化も進んでいなかったはずです。ところが、この一般論には抜け道があります。それは、銀河の種がたくさんあった場所は宇宙の中でも密度の高い場所であり、そのような場所では銀河の進化が急速に進むというものです。じつは、観測事実はこの抜け道があったことを裏付けています。つまり、宇宙では大きな銀河の方が星の生成が盛んで、早く進化したのです。このことを「銀河のダウンサイジング」と呼んでいます。ダウンサイジングという用語は、ものが小さくなることを意味するのでピンと来ないかもしれません。小さな銀河の方が遅れて進化することを積極的に評価したネーミングだと思ってください。

今回アルマで観測されたLESS J033229・4-275619では、まさに〝大きな銀河が早く進化した〟ことが化学的な見地から確認されたことになります。銀河進化論に一石を投じる研究成果といえるでしょう。

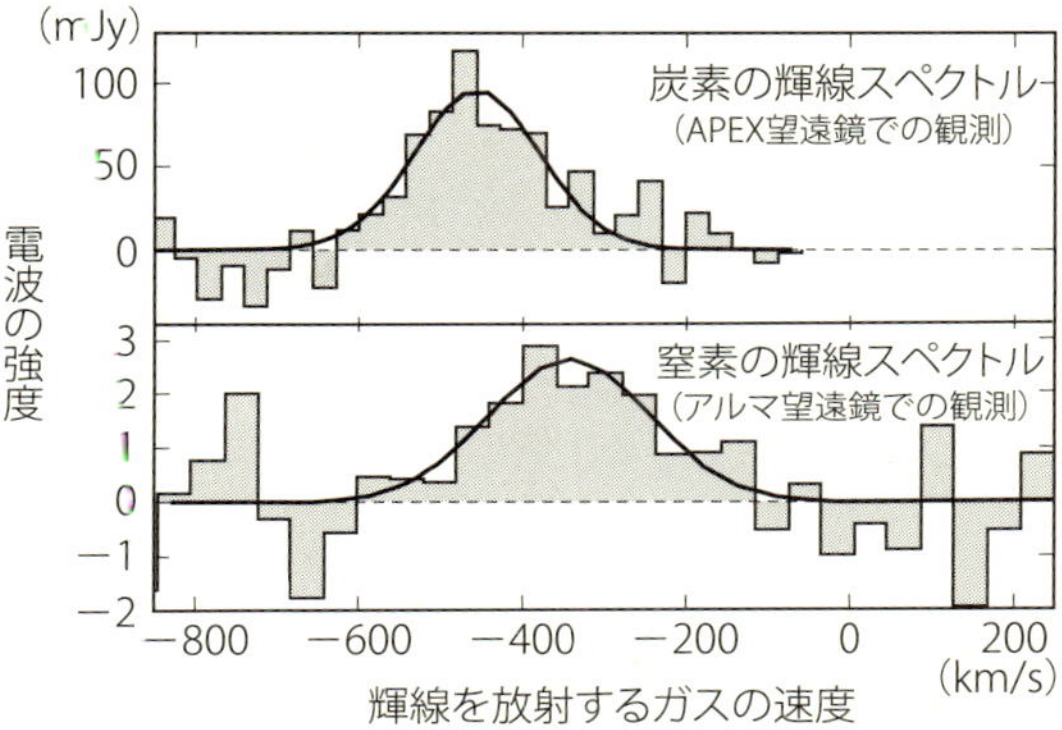

図13　アルマが検出したLESS J033229.4-275619から放射された窒素の一階電離イオンの輝線とAPEXが検出した炭素イオンの輝線の比較（ALMA（ESO/NAOJ/NRAO）、京都大学：http://alma.mtk.nao.ac.jp/j/news/pressrelease/124_2.html）

図14　すばる望遠鏡、ハッブル宇宙望遠鏡、スピッツアー宇宙望遠鏡で撮影されたヒミコの画像（http://hubblesite.org/newscenter/archive/releases/2013/53/image/d/）（口絵３）。一直線上に並んだ３個の天体はハッブル宇宙望遠鏡の画像。中央の天体は暗く見えているが、スピッツアー宇宙望遠鏡の観測で塵粒子があることがわかっている。また、全体に拡がった構造はすばる望遠鏡で観測された電離ガスの分布を示す

謎の天体、ヒミコ

２００９年、すばる望遠鏡による深宇宙探査プロジェクトであるＳＸＤＳチームは奇妙な天体を遠方宇宙に発見しました。それがヒミコと名付けられた天体です（図14）。赤方偏移はz＝６・５９５。距離は１２９億光年です。

　ヒミコはなぜ奇妙な天体なのでしょうか？　それは、その巨大なサイズです。差し渡し5万５０００光年もあるからです。現在の宇宙にある銀河の典型的な大きさは数万光年です。銀河系は比較的大きく、10万光年の広がりがあります。しかし、わずか9億歳の宇宙で、ヒミコのように大きな銀河は観測されていません。実際、ＳＸＤＳの探査では２００個を超える１２９億光年彼方の銀河が見つかっていますが、ヒミコのように大きな銀河は、まさにヒミコだけなのです。その頃の宇宙にある銀河の大きさは数千光年と

いうのが定説です。ヒミコは、なぜそんなに大きな銀河なのでしょう？　図14を見ると、3個の小さな銀河が一直線上に並んでいます。おそらく、これらの銀河が遭遇し、これから合体して1個の巨大な銀河に育っていくのではないかと考えられていますが、いまだ正体は不明というところです。

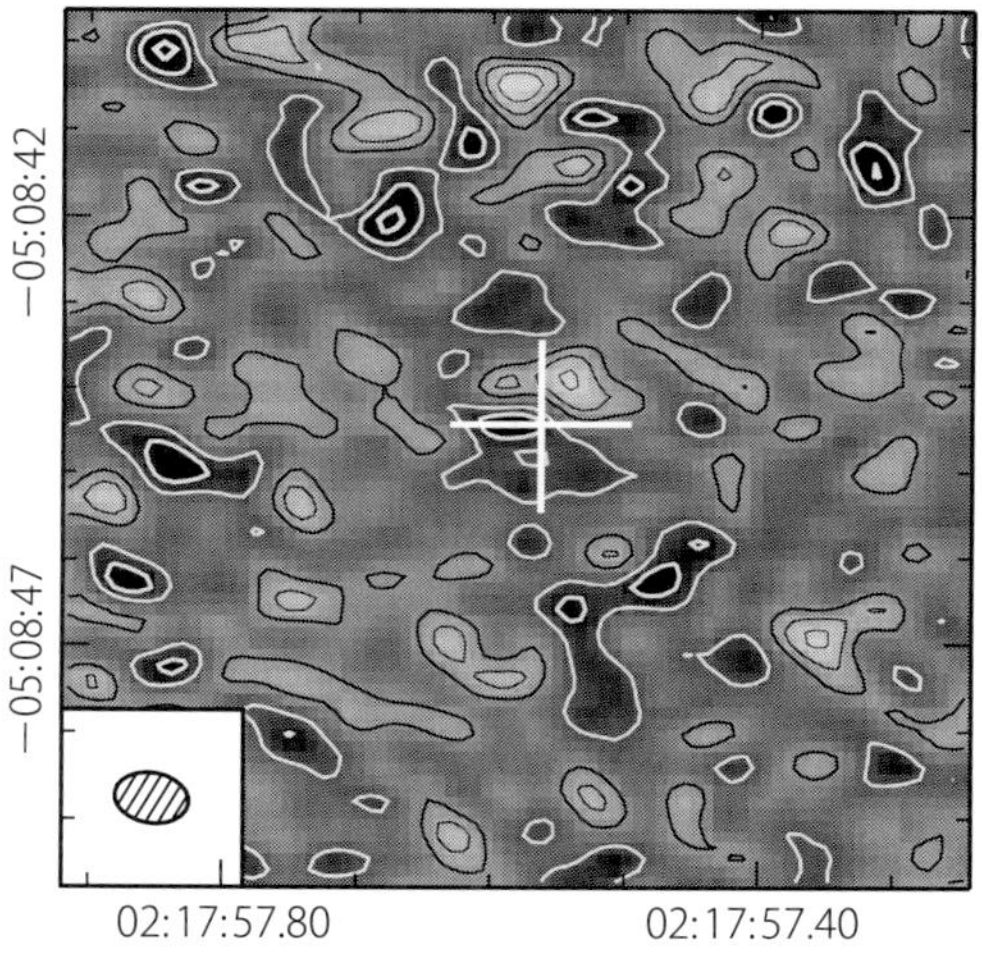

図15　炭素の一階電離イオンの放射する波長158ミクロンの輝線で観測したヒミコ（中央の白い十字）。ノイズのようなものしか見えず、ヒミコが検出されていないことがわかる（Ouchi *et al*. 2013, ApJ, 778, 102）

9億歳の宇宙にあるヒミコはいつ生まれたのでしょう？　また、どのぐらいの年齢なのでしょう？　疑問はつきません。ヒミコの進化段階を見極めるために、アルマはヒミコの炭素の量を調べました。*9 炭素の一階電離イオンの放射する波長158ミクロンの輝線を観測するのです。結果は「検出できなかった」でした（図15）。

これは驚きでした。アルマの能力があれば、誰もが検出できると信じてい

*9　Ouchi *et al.* 2013, ApJ, 778, 102

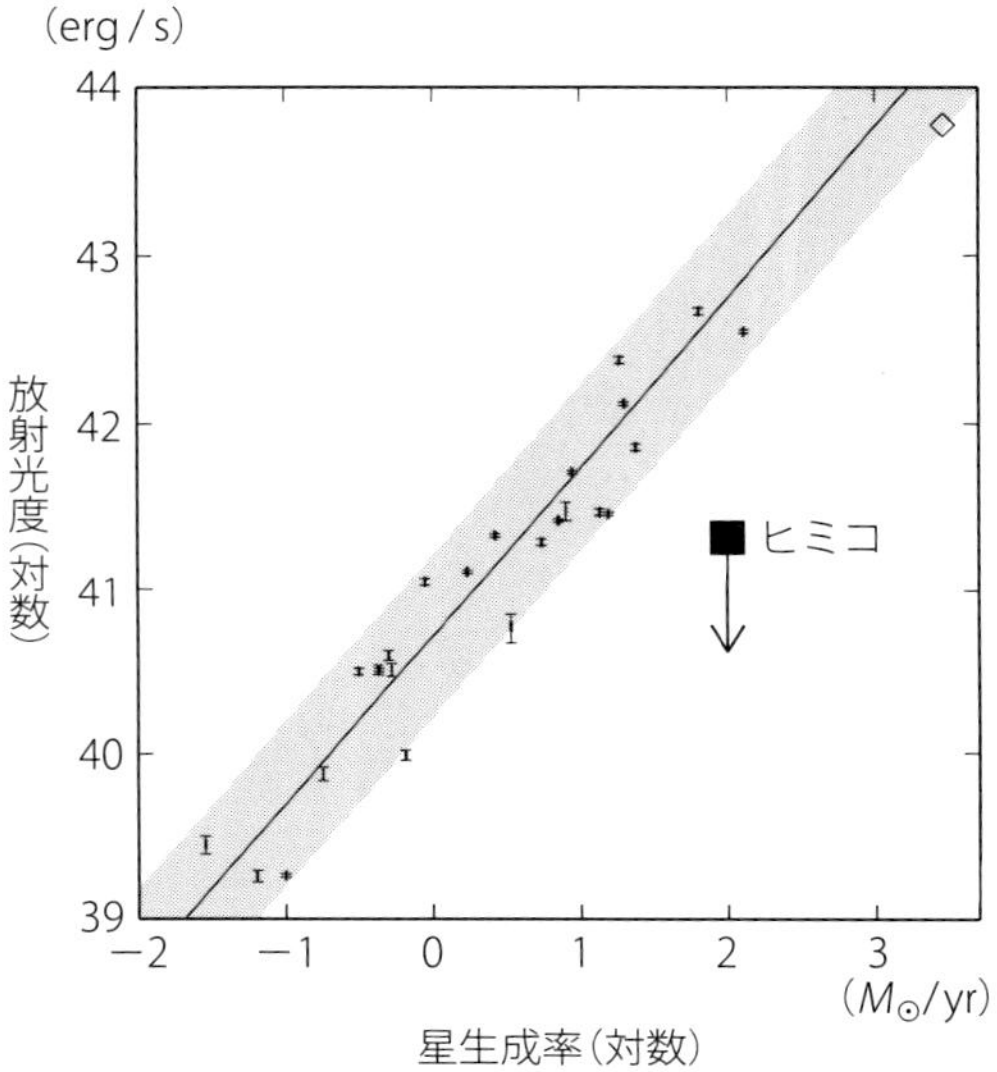

図16　炭素の一階電離イオンの放射光度と星生成率の関係。多くの銀河はグレーの領域で示される相関を示す。しかし、ヒミコは星生成率は高いものの、異常なほど炭素の一階電離イオンの放射光度が小さいことがわかる。図の矢印は上限値であることを示す。■の値より光度が小さいことを意味する（Ouchi *et al.* 2013, ApJ, 778, 102）

たからです。図16をご覧ください。炭素の一階電離イオンの放射光度と星生成率の関係を示したものですが、普通の銀河はグレーで示される領域にあり、良い相関を示しています。ところが、ヒミコはこの図で予想外の場所にいることがわかります。星生成率は高いものの、異常なほど炭素の一階電離イオンの放射光度が小さいのです。つまり、炭素がまだ銀河の中に放出されていないのです。炭素は大質量星の内部で起こる核融合で生成され、超新星爆発を通じて銀河の中に放出されます。たかだか数１００万年から数千万年の短い期間で炭素は出てくるはずなのです。でも、出ていない。ヒミコは予想外に若い銀河であることがわかりました。ひょっとすると、生まれて間もない赤ちゃん銀河なのかもしれません。アルマ、偉大なり！　そう叫びたくなるような快挙です。

4　銀河中心の超大質量ブラックホール

宇宙にはブラックホールがたくさんあります。と言われると、「えっ！」と驚かれるかもしれません。しかし、事実です。宇宙には数えきれないぐらいのブラックホールが潜んでいるのです。

ブラックホールを質量で分類すると、次の3種類があります。

1．超大質量ブラックホール
2．中質量ブラックホール
3．星質量ブラックホール

超大質量ブラックホールは supermassive black hole なのでＳＭＢＨと略されています。これらのブラックホールの住処は銀河の中心核です。銀河系の中心核（62ページの図17）には太陽の410万倍もの質量を持つＳＭＢＨがあることがＳＭＢＨ周辺の星の軌道運動から確認されています。

ＳＭＢＨの存在は銀河中心核から強烈な電磁波やジェットを放出する現象を説明する理論モデルとして1964年に推察されました。ＳＭＢＨにガスや星が飲み込まれるとき、重力エネ

図17　銀河系の中心方向の様子（差し渡し約0.5度の領域）（口絵４）。この画像はハッブル宇宙望遠鏡（HST、可視光）スピッツアー宇宙天文台（SST、中間赤外線）、およびチャンドラＸ線天文台（CXO, Ｘ線）の画像を合成したもの（http://en.wikipedia.org/wiki/Galactic_Center#mediaviewer/File：Center_of_the_Milky_Way_Galaxy_IV_-_Composite.jpg）。右寄りの白く輝くところに超大質量ブラックホールがある。質量は太陽の410万倍

ルギーが解放されて、電磁波やジェットのエネルギーになるというアイデアです。重力を使うという意味では、水力発電所と同じです。川をせき止め、ダムを造り、地球の重力を利用して水を落として、タービンをまわす。こうして電力を得るわけです。ただし、地球の重力はそれほど強くないので、あまり効率的ではありません。ところが、宇宙にはブラックホールがあります。その強力な重力を使えば、莫大なエネルギーを得ることができるのです。ＳＭＢＨ起源で輝く銀河中心核のことを活動銀河核（active galactic nuclei、略してＡＧＮ）と呼びます。ＡＧＮの中には銀河１００個分のエネルギーを放出しているものさえあります。ＳＭＢＨの質量は太陽の１００万倍から１００億倍のものまで存在することが知られています。

ＳＭＢＨはＡＧＮに存在するもので、普通の

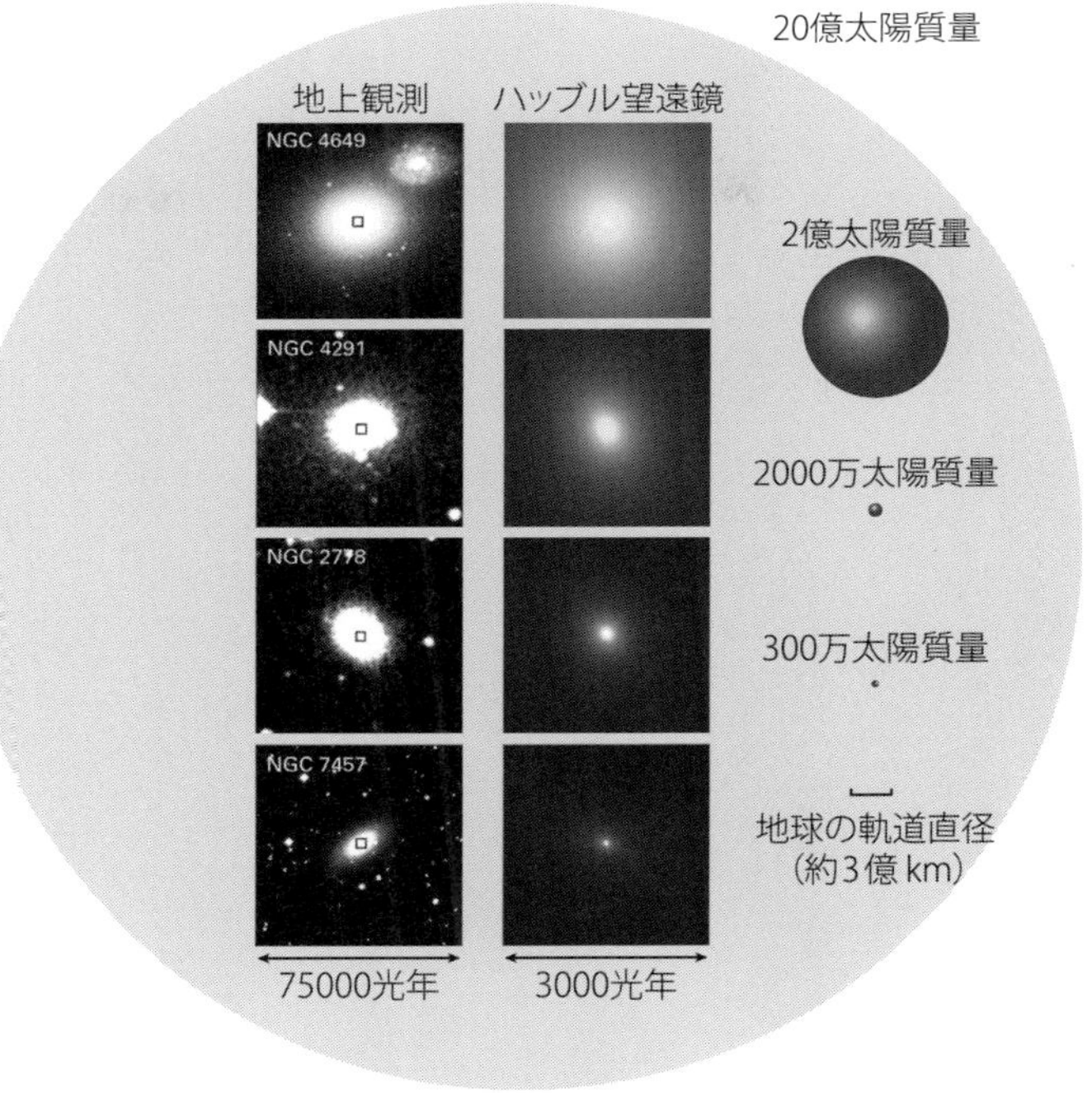

図18　銀河のサイズと SMBH の質量の関係（http://hubblesite.org/newscenter/archive/releases/exotic/2000/22/image/）

銀河の中心核にあるかどうかは不明でした。ところが、近傍の銀河の中心核を精密に調べてみると、どうやらどの銀河の中心核にもＳＭＢＨがあることがわかってきました[*10]（図18）。

　宇宙にはざっと１０００億個の銀河があると推定されています。これら全ての銀河の中心核にＳＭＢＨがあるとすれば、宇宙全体では１０００億個程度のＳＭＢＨが存在していることになります。

中質量ブラックホール

はintermediate-mass black holeなのでＩＭＢＨと呼ばれます。ちなみにこの名前は筆者が１９９０年に名付けたものです。[*11] ＩＭＢＨの質量は太陽の１００倍から10万倍程度ですが、その存在はきちんと確認されていません。Ｘ線で銀河を調べると、銀河の円盤に異様に明るいＸ線源[*12]が観測されますが、これらの性質を説明するために提案されたものです。

宇宙で最初に誕生する星は初代星と呼ばれていますが、初代星の多くは超大質量の星だと考えられています。太陽質量のざっと１０００倍です。これらの星が超新星爆発を起こして死んだ後、星の中心領域（密度の高いコアと呼ばれている部分）は重力崩壊を起こしてブラックホールになります。その質量は太陽の１００倍はあるので、ＩＭＢＨができることになります。このＩＭＢＨはＳＭＢＨの種になるのではないかと期待されており、研究が進んでいます。

最後は、星質量ブラックホールです。これは太陽の数10倍の質量を持つ星が超新星爆発を起こして死んだ後に残されるブラックホールで、質量は太陽の数倍から20倍程度だと推定されています。実際、銀河系の中にはこのような質量のブラックホールがいくつか見つかっています。銀河の進化の中で、これらの大質量星が何個ぐらいできるかの計算ができます。銀河の年齢は１００億年を超えていますから、結構な数の大質量星が生まれて死んでいったはずです。その数はなんと数億個です。つまり、１個の銀河の中に数億個の星質量ブラックホールが漂っているのです。宇宙全体では１０００億個の銀河があるので、星質量ブラックホールの個数はその数億倍です。結局、宇宙には数えきれないほどたくさんのブラックホールがあるということです。

5 超大質量ブラックホールの質量を量る

ブラックホールの基本的な物理量は質量です。[*13] そのため、ブラックホールの質量を精確に測定することはとても大切です。「では、測れば」と言われそうですが、これが意外と難しいので、天文学者は困っています。

ブラックホールはブラックなので直接見ることはできません。強い重力の影響で時空が歪み、光すら外へ出ることはできません。この境界のことを〝事象の地平面〟と呼びます。たとえば、太陽（質量＝2×10^{30}kg）がブラックホールになると、その半径は３kmです。実際の太陽の半径は約70万kmですから、大きさを23万分の１にまで縮めることになります。体積にすると約10^{16}分の１（１京［１兆の１万倍］分の１）まで小さくすることになります。

＊10 （63ページ）大マゼラン雲や小マゼラン雲のような、比較的小さく、規則的な構造を持たない銀河（不規則銀河と呼ばれる）には銀河中心核はありません。したがって、ＳＭＢＨも存在しません。
＊11 論文は Taniguchi *et al.* 2000, PASJ, 52, 533
＊12 ultra luminous X-ray source と呼ばれており、ＵＬＸと略されています。
＊13 質量の他には、電荷と角運動量があります。つまり、ブラックホールは質量、電荷、角運動量というたった三つの情報しか持っていない、宇宙で最も単純な天体ということです。

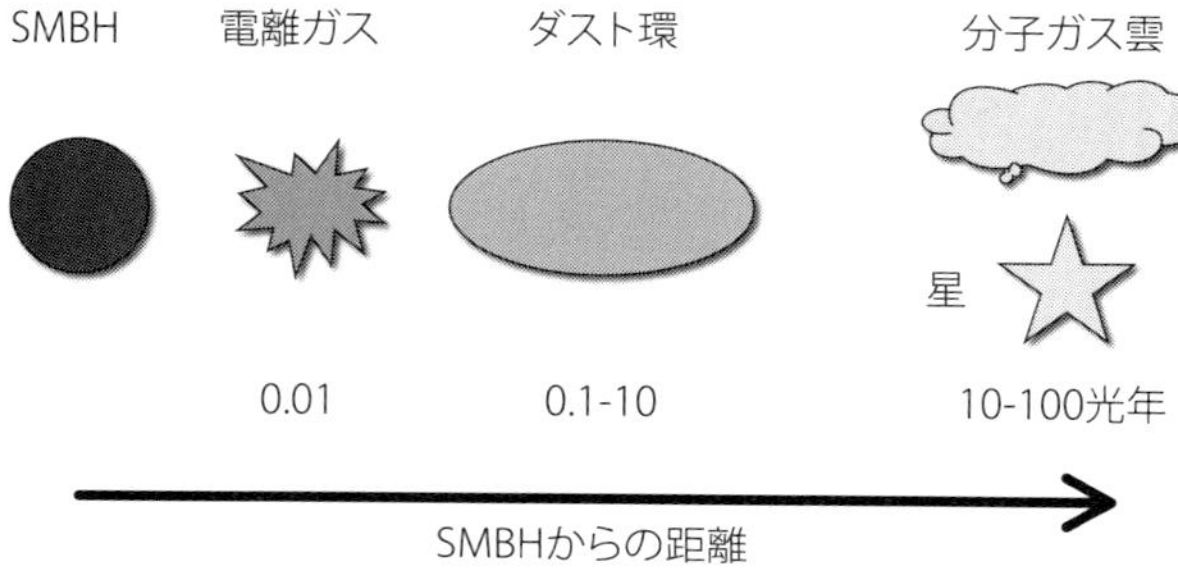

図19　銀河中心にあるSMBHの周りにある天体とその距離

このようにブラックホールそのものはかなりコンパクトです。太陽の1億倍の質量のSMBHの場合、その半径は約3億kmです。地球と太陽の距離が1億5000万kmですから、たいしたことはありません。

では、銀河の中心にあるSMBHの質量をどのようにして測定すれば良いのでしょうか？　直接SMBHを見ることはできないので、周りにある天体の情報が頼りになります。まず、SMBHの周りにどんな天体があるか見てみましょう(図19)。

SMBHの周りには回転するガス円盤があります。降着円盤と呼ばれるものです。この円盤がガスの摩擦熱で高温になり、周辺にあるガスを電離します。SMBHから0・01光年離れた場所にある電離ガスはSMBHの周りを高速で回転しています。このガスの回転速度は秒速数千kmにもなります(広輝線領域と呼ばれます)。その外側にはダスト環（ダスト・トーラス）と呼ばれるドーナツ状のガス雲があり、たくさんのダストを含んでいるので中心からの強烈な光を吸収して見えなくしてしまうほどです。このダスト環も秒速１０００㎞ぐらいの速度で回転しています。[*14]さらに外側に行くと、星やガス雲があり、秒速数１００㎞ぐらいの速度で回転しています。ＳＭＢＨの質量を測定する良い方法は、これらの天体の回転速度を調べることです。ＳＭＢＨからの距離と回転速度がわかると、ＳＭＢＨの質量が測定できるからです。ＳＭＢＨの周りの天体がＳＭＢＨの周りをケプラー回転[*15]しているという仮定が必要になるので、必ずしも正確ではありませんが、質量の良い目安を与えてくれます。

では、どの方法が最も良いのでしょうか？　一般的には、ＳＭＢＨに近い天体の運動の様子を調べる方が正確です。なぜなら、ＳＭＢＨに近ければ近いほど、ＳＭＢＨの質量が支配的になり、天体の運動はＳＭＢＨの重力で決められているからです。そのため、広輝線領域やダスト環の運動がＳＭＢＨの質量測定によく使われてきました。一方、その外側にある星々やガスの運動も使われています。ＳＭＢＨから１００光年ぐらいの距離だと、ＳＭＢＨのみならず、１００光年以内に含まれる星々やガスの質量も回転運動に影響を与えます。しかし、それらの質量分布を適切に仮定することで、ＳＭＢＨの質量を評価することができます。最近、銀河中

＊14　楕円銀河や渦巻銀河の中心にあるバルジの一部には、星々は回転運動ではなくランダムな運動が卓越している場合があります。その場合は回転速度ではなく、ランダムな運動による速度分散という量が回転速度の代わりに用いられます。
＊15　地球のような惑星が太陽の周りをケプラー回転していることを思い浮かべてください。

心領域の分子ガス雲の運動を用いてＳＭＢＨの質量を評価する方法が注目を集めています。特に、アルマのデータは角分解能が良いので、この種の解析に最適です。

ここでは、近傍の活動銀河核を有する渦巻銀河であるＮＧＣ１０９７の例を紹介することにしましょう。

まず、図20をご覧ください。ハッブル宇宙望遠鏡で撮影されたＮＧＣ１０９７の可視光写真です（図20（上））。美しい棒渦巻銀河ですが、中心部（白い四角で囲った領域）を見ると、リング状の構造が見えています。星の輝度分布は含まれている星の質量と光度の比を仮定することで星の質量分布に置き換えることができます。ここが味噌です。このようにして得られた星の質量分布とＳＭＢＨの質量をフリーパラメータとして、観測された分子ガスの速度分布（図20（右下））を最も良く再現できる解を探していきます。その結果ＳＭＢＨの質量として1・5×10^8 $M_{\odot}$が得られました。このようにＳＭＢＨの質量が正確に求められるのはアルマの高解像力で得られた分子ガスの運動状態がわかったおかげです。

6　銀河と超大質量ブラックホールの共進化

超大質量ブラックホール（ＳＭＢＨ）は活動銀河核のエネルギーの源泉として１９６０年代中盤から研究が続けられてきました。ここで、一つの疑問がわきます。ＳＭＢＨは活動銀河核

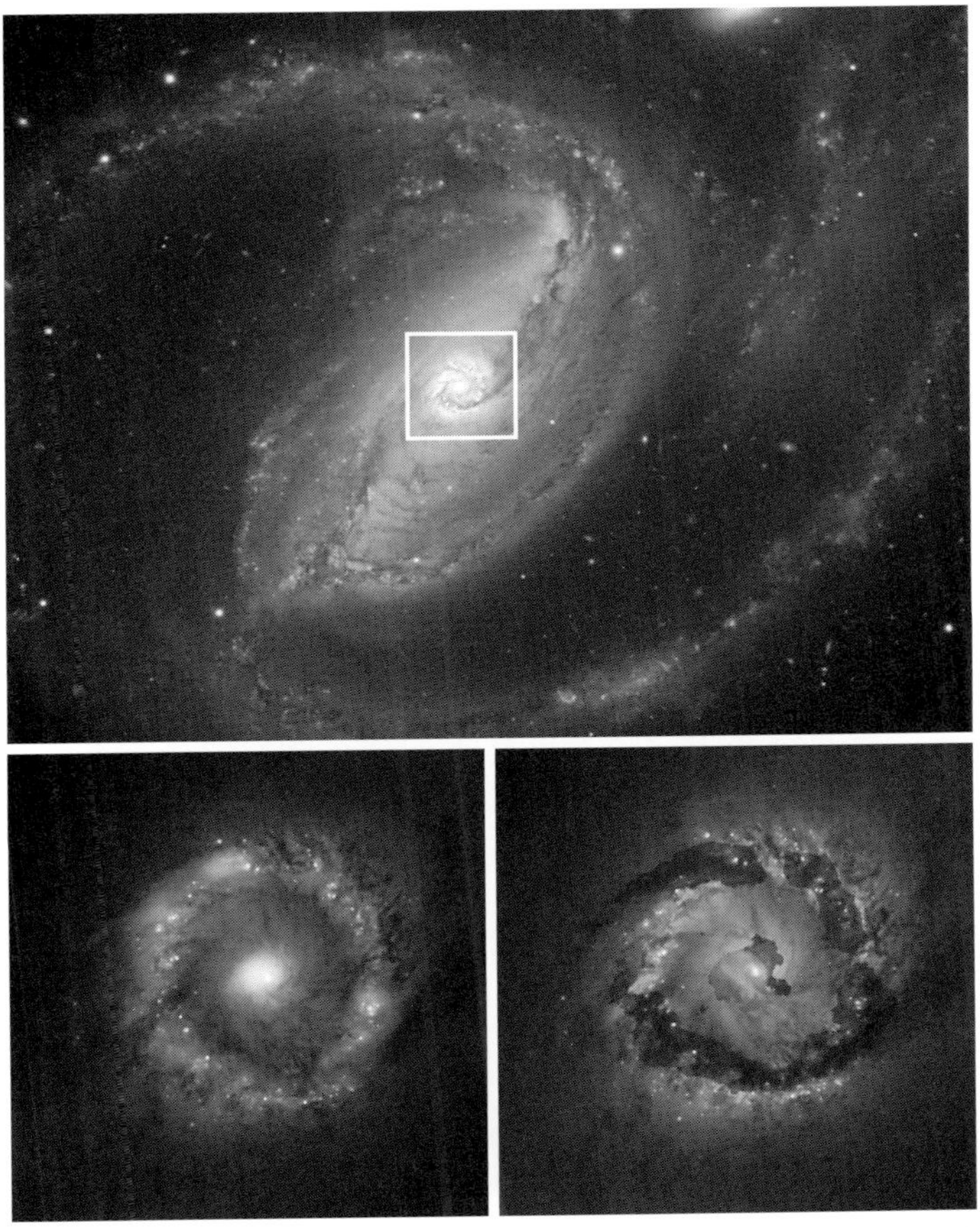

図20　NGC1097（http://alma.mtk.nao.ac.jp/j/news/pressrelease/201506187684.html）（口絵５）。（上）ハッブル宇宙望遠鏡で撮影されたNGC 1097の可視光画像（ESO/R.Gendler）、（左下）アルマ望遠鏡で検出されたシアン化水素（HCN）とホルミルイオン（HCO^+）の分布。（右下）HCNの速度構造。我々に近づく成分は下から左にかけて、遠ざかる成分は上から右にかけてある（（左下、右下）ALMA（ESO/NAOJ/NRAO）, K.Onishi（SOKENDAI）, NASA/ESA Hubble Space Telescope）

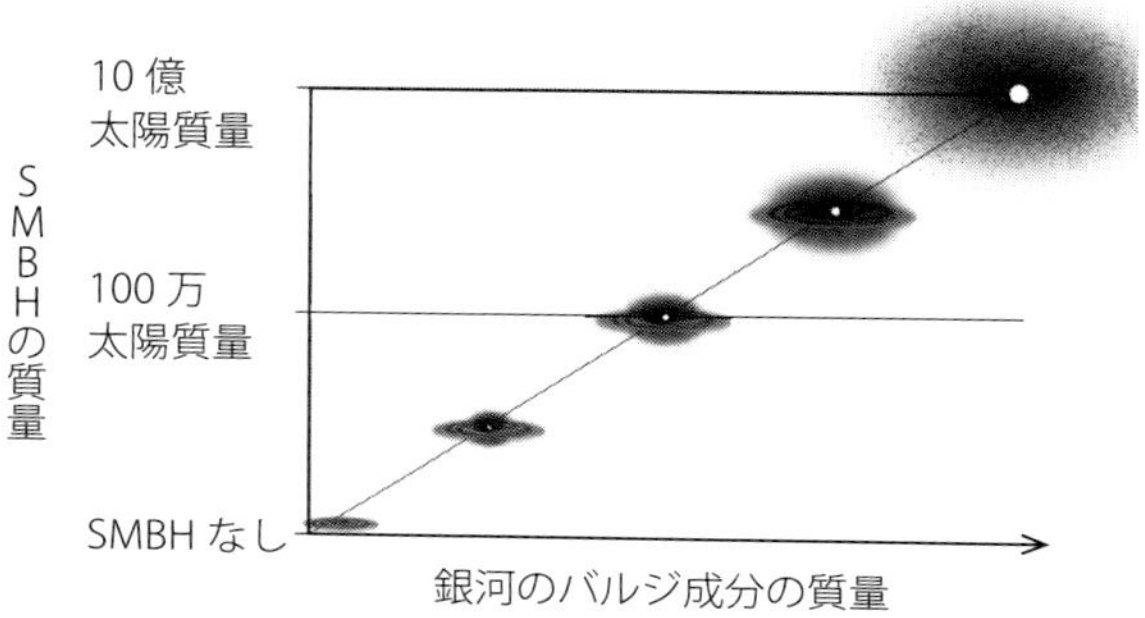

図21　SMBHと銀河のバルジ成分の質量の間にある良い相関を示す概念図（http://hubblesite.org/newscenter/archive/releases/exotic/2000/22/image/）

を持つ銀河の中心にしかないのでしょうか？　この答えは１９８０年代の後半、アンドロメダ銀河などの普通の銀河核の観測から得られるようになりました。答えは、ほとんど全ての銀河の中心にはＳＭＢＨがあるということだったのです。既に紹介したように銀河系も例外ではありません。つまり、ほとんど全ての銀河の中心にはＳＭＢＨがある。ただし、ＳＭＢＨにガスや星が落ち込まない限り、普通の銀河として見え、落ち込めば活動銀河核として観測されるという描像が得られるようになってきました。

ところが、少し不思議な関係があることがわかってきました。ＳＭＢＨの質量は銀河のバルジ（楕円銀河の場合は楕円銀河本体）の質量と良い相関があるらしいということです（図21）。これは、実は驚くべきことです。なぜならＳＭＢＨと銀河の大きさは10桁程度違うからです。銀河の大きさは数万光年もあります。しかし、ＳＭＢＨは仮に太陽質量の１

億倍の質量を持っていたとしても、大きさは０・０００01光年しかないのです。こんなに大きさの異なるもの同士が、なぜ質量の相関を示すのでしょうか？　これは〝ＳＭＢＨと銀河の共進化問題〟としてクローズアップされるようになりました。

もし本当に共進化しているのであれば、銀河の成長とＳＭＢＨの成長はなんらかの物理的なメカニズムで同調していたことになります。銀河の成長は種銀河から多数の合体を繰り返して成長して来たことが示唆されています。では、ＳＭＢＨはどうやって成長して来たのでしょうか？　実は、これが大問題なのです。

ＳＭＢＨの成長メカニズムとしては、72ページの図22に示した3通りの方法が考えられています。今のところどれが最も良いのかわかっていません。3通りの方法が様々な銀河で機能しているのかもしれません。

しかし、もっと大きな問題が残されているのです。それは、ＳＭＢＨの種はなんだったのか、という問題です。宇宙の初期にいきなりＳＭＢＨが誕生するとは思えません。何か種になるものができて、それが太ってＳＭＢＨになる方が自然です。

初代星の項でお話ししたように、初代星が超新星爆発を起こして、その残骸として約１００$M_\odot$の中質量ブラックホールが生まれる可能性があります。これは理論的に示唆されていることですが、観測で検証はされていません。つまり、ＳＭＢＨの種が何であったか、依然として不明なのです。

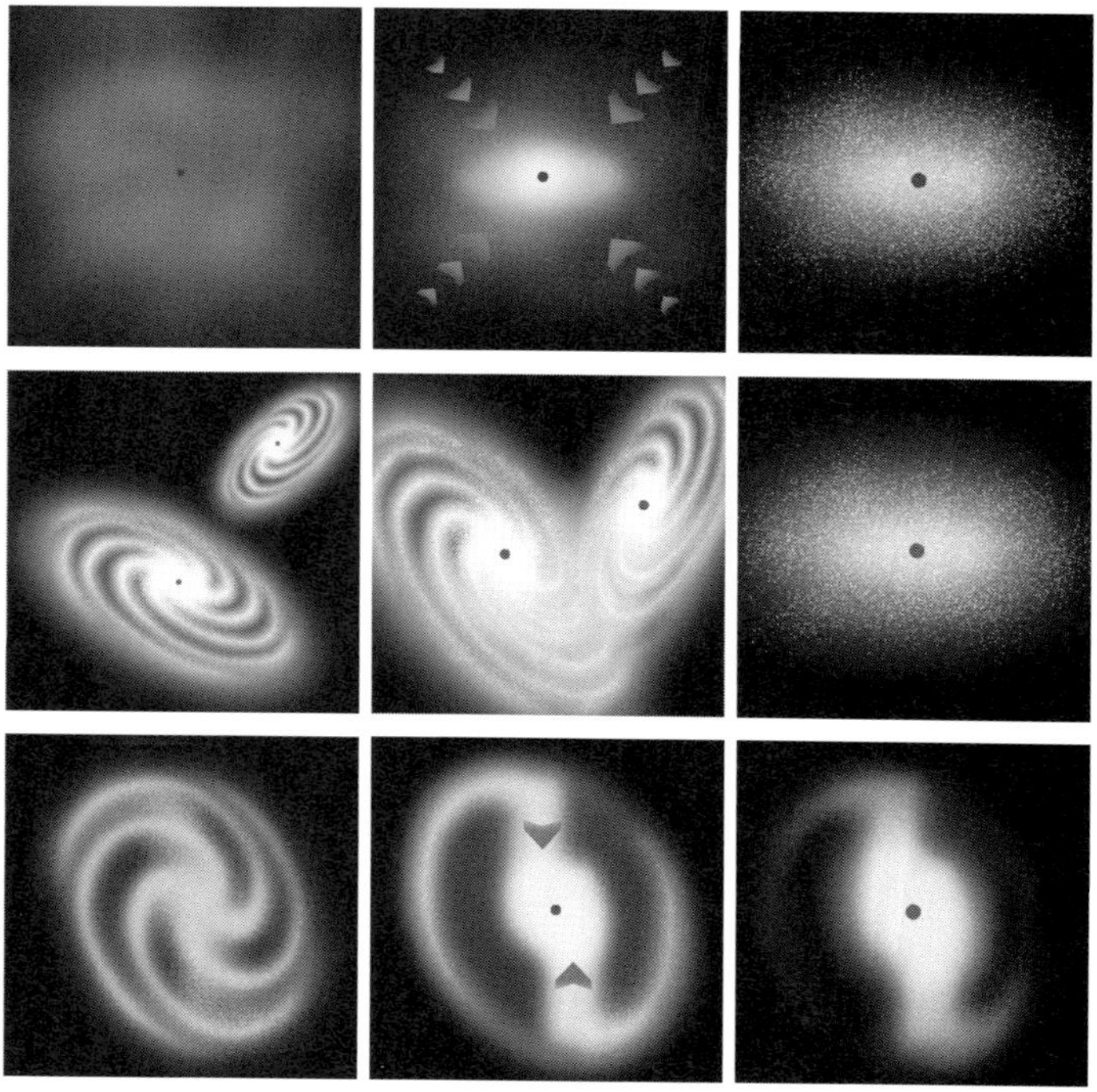

図22　現在考えられているSMBHの成長過程（http://hubblesite.org/newscenter/archive/releases/exotic/2000/22/image/）。（上）原始バルジが重力崩壊して星を造りながらSMBHも太らせていく、（中）銀河の合体でガスを中心に落とし込み、SMBHを太らせていく、（下）銀河円盤のガスが銀河中心に流れ込み、SMBHを太らせていく

SMBHと銀河の関係

SMBHの種は不明なものの、確かに近傍の宇宙にある銀河を調べると、銀河とSMBHの質量に相関があるように見えるので、両者になんらかの物理的なリンクがあるのではないかと考えられています。

では、銀河の中心にSMBHがあると、何が起こるのでしょうか？　一つはＳＭＢＨに銀河内のガスが落ち込み、ＳＭＢＨが太っていくことです。そのとき、解放されるガスの重力エネルギーを電磁波やジェットのエネルギーに転換し、銀河中心核は活動銀河核として観測されることになります。これは銀河からＳＭＢＨへの作用です。もう一つ期待されることは、まったく逆の作用です。活動銀河核から放射される強烈な電磁波やジェットは銀河内にある分子ガス雲を壊す働きをします。分子ガス雲が壊れると、星の誕生が抑制されます。つまり、銀河全体の星生成率を下げて、進化を止めるように働きます。これを銀河進化に対するネガティブ・フィードバックと呼びます（単に、フィードバックと呼ばれることが多い）。

まとめると次のようになります。

- 銀河 ⇩ ＳＭＢＨ：ガス供給により活動銀河核現象が発生する
- ＳＭＢＨ ⇩ 銀河：活動銀河核の影響で銀河の進化を抑制する

このように、銀河とＳＭＢＨは相互作用しながら進化してくることが期待されます。銀河の進化をコンピュータで調べると、銀河での星生成が進行しすぎて、現在の銀河の様子と合わないことが理論的に指摘されていたので、ＳＭＢＨからのフィードバックは期待されることでした。そのため、最近ではＳＭＢＨからのフィードバックを調べることが流行しています。

図23　NGC 1068の可視光写真（SDSS）

SMBHからのフィードバック

もちろん、アルマもこのフィードバックの研究に用いられています。まずは、セイファート銀河[*16]NGC1068で見つかったアウトフロー（SMBHから吹く強烈な風のことです）を紹介しましょう。

NGC1068はくじら座の方向に見え、距離は14Mpcです。広大な宇宙のことを考えると、まさに近傍宇宙にある銀河です。美しい渦巻銀河で、外側にも淡い渦巻が見えています（図23）。この銀河の中心には太陽の約100万倍の質量を持つSMBHがあります。活動銀河核に特徴的な電離ガス領域が数100光年のスケールで広がっています。[*17]

では、アルマで見たNGC1068の分子ガス（CO）の分布を見てみましょう（図24）。可視光写真（図23）で見えた外側の淡い構造の

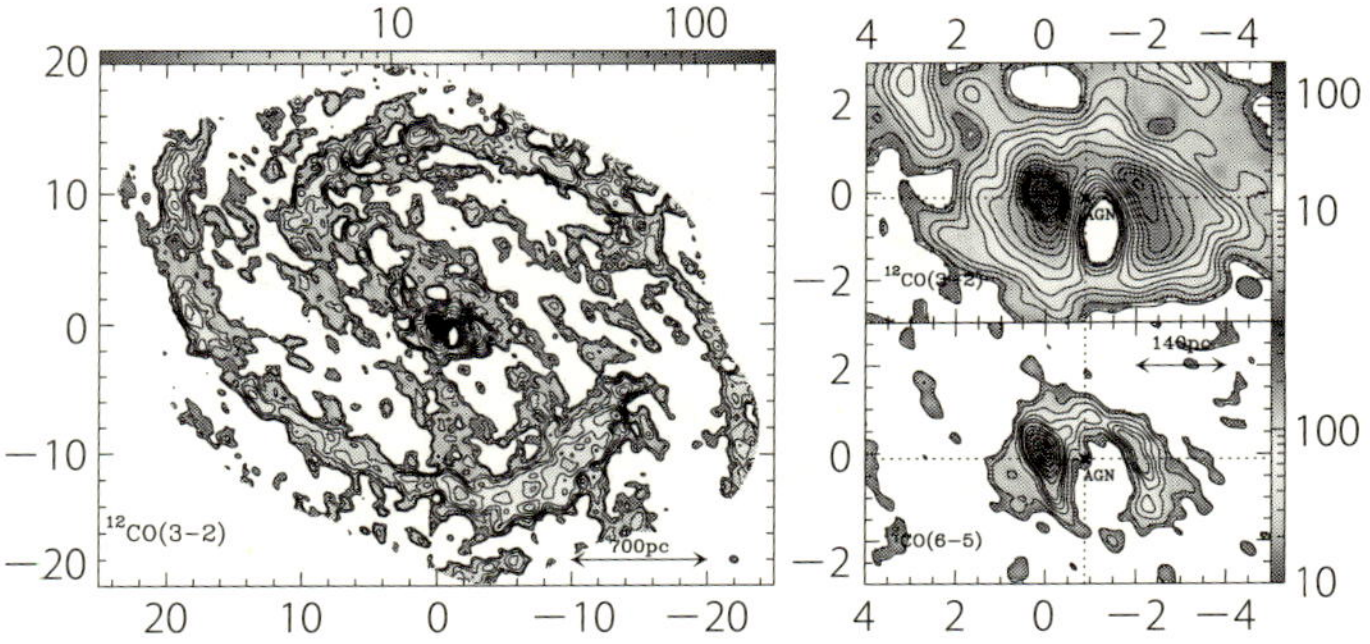

図24　アルマで観測された NGC 1068の CO ガス分布。右側は中心領域にある銀河核周円盤（Garcia-Burillo *et al.* 2014, A&A, 567, A125©ESO）（口絵 6 ）

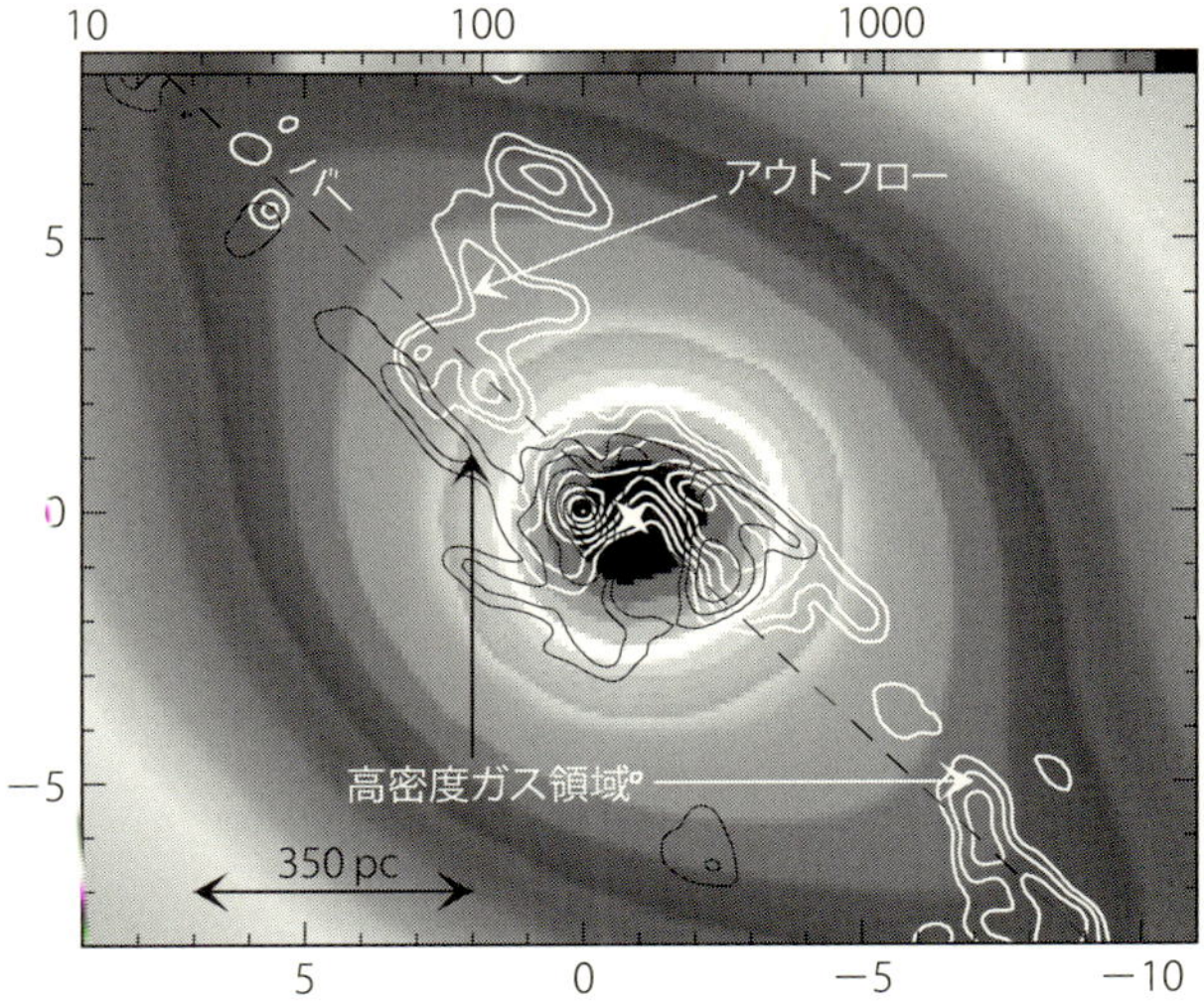

図25　アルマで観測された NGC 1068 の CO ガス分布のアウトフロー（Garcia-Burillo *et al.* 2014, A&A, 567, A125©ESO）

部分は分子ガスでは見えておらず、内側の渦巻円盤に分布する分子ガスの様子だけがわかります。分子ガスでも綺麗な渦巻が見えています。中心領域を注意深く見ると、コンパクトなガス構造が見えています（図24の右図）。この構造は〝銀河核周円盤〟と呼ばれています。直径は500光年で、銀河全体（10万光年）に比べると小さな構造です。NGC1068の活動銀河核はこの銀河核周円盤に取り囲まれた内部にありますが、中心核のすぐそばでは分子ガスの量が少なくなっています。*18

図24の左に示した分子ガス雲は大局的には銀河円盤の回転運動に従って運動しています。その回転をモデル化して観測データから差し引くと、回転運動以外の速度成分を評価することができます。その結果、二つの顕著な分子ガス雲の運動が見えてきました。一つは円盤内にある棒状（バー）構造（左上から右下に見える直線上の構造：75ページの図25も参照）に沿って、分子ガス雲が中心方向に流れ込む運動です。もう一つは、銀河中心核から吹き出るアウトフローです（図25）。中心核からの距離にして150光年から1200光年ぐらいの領域で吹いていることがわかりました。アウトフローに含まれる分子ガス雲の質量は太陽の200万倍にも及びます。アウトフローの速度は秒速75km程度ですが、かなりの量の分子ガスが吹き飛ばされています。

このようなアウトフローが銀河円盤にある分子ガス雲と衝突すると、そこには衝撃波が発生し、ガスを電離していまいます。したがって、そこではしばらく星生成が止まってしまうことになります。これがネガティブ・フィードバックを引き起こすわけです。

スターバーストからの銀河風

次に紹介するのは衝突銀河 NGC3256からの銀河風です。この銀河までの距離は35Mpc。NGC1068同様、近傍宇宙にある銀河です（図26（78ページ））。一見すると渦巻銀河のように見えますが、NGC1068と大きく異なる点は、衝突しつつある銀河だということです。衝突の痕跡は南側に伸びる二つの〝尾〟のような構造に現れています。衝突はかなり進んでいて、このまま行けば二つの銀河はいずれ合体して一つの銀河に進化していくでしょう。

NGC3256は可視光の写真（図26）ではよくわかりませんが、アルマによる分子ガス（CO）の分布を見ると、二つの銀河中心核が見えています（図27（78ページ））。分布だけ見ると、かなり複雑な構造をしていますが、分子ガスの運動する様子がわかるため、銀河中心核

＊16 （74ページ）近傍の宇宙で観測される活動銀河核を有する典型的な銀河。1943年にカール・セイファートが研究し始めたので、セイファート銀河と呼ばれています。

＊17 （74ページ）この電離ガス領域は先に紹介した〝広輝線電離領域〟とは異なり、〝狭輝線電離領域〟と呼ばれています。電離ガスの運動速度は秒速数100kmなので、銀河円盤にあるガスが電離されていると考えられています。

＊18 ただし、SMBHの周りの0・1光年から1光年ぐらいの場所には分子ガスを含むダスト環があります。

図26　ハッブル宇宙望遠鏡による NGC 3256の可視光写真（NASA/ESA/STScI：http://hubblesite.org/newscenter/archive/releases/2008/16/image/br/format/xlarge_web/）（口絵 7 ）

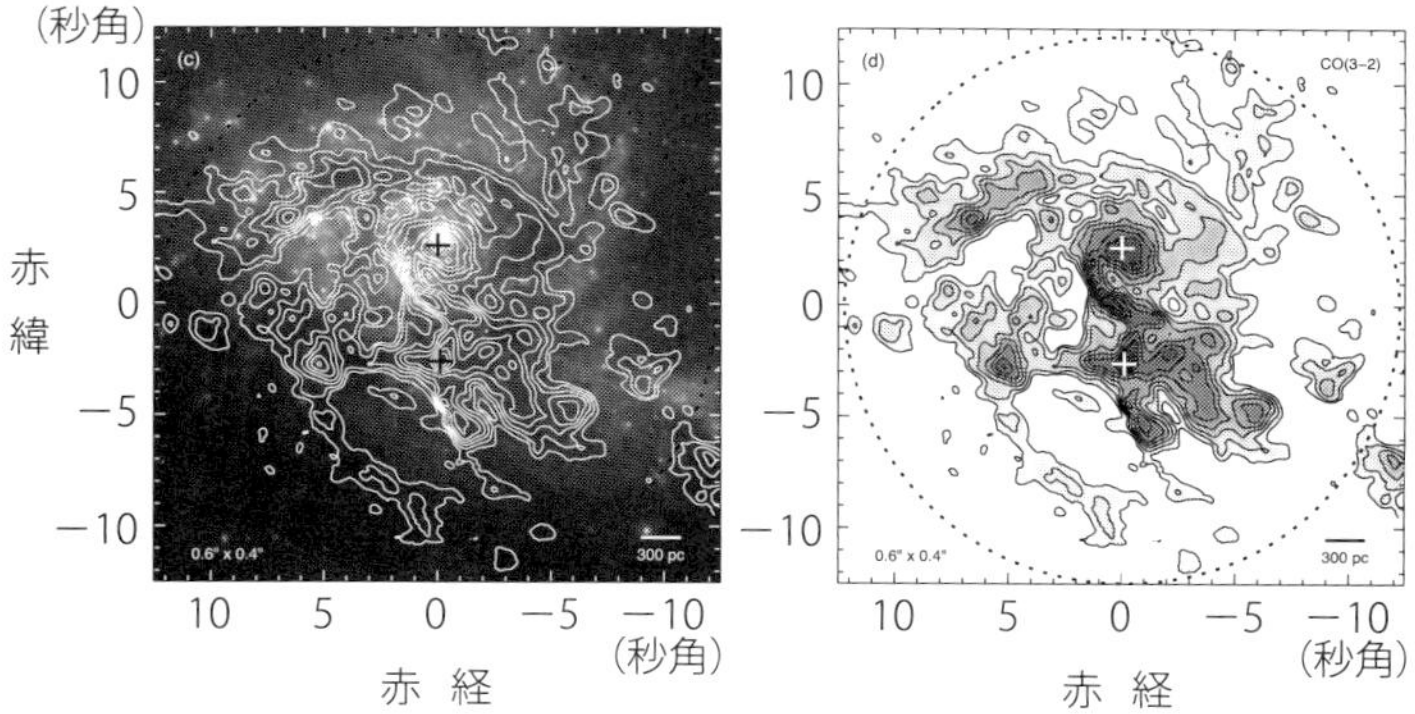

図27　CO 分子で見える NGC 3256 の二つの銀河中心核（＋印）。左図では HST のイメージ（図26）に重ねて示してある（Sakamoto *et al.* 2014, ApJ, 797, 90）（口絵 8 ）

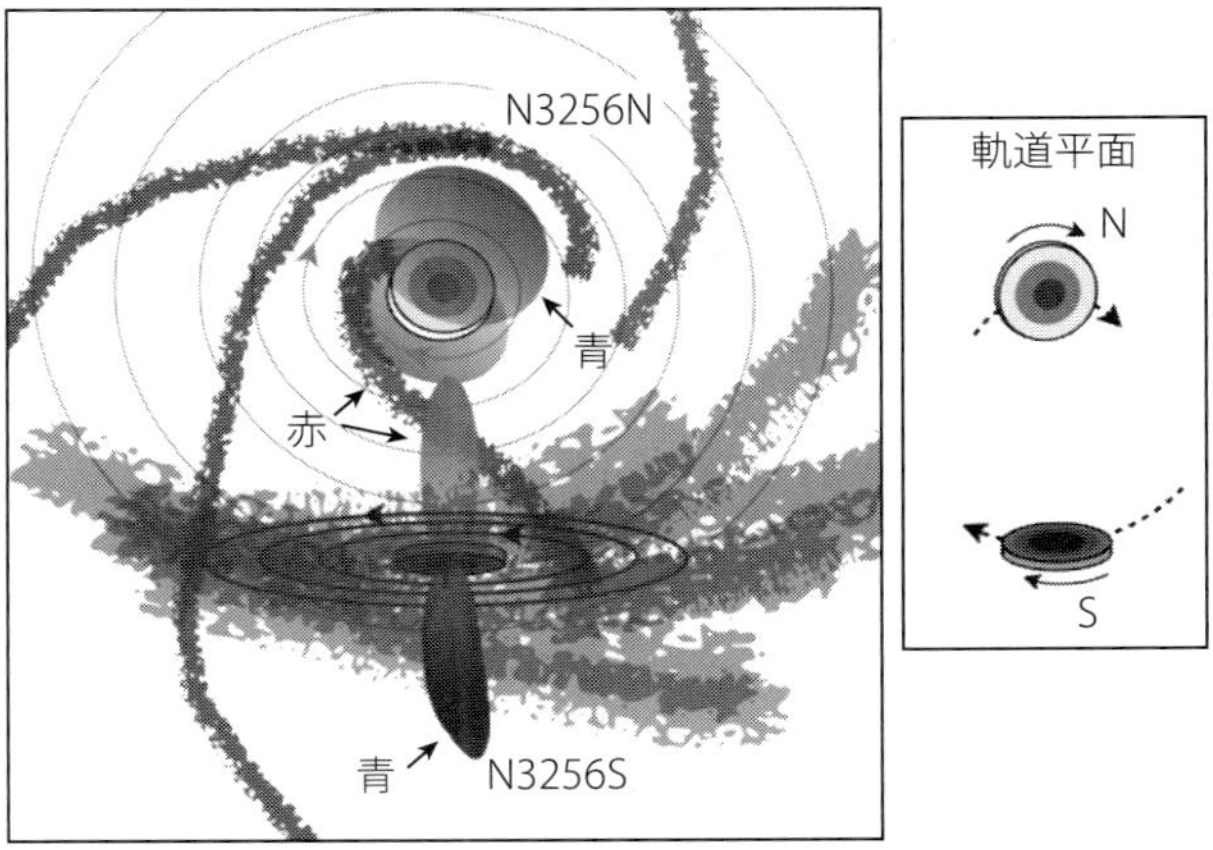

図28　NGC 3256の南側の銀河中心核から吹き出る双極分子ガス流（口絵9）。私たちに近づいてくる流れ（青）と遠ざかる流れ（赤）が見える（Sakamoto *et al.* 2014, ApJ, 797, 90）

の周りを回るガス円盤が特定できるのです（図28の右図を参照）。北側のガス円盤は真上から見ており、南側のガス円盤はほぼ真横から見ています。二つの銀河の合体方向が反映されていますが、これでは全体の構造が複雑に見えるはずです。

北側の中心領域では大質量星が多数生まれるスターバーストが発生し、その結果多数の超新星爆発も起きて、銀河風が吹いています。これはスーパーウインドとも呼ばれる現象です。この領域を真上から見ているので、銀河風は私たちの方向に吹いています。その速度は秒速750kmもあります。

一方、南の中心領域からも風が吹いているのですが、図28の左側に示したように円盤に垂直な二つの方向に吹いています。その速度は秒速2000kmもあり、かなりの高速風です。もう一つ特徴的なことは、長さ２０００光年にもおよぶ風がコリメートされていることです。つまり、風の吹き出す方向が細く絞られているのです。超新星爆発による銀河風では、周りにあるガスが吹き出す方向を決めますが、細く絞られて出ることはあまりありません。したがって、南の中心領域から出ている風は、活動銀河核からのジェットの可能性が高いでしょう。もしそうだとすると、ＮＧＣ３２５６では銀河風とジェットが共存している衝突銀河ということになります。形態だけでなく、物理的にも複雑な現象が起きているようです。

銀河の進化に対してネガティブなフィードバックを与える。これは、星を造る冷たい分子ガス雲を壊すことです。ＳＭＢＨ、つまり活動銀河核からのジェットやアウトフローはその担い手なのです。そしてスターバーストの結果吹き荒れる銀河風、スーパーウインドもネガティブなフィードバックを与えます。つまり、銀河では何かエネルギッシュな出来事が起こると、それに起因して星生成が抑制されるという運命にあるようです。銀河は自己制御しながら進化して来ていると考えてよいでしょう。

銀河はさまざまな形をしていて、見飽きることはありません。しかし、一見何事も起きていないような銀河でも、その中心にある超大質量ブラックホールが暗躍して、銀河の進化に大きな影響を与えることもあります。銀河の全貌を理解するには、やはり注意深く多数の銀河を観測するしかありません。今後も、アルマは銀河の秘密を暴くべく、大活躍するでしょう。

2章

巨大星の誕生

福井康雄
FUKUI Yasuo（名古屋大学大学院理学研究科教授）

太陽を始めとする星々は、宇宙のガス雲からつくられます。星の大部分は太陽と同じくらいの質量を持つ小型星です。２０００年ごろまでには、小型星の誕生の仕組みがほぼ解明されました。さらに２０１５年、巨大星の誕生がガス雲同士の「衝突」によって引き起こされていることが、大マゼラン雲で明らかになったのです。アルマの新たな成果です。これらの最新成果には、30年以上にわたって進められてきた全天をおおう分子雲の観測研究の「果実」が生きています。本章では、未公開の研究成果を含めて、アルマを始めとする世界の望遠鏡が切り拓いた最新の「星誕生」について解説しましょう。特に「巨大星の誕生」が、本章のメインテーマです。

1 宇宙の星

宇宙には無数の星々が輝いています。しかし、星はいつまでも輝き続けるわけではありません。星にも誕生と死があるのです。

星が輝くもとになるエネルギー源は、水素の核融合反応です。水素が4個結合してヘリウムの原子核が1個できる反応です。ヘリウム原子核の質量は、水素原子核4個分の質量よりもわずかに、1％ほど軽いのです。ここでは質量は保存しません。物質の質量は実はエネルギーと等価です。水素とヘリウムの質量の差が、アインシュタインの関係式 $E=mc^2$ のとおり、エネルギーになるのです。このエネルギーによって、太陽も輝いているのです。

星の中の水素には限りがあります。中心部の水素を使い果たした星は、それ以上輝き続けることができません。これが星の寿命を決めます。太陽の寿命は100億年です。しかし、太陽の何十倍もある巨大星の一生は、とても短いのです。例えば、30太陽質量の星の寿命は、千万年ほどしかありません。これは、巨大星が極端に明るいためです。30太陽質量の星は、太陽の30倍明るいわけではありません。30太陽質量の星は、太陽の実に100万倍の明るさで輝くのです。巨大星の明るさをまかなうために、巨大星の「燃料＝水素」の消費は桁違いに激しくなります。そのために、巨大星に水素は大量にあるのですが、ごく短時間の数100万年で、燃え尽きてしまうのです。

巨大星は燃え尽きると、壮大な超新星爆発を起こして、その一生を終えます。超新星爆発はその膨大なエネルギーによって原子核を融合させ、鉄、炭素、酸素などの様々なより重い元素をつくり出します。こうしてつくられた「重い元素」は星間空間に放出され、「惑星のもと」「生命のもと」になります。重い元素が、水素とともに人間の体をつくります。血液中のヘモグロビンも、鉄なしにはあり得ないし、カルシウムがないと骨ができません。人間の体をつく

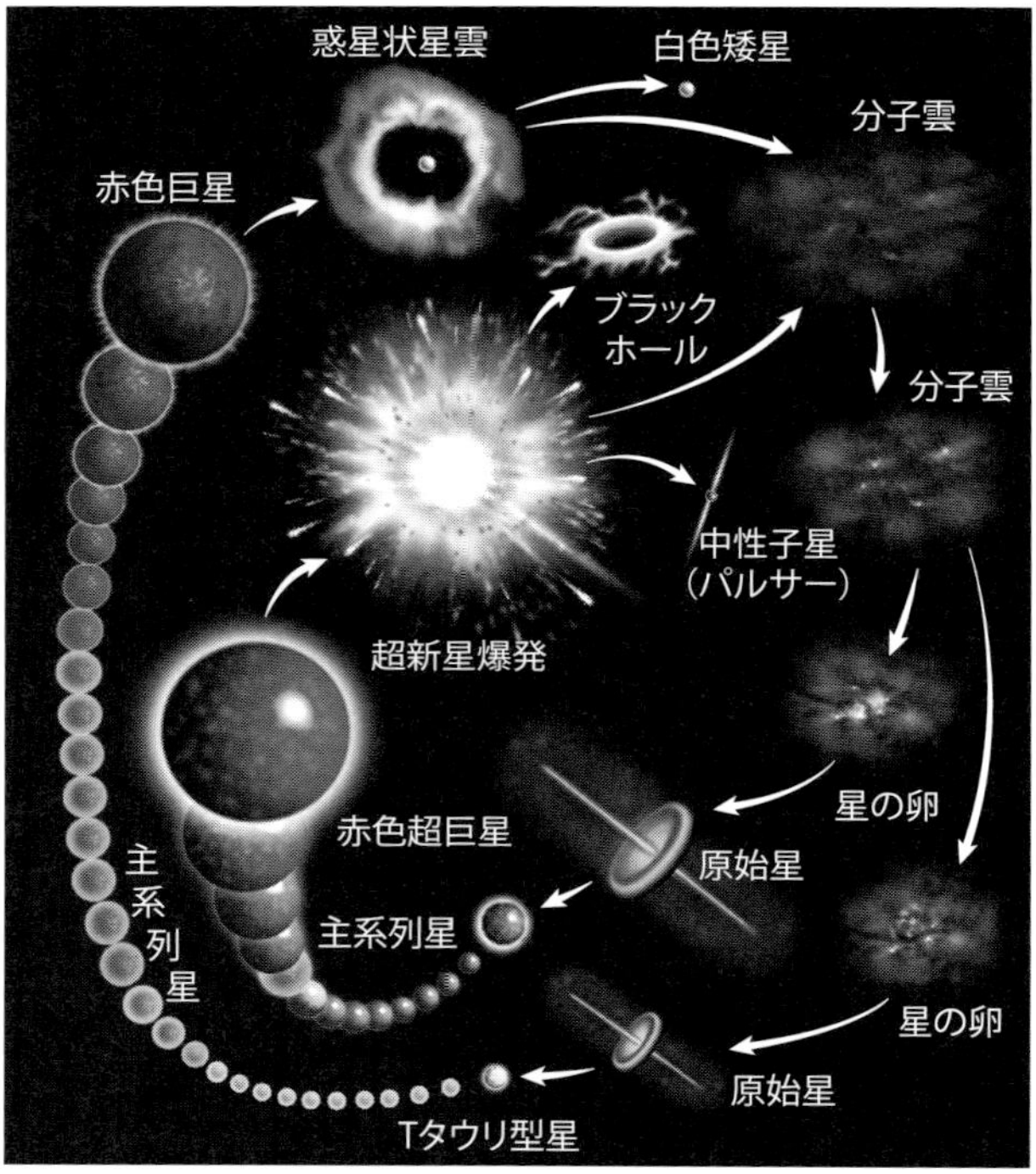

図1　星の一生（福井康雄『大宇宙の誕生』光文社）

っている物質「重元素」は、例外なく超新星爆発が創り出したものなのです。

星の一生

図1に、星の一生を示しました。星間雲が収縮して星が生まれ、星が水素を消費して輝き、やがて一生を終えます。星間雲は自分自身の重力で縮みます。ちなみに「巨大星」は、ふつう8太陽質量以上の星をさすことが多いのです。8太陽質量以上の星は超新星爆発を

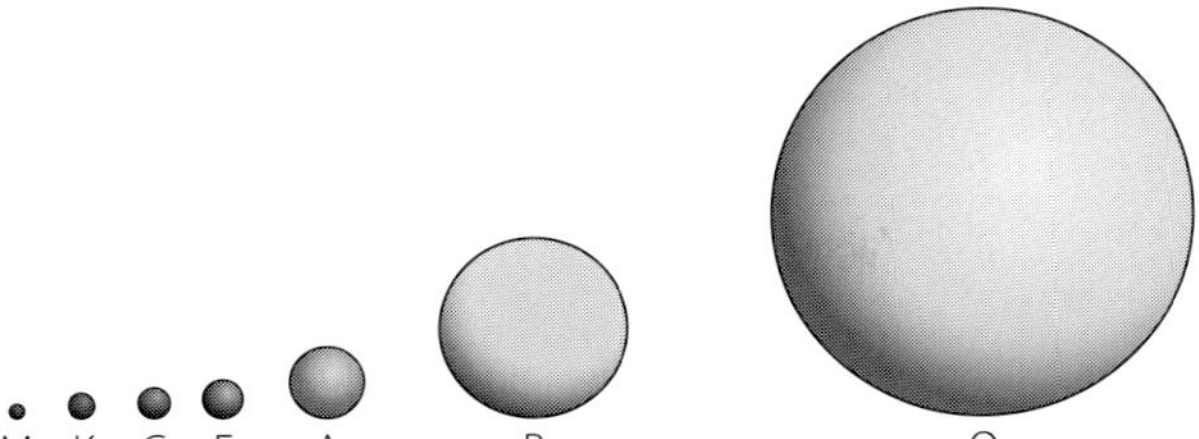

図２　巨大星と小型星。大人の星（主系列星）は、質量が大きいＯ型星から質量が小さいＭ型星まで、大きく７種類に分類される（星のスペクトル分類）。太陽はＧ型星。大部分の星はＡ型よりも小さい星だが、ごく少数しかないOB型星は巨大でけた違いに膨大なエネルギーを放ち、銀河の進化に大きな影響を与える（LucasVB/Wikimedia による図をもとに改変）

起こして一生を終えるので、これが一つの境目となります。しかし、より重い30太陽質量の巨大星は、より強い影響を周囲の銀河に与えるので、さらに重要です。この章では、小型星は１太陽質量、巨大星は30太陽質量を代表的な質量としましょう。もちろん、この間にもさまざまな質量の星が連続的に存在します。

実際に観測される星の最大質量は、１５０太陽質量にもなります。宇宙の星の大部分、99％以上は太陽程度の質量の小型星です。巨大星の割合はとても小さいのです（図2）。しかし、超新星爆発も含めて、巨大星が周りの空間に与える影響は圧倒的です。膨大なエネルギーで星間ガスをかき乱し、次の世代の「星の誕生」に大きな影響を与えます。巨大星が、銀河全体の進化までも支配しているのです。現代天文学の最も重要な課題のひとつは「巨大星の誕生の仕組み」の解明にあります。

電波で星の誕生を探る

星の誕生の研究は、天文学の中では若い研究分野です。20世紀の後半1970年代になって、ようやく「星の誕生」の観測研究が可能になりました。その理由は、星をつくるガスの観測が難しかったことにあります。

人類は太陽系に住んでいます。太陽の光は黄色の光（波長500ナノメートル、序章の図1参照）にピークがあります。人間の目には可視光しか見えません。人類は何百万年もの間、太陽と同じような光を放つ星だけを見て生きてきたのです。しかし、星の原料は可視光では見えません。星の起源の解明は、人類にとって「目には見えない」ものを探る困難な問題だったのです。

星をつくる原料は水素のガスです。宇宙には、水素がもっとも大量に存在します。ヘリウムが水素に次いで2番目に多い元素です。炭素などの重元素の存在量は水素の一万分の一ほどです。水素の観測は電波によって行なわれます。電波の観測技術が進歩したことによって、1970年代以降、水素分子ガスの観測が可能になり、星の誕生を研究することができるようになったのです。本書で紹介するアルマは、電波観測技術の最高峰に位置する装置です。人類にとって、ほとんど究極の電波望遠鏡といってよいでしょう。

2　小型星の誕生——太陽の起源

星の形成の場を求めて

太陽を始めとする恒星の誕生の仕組みは、天文学の最も重要な謎の一つでした。昔の天文学では、「星の起源」は空想的な思考の対象だったのです。そもそも、太陽のような一人前の星をいくら詳しく観測しても、その誕生のしくみは見えてきません。太陽の前身は、太陽とは似ても似つかない「冷たいガス雲」です。このようなガス雲は、光ではまったく見えません。星の形成の問題を解くには、人類には見えない、可視光とはまったく別の波長での観測が必要だったのです。星間分子雲と呼ばれるガス雲を、電波で観測することがポイントでした。

水素でできた星間雲

1951年、水素原子の放つ電波が発見されました。これは水素原子に特有の、波長21cmの電波です。星と星の間にはほとんど何もない空間が広がっています。これを星間空間と呼びます。星間空間は完全な真空ではありません。1立方センチメートルに平均1個の水素原子が浮かんでいます。

これらの水素原子が、太陽をつくる原料であることは、十分に予想できます。まず、太陽の表面には大量の水素があります。太陽光の「虹の7色」の中に、水素のスペクトルがくっきりと見えるのです（口絵10）。水素についでヘリウムが多く含まれ、その他の原子である炭素や酸素などはごくわずかしか存在しません。

太陽の化学組成は星間ガス雲と同じです。太陽が星間ガス雲を原料としてつくられたことは、間違いないのです。星間ガスの大部分は水素からなり、質量で30パーセントのヘリウム、全て集めても水素の百分の一ほどにしかならない重元素が、その他の構成要素です。これらの元素は、超新星爆発で巨大星が爆発した際に合成され、宇宙空間にまき散らされ、水素を主成分とする分子雲に混ざったものです。

水素原子Hは、一立方センチメートルあたり１０００個程度に密度が高くなると、水素分子になります。水素分子は、二つの水素原子が結びついた粒子H_2です。水素原子は固体の塵粒子の表面に吸着されます。塵粒子は炭素などの重元素が集まった小さな固体です。やがて2個の水素原子が反応し、結合して水素分子H_2になります。水素分子を主成分とする星間分子雲が、星をつくり出す直接の場です。水素が分子になっても、ヘリウム、重元素の組成は変わらずに一定です。

ところで、星間分子雲の主成分である水素分子は、ふつう電波を出さないために直接観測できません。天文学者は、かわりに一酸化炭素分子ＣＯを観測します。ＣＯの放つ波長２・６㎜の電波を代用にして水素分子を探るのです。ＣＯ分子の電波は１９７０年に発見されました。

ＣＯ分子は、水素分子の約一万分の一の割合で存在します。ＣＯ分子と水素分子の比はほぼ一定なので、この方法を使うことができるのです。星間分子雲こそが星形成の舞台であり、星をつくる直接の原料です。

小型星の誕生

星形成の研究はまず、太陽のような質量の小さな小型星の形成から始まりました。

星は水素分子ガス自体の重力によって、ガス同士が集まって生まれます。星の内部の密度は、星間ガスよりもはるかに高いのです。星間分子雲の密度は、１立方センチメートルあたり１０００個ぐらいです。星の密度はこれの「10の24乗」倍です。10の24乗とは、１億×１億×１億です。ガスが極端に濃くなっていることが分かります。重力のおかげで、このような星間ガスの強い収縮が実現するのです。

太陽は不透明で内部を覗くわけにはいきません。「不透明」ということは、内部の光が閉じ込められていることを意味します。この閉じ込めによって星の内部は高温になり圧力が高くなります。この圧力が重力に対抗して星をささえているのです。この力のバランスによって、星の「球形」ができた瞬間こそが星の誕生です。

小型星の誕生は、１９７０年ごろから本格的に研究され、１９９０年ごろまでにその大筋が解明されました。「水素分子のガス雲が自分自身の重力によってどのように収縮し、星の密度にまで濃くなるか」が、太陽系をひな形として、コンピュータを駆使して理論的に調べられました。並行して、電波と赤外線の観測も大きく進み「星の形成」の謎を追いつめました。理論研究の結果、小型星の形成は、大きく四つの段階を経てすすむことが分かりました（図3）。これらは、いわば「星の赤ちゃん」です。第一の段階では「第一のコア」が形成されます。その半径は、現在の地球の公転軌道ぐらいの密度の低いガス球です。「第一のコア」は、星と呼ぶに相応しい「不透明な」ガス球であり、最初の「星」として重要です。

「第一のコア」は、さらに収縮して「第二のコア」に進化します。「第二のコア」は今の太陽にかなり近い、星らしくなった「星の赤ちゃん」です。「第二のコア」は周りのガスを集めてさらに質量が大きくなり、ついに太陽質量にまで成長するのです。星が1太陽質量に成長する

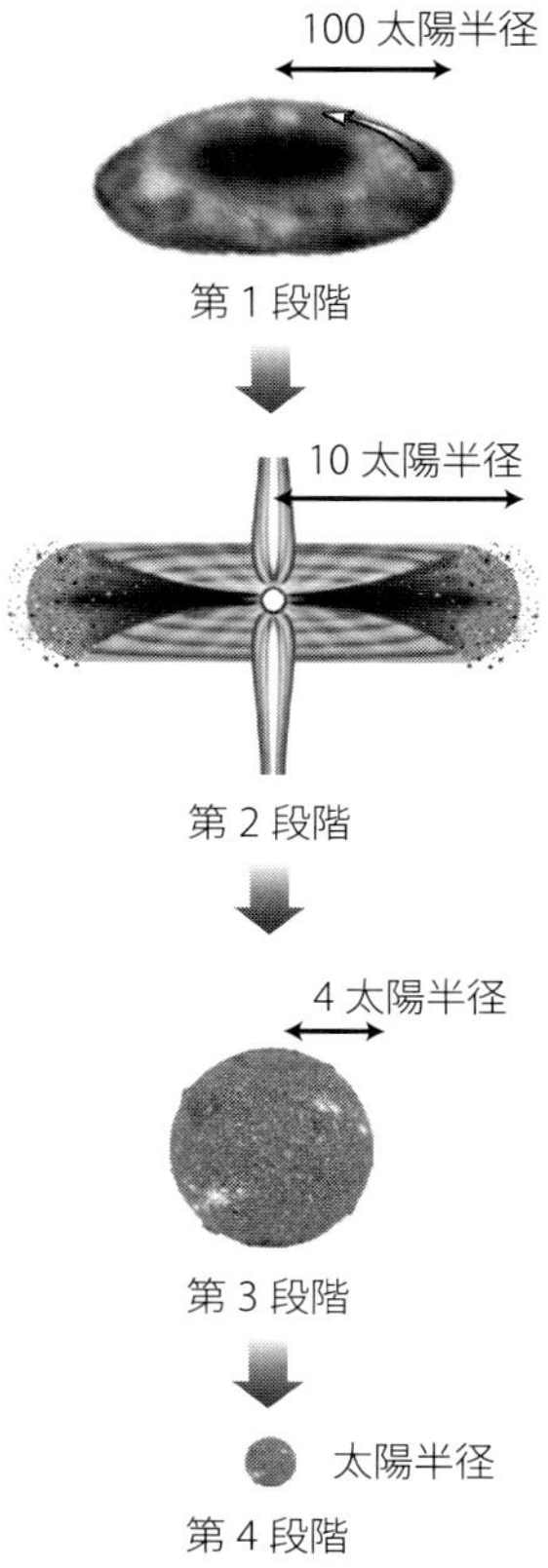

図 3　星の誕生の 4 段階。第 1 段階は星誕生の瞬間「第 1 のコア天体」、第 2 段階は「第 2 のコア天体」が成長する原始星である。第 3 段階では、星の成長は止まりゆっくりと収縮を続ける。第 4 段階で大人の星「主系列星」が誕生し、水素の核融合反応が始まる

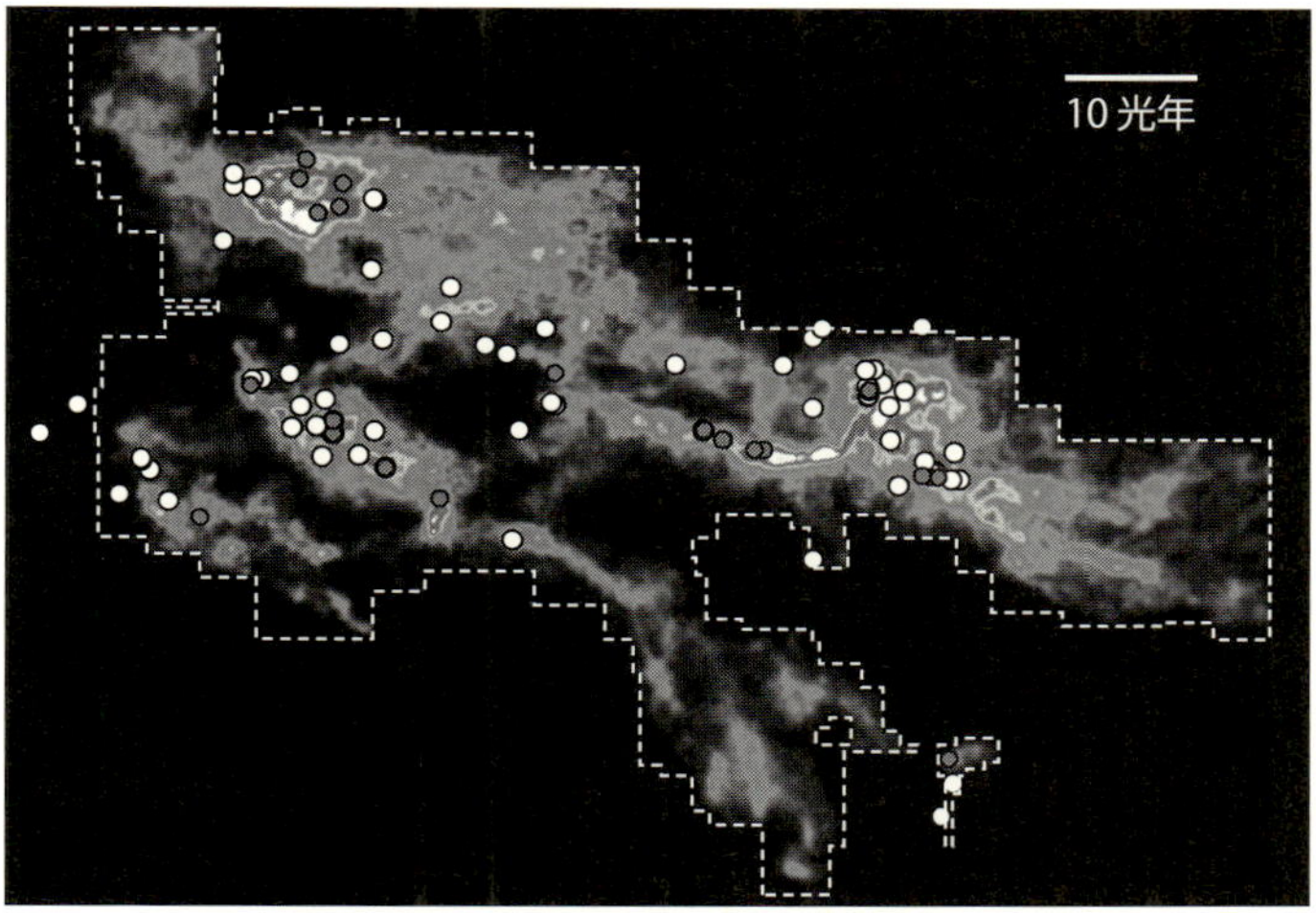

図4　おうし座分子雲の分布（名古屋大学天体物理学研究室）。濃い丸はもっとも若い原始星の位置を示す。フィラメント状の分子雲の濃い部分に生まれたての原始星が集中している

までにおよそ100万年かかります。ここでなんらかの仕組みで星の成長はとまりますが、まだ中心の温度は数100万度で核反応は起りません。星はさらにゆっくりと収縮し、1000万年後に中心温度が1500万度になります。このとき、初めて水素の核反応が始まります。これが大人の太陽です。

ここから100億年間、太陽は安定に輝くのです。現在の太陽年齢は46億年、つまり寿命の半ばです。

おうし座を探る

太陽系に最も近い「おうし座暗黒星雲」の距離はおよそ500光年です（図4）。フィラメント状に伸びた水素分子雲の濃いところに「小型星の赤ちゃん」

が集中して存在しています。これらの星はすべて小型星です。小型星は、静かなガスの中でゆっくりと生まれます。小型星の「赤ちゃん」は多数存在し、観測しやすいのが利点です。そのおかげで、1980年代に小型星誕生のしくみの研究は順調にすすみました。

さらに研究が進んだ現在の焦点は、「第一のコア」の発見です。おうし座の星の赤ちゃんは、年齢が100万年ほどで、およそ100個あります。1万年という寿命の短い天体「第一のコア」は数が少ないはずです。おうし座全体で1個あるかないか、という程度でしょう。その捜索は並大抵ではありません。さらに、おうし座で「第一のコア」自体を分解してとらえることは、やさしくありません。アルマの解像力をもってしても、ぎりぎりです。

「星が生まれた」と言えるのは不透明なガス球の「第一のコア」が生まれた瞬間です。これまで、星ができる瞬間については、コンピュータによる数値計算で調べられてきました。分子雲の一角でガスの濃い部分が生まれることで、星の誕生は始まると予想されます。理論研究の予想する「第一のコア」天体は、質量が太陽の100分の1、大きさが太陽の100倍ぐらいのガス球です。

「第一のコア天体」は見つかったか？——MC27の謎は深まる

1990年代前半、大西利和（現大阪府立大学）と福井らは、名古屋大学の4メートル電波望遠鏡によっておうし座暗黒星雲の広い範囲の掃天観測を行い、100個近い分子雲コアを発見しました。その中でもっとも密度が高く、なおかつ星ができていない天体として「ＭＣ27」が浮かび上がりました。まだ、星の赤ちゃんも見えていない最も若い天体です。

１９９０年代当時、このような分子雲コアの観測は世界でだれもやっていなかったのです。４メートル電波望遠鏡は小型で視野が広いのが特長です。おうし座全体をくまなく観測し、１００個の分子雲コアを見つけ出し、濃いガス雲の塊をすべて検出しました。その中から、星がまだ生まれておらず、なおかつ密度が高いものがＭＣ27です。これこそ「第一のコア天体」に相応しいと考えたのです。

ＭＣ27の観測結果を図５に示しました。予想通りガスの密度が中心に向かって急激に増えて

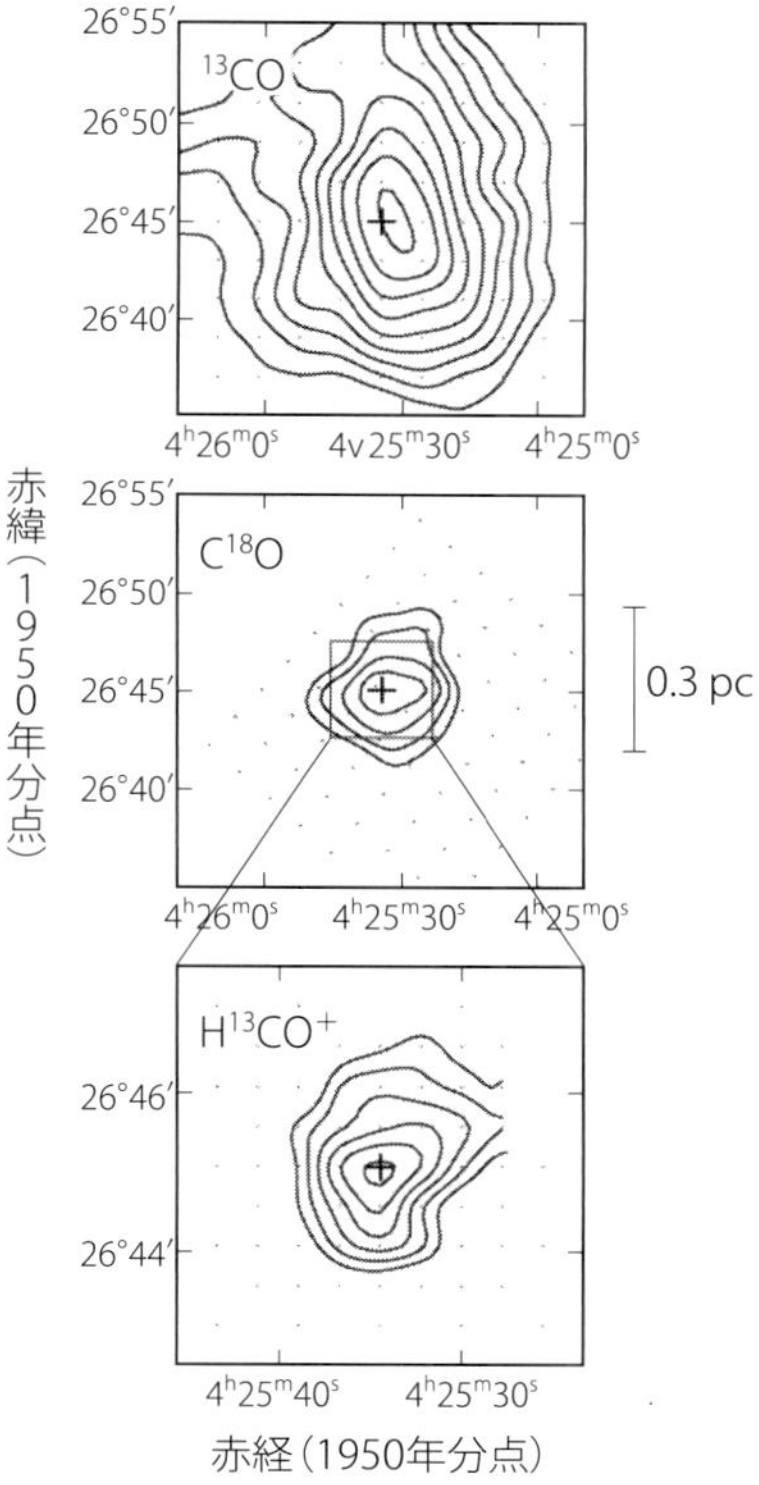

図５　「第１のコア天体」候補のおうし座MC27（Onishi *et al.* 1999, PASJ 51, 257–262）。（上）は密度の低いガス、（中）は中間的な密度のガス、（下）はもっとも高密度のガスの分布を示す。0.3 pc は約１光年。MC27ではガスは高度に中心に集中していることが分かるが、星はまだできていない。^{13}CO、C^{18}O は CO 分子の同位体、H^{13}CO^{+} 分子の同位体。十字の位置に「第１のコア天体」があると見られる

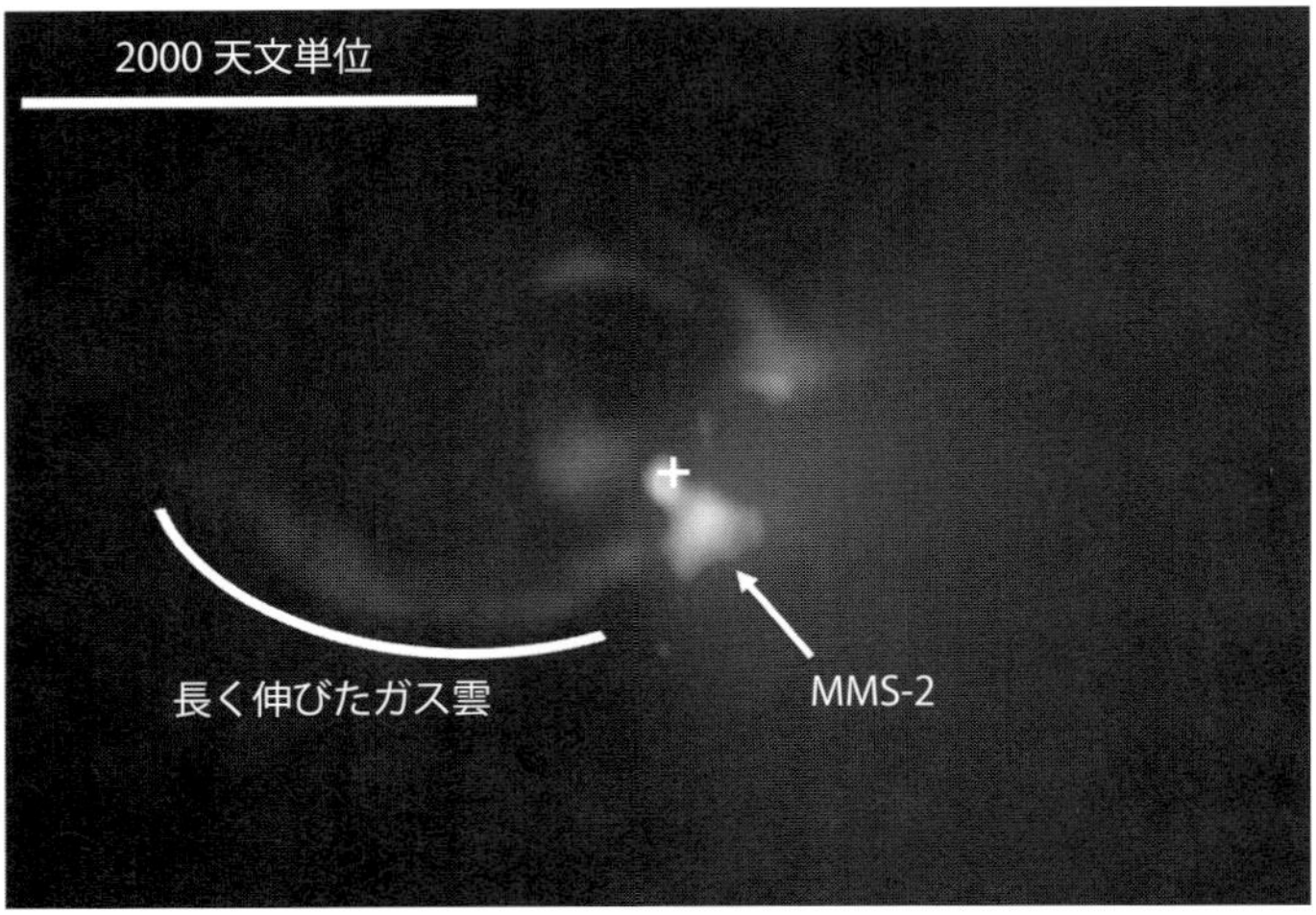

図6　アルマの見たMC27（徳田一起（大阪府立大学）/ALMA（ESO/NAOJ/NRAO）/NASA/JPL-Caltech）（口絵11）。色の違いは分子等の違いを表す。「第1のコア天体」は十字の位置にある。長く伸びたガス雲は、ガスの複雑な運動を物語る

おり、生まれたての「第一のコア天体」に相応しい天体であることが分かります。この結果は1999年に論文に発表しましたが、この段階での分解能は数1000天文単位と低く、詳しいことは分かりませんでした。さらに決定的な「第一のコア天体」の証拠を得るために、私たちはアルマの完成を待ったのです。

アルマによるMC27の観測

MC27に対するアルマの観測は、2012年にようやく行なわれました。MC27の周りのガスの分布が、100天文単位の分解能で初めて明らかになる、興奮の瞬間でした。しかし、この天体は予想に反して実に複雑な形状を

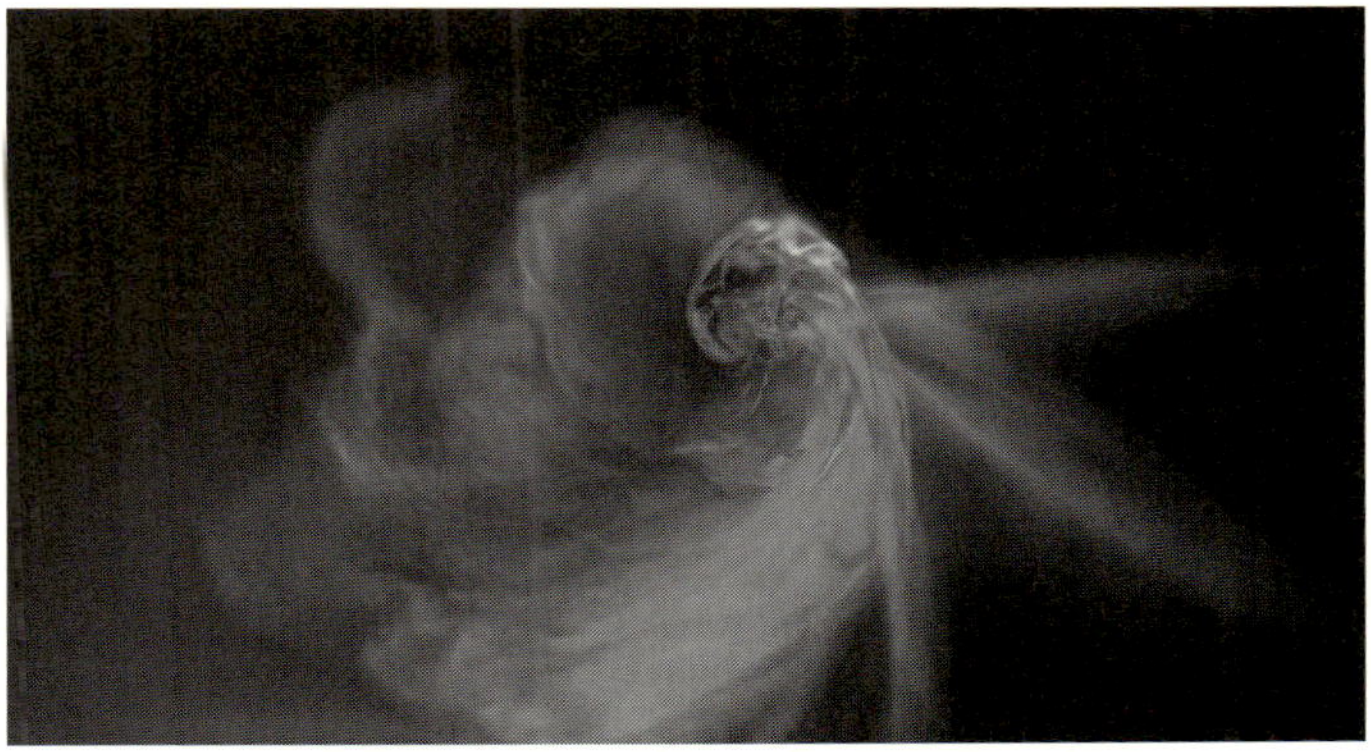

図７　MC27のモデル計算結果（松本倫明（法政大学））（口絵12）

示していることがわかりました（図６）。その分布は、図６から期待される丸い「第一のコア」とは、大きくかけ離れていたのです。

十字の場所が原始星の位置です。まわりのガスの分布は、大きく腕のように伸びた形が特徴的です。確かに中心の星の方向に濃いガスの塊が存在しますが、その周りのガス分布は、期待されたような球形ではなかったのです。コンピュータの計算からはとても予想できない、複雑さです。「第一のコア天体」の中心には原始惑星系円盤が形成されるはずですが、円盤はまだはっきりとは見えていません。「第一のコア天体」誕生へのプロセスは、予想をこえて複雑だったのです。

ここで、大西・松本らは理論的な考察をめぐらし、最新のコンピュータによる数値実験を試みました。「第一のコア天体」の形成をいろいろな条件で追跡したのです。そこで得られたのが図７です。まだ降り積もるガスは回転しながら落下しており、腕のような伸びた分布を再現できることがわかりました。おそらくガスは綺麗に球状に落下するのではなく、渦を巻きながら腕状に落下しているのでしょう。生まれている星が2個ある可能性もあります。ただし、この計算結果は一つの可能性であり、どの程度観測を説明できるのか、今のところ証明はできていません。

さらに考察を深めると、いくつかの観測上の問題も浮かび上がりました。一つは、「真の物質の分布はなにか」という問題です。アルマの観測では、一硫化炭素CSなどのいろいろな分子の電波が観測されました。しかし、種々の分子の存在比が一定である保証はありません。水素分子以外はすべて微量成分であり、分子の存在量がMC27の中で大きく変動していてもおかしくないのです。観測結果は、このような分子の「個性」によって強く影響を受けているはずです。分子の存在量の変動をこえて、真の物質の分布を観測することが必要です。

アルマによるMC27の観測は、さらに続けられています。MC27は「第一のコア天体」の有力候補であることに疑いはありませんが、分子の存在量の変動を押さえることが必要です。「第一のコア天体」を確定し、小型星形成の理解をさらに完全にするためには、まだまだ長い道のりが必要なのです。

Column

円盤とジェット

星の赤ちゃんを原始星と呼びます。原始星の周りは、ガスとダストの円盤が取り囲んでいます（図4）。星に比べると円盤は巨大です。円盤のサイズは星の1万倍以上です。ガス雲はもともと回転しており、回転軸の周りをぐるぐるとまわりながら収縮します。ガス雲が収縮すると回転の速度は増加し、これが遠心力を生むのです。遠心力は重力とは反対方向に働くため、ガスの収縮を妨げ円盤をつくります。周りのガスはこの円盤の中をじわじわと流れて星に降り積もります。一個の星をつくるのにおよそ100万年かかります。

原始星を取り巻く円盤は、原始惑星系円盤と呼ばれます。原始惑星円盤がつくられた直後は、円盤はガスとダストからなっています。時間が経つにつれて比重の大きい塵粒子が赤道面に沈みこみ、塵粒子には炭素、ケイ素、酸素等の重い元素が多く含まれます。この沈殿では、重い元素を含む塵粒子がまず沈み、ガスが円盤の上下に取り残されます。生まれたばかりの星は、外向きに風を吹かせています。この風によって軽いガス成分は円盤からどんどん吹き飛ばされます。時間とともに、円盤内では固体成分である塵粒子の割合が増えます。塵粒子には、鉄、炭素、酸素、窒素などの重い元素が選択的に取り込まれます。これが地球を始めとする固体惑星をつくるもとになるのです。現在の太陽系の姿を見ると太陽の周りにほぼ平面状に惑星が並んで回転していることがわかります。この惑星の分布は、最初にできた原始惑星系円盤の向きと広がりを保存しているのです。

原始星のもう一つの特長はジェットです。円盤が回転し、円盤に付随した磁力線が巻き上げられます。これが円盤の上下に細く伸びたジェットをつくります。ジェットは毎秒10〜100㎞で飛び出し、円盤の回転運動を外に逃がします。このために、円盤内のガスは遠心力が弱まり、中心星に落下できるのです。ジェットも、星をつくるために重要な役割をはたしているのです。

3 アルマが見たマゼラン雲の巨大星形成

私たちが次に目を向けたのは、銀河系の外にあるマゼラン雲です。マゼラン雲は、巨大星誕生を探るうえで重要な天体です。しかも、マゼラン雲は南半球からしか見えないのです。南米チリに設置されたアルマの威力が発揮できる銀河です。

マゼラン雲の星の誕生

太陽系は天の川銀河にあります。天の川銀河のすぐとなり、16万光年ほどの距離にあるのが、マゼラン雲です。雲といっても、みかけが雲のように見えるだけで、立派な小型の銀河です。太陽系に最も近い系外銀河でもあります。ちなみに、次に近いのは16倍遠くにあるアンドロメダ銀河です。マゼラン雲には、全部で１００億個ほどの星が集まっており、今も活発に星を生み出しています（図８）。

マゼラン雲には大マゼラン雲と小マゼラン雲のふたつがあります。ともに銀河系のお伴の銀河です。銀河系ほどには、過去に多くの星をつくってこなかったようで、そのため、超新星が生み出す重元素の量も銀河系の三分の一以下と少ないことが分かっています。特に小マゼラン雲は、重元素の少ない、より原始的な性質を持つと考えられています。進化の進んだ銀河では、多くの超新星爆発によって、重元素量が増えるためです。

図８　マゼラン雲の光学写真に「なんてん」の観測した分子雲（コントア）を重ねたもの（Fukui *et al.* 2008, ApJS 178, 56–70）

大マゼラン雲で特に有名な星雲は、「タランチュラ（毒グモ）」と名付けられた巨大な星雲です（次ページの図９）。

図9　タランチュラ星雲（http://www.eso.org/public/images/eso1023a/）

この星雲を輝かせている巨大星団がＲ１３６です。Ｒ１３６は例外的に多くの巨大星を含みます。有名な超新星１９８７Ａも20太陽質量の巨大星が爆発したもので、この近くにあります。この他にも10個ほどの目立った巨大星形成領域があり、巨大星の起源を探るには絶好の銀河です。

「なんてん」による全面観測

名古屋大学グループは、１９９０年代にマゼラン雲に狙いを定めて着々と観測を行なってきました。マゼラン雲は南天にあるために、北半球からは観測できません。まず、１９９１年にＣＯ分子を観測する4メートル電波望遠鏡を開発しました。この望遠鏡を南半球のチリに移設し、わが国初の海外電波天文台「なんてん」を設置しました。１９９６年のことです。以降、マゼラン雲を含む南天の分子雲を観測して膨大なデータベースを築いてきたのです。

マゼラン雲は、全面を見通しよく観測できる絶好の銀河です（図10）。天の川では、円盤状

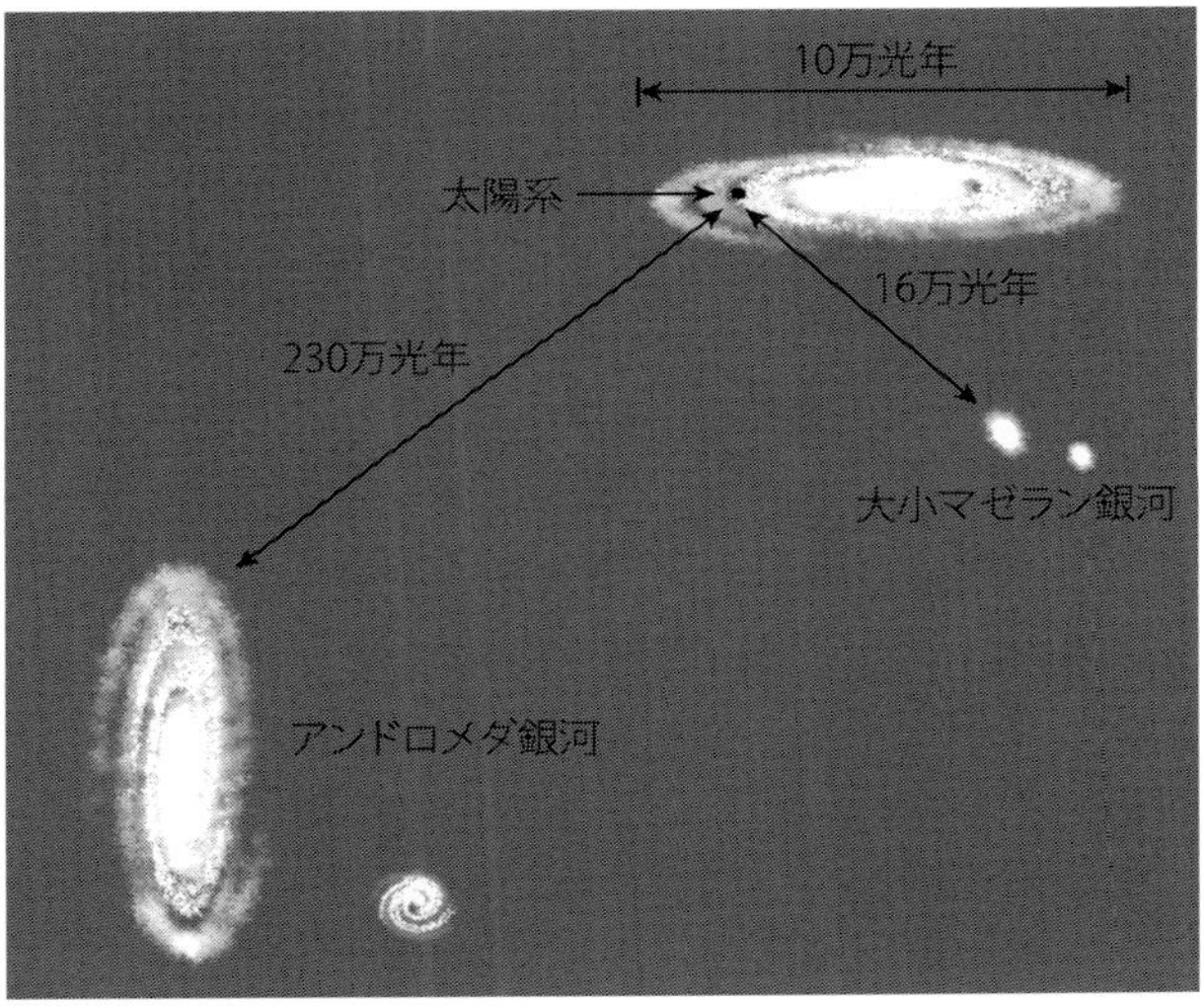

図10　マゼラン雲の位置関係（福井康雄『大宇宙の誕生』光文社）

に星が分布し、太陽系も円盤の中にあります。そのために、円盤中の天体が重なりあって分離が難しい場合が少なくないのです。それに比べると、マゼラン雲はすべて同じ距離で重なりなく観測できるのが大きな利点です。

１９９９年の「なんてん」によるマゼラン雲の全面観測によって、３００個近くの分子雲が観測されました。これを若い巨大星と比べると、次ページの図11に示す3段階の分子雲進化が明らかになりました。第1段階ではガス雲のみで、星は生まれていません。次の第2段階は、2、3個の巨大星が生まれています。最後の第3段階では、星団が活発に生まれ、よく発達したH_{II}領域も形成されています。この後、分子雲は巨大星の紫外線で急速に電離され飛び散り、消滅すると考えられます。

そのあとには、形成された星団だけが残ります。この進化は2000万年程度の時間で起っていることが解明されました。

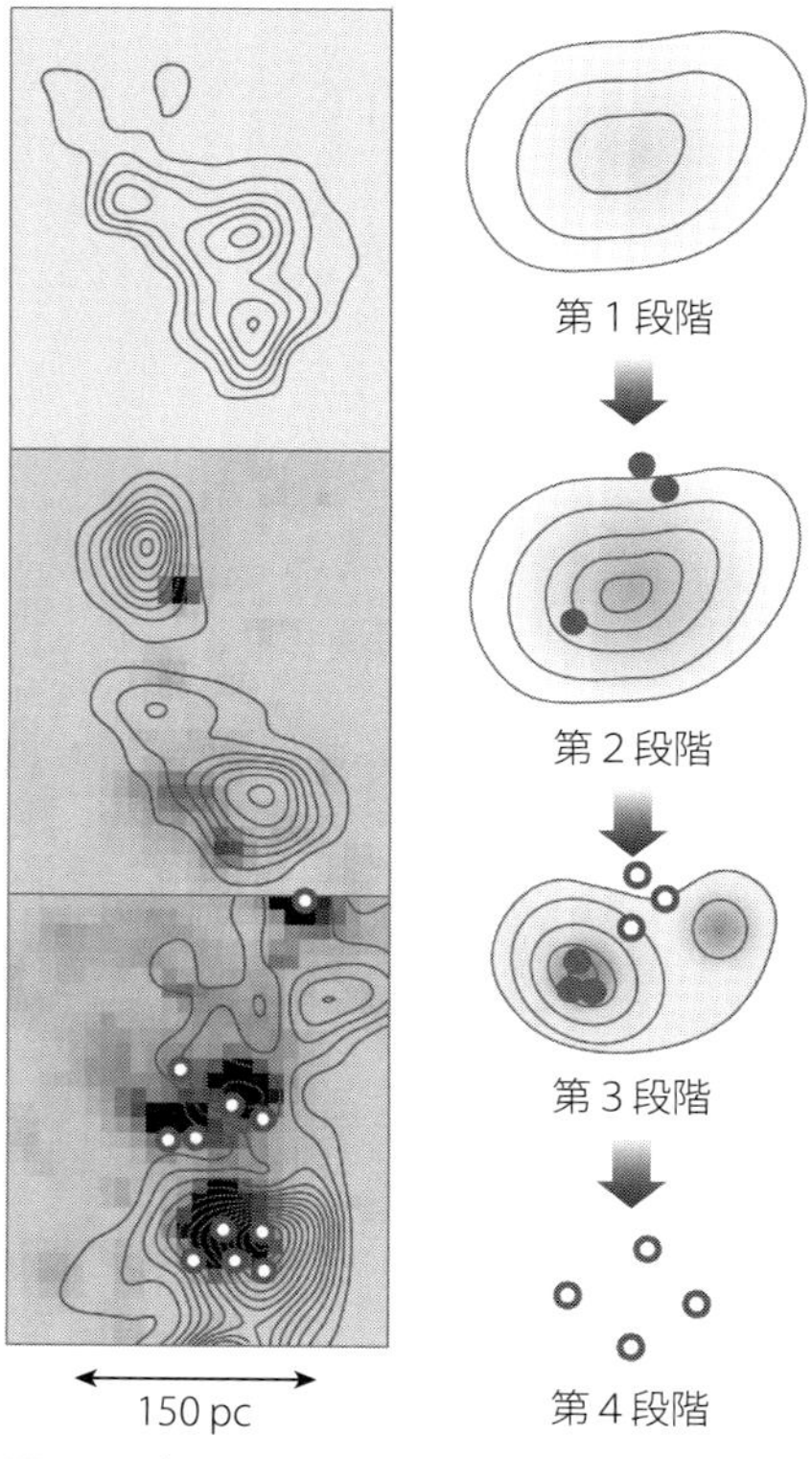

図11　巨大分子雲の進化段階。150 pc は約450光年（http://www.annualreviews.org/doi/full/10.1146/annurev-astro-081309-13085）

アルマの見たマゼラン雲

アルマ望遠鏡は、CO分子など宇宙の電波を観測する超大型望遠鏡です。人類がつくった空前の感度と解像度を誇る装置です。図12は、アルマの最新結果の一つで、大マゼラン雲の巨大分子雲の画像を示しました。細長く伸びた2本の分子雲のフィラメントが重なり、その交点で若い巨大星が誕生していることが分かります。以前の分解能の低い観測では、このような構造はまったく見えませんでした。30倍以上の高い解像力で初めてフィラメントが見えてきたのです。交点では何が起きているのでしょうか。

本節では、この観測の意味を明らかにしましょう。

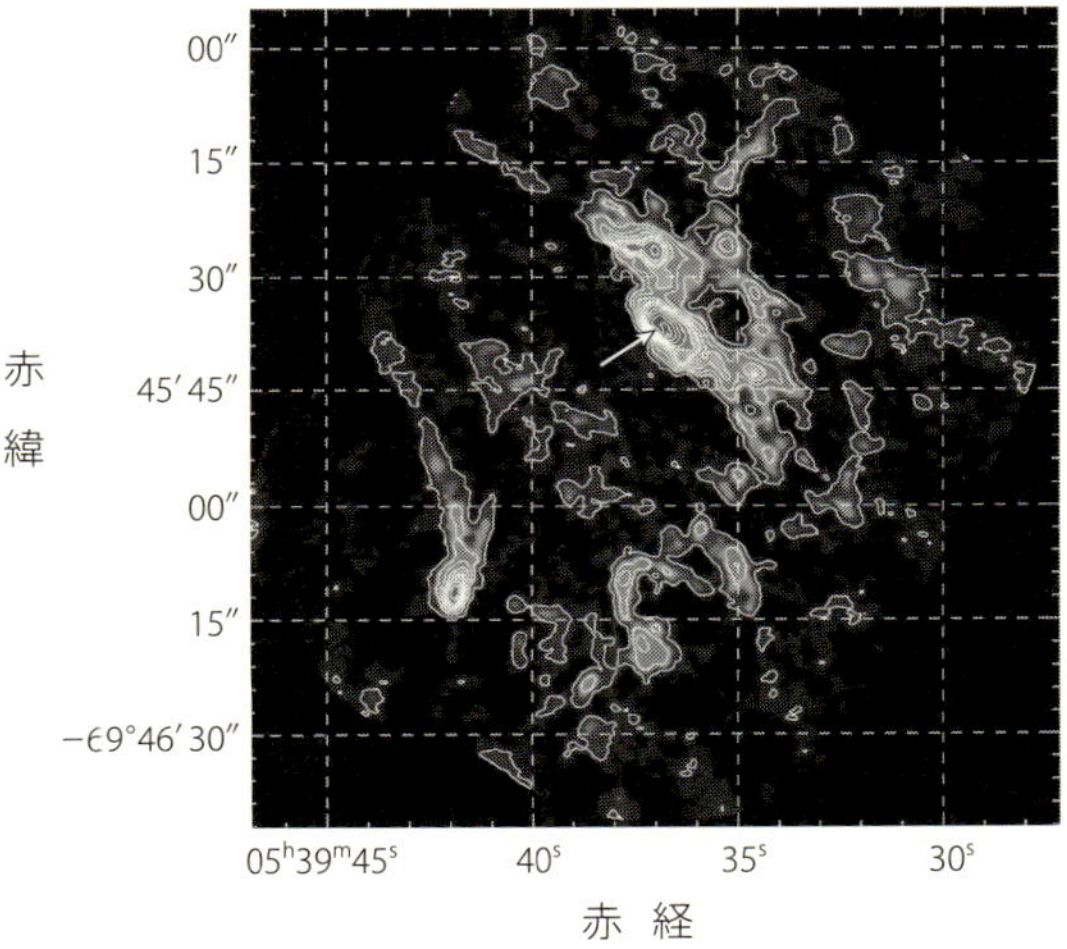

図12　アルマの見たN159W（Fukui *et al.* 2015, ApJL 807, L4）（口絵13）

私たちがマゼランで注目したのはＮ１５９Ｗと呼ばれる天体です。この領域はマゼラン雲の中で最もＣＯの電波強度が強いことが「なんてん」の観測で分かっていました。つまり密度が最も高いのです。にもかかわらず、まだ星形成は非常に活発には起きていません。つまり、マゼラン雲全体の中で、ごく近い将来、活発に星形成が起きる可能性が最も高い分子雲だと考えられたのです。

このN159Wをアルマで観測したところ、意外な結果が待っていました。分子雲は多くのフィラメントから構成されています。これは驚くべきイメージです。以前は、分子雲は「丸い形」をしていると思われていました。解像度が悪かったことがその原因です。近年の感度のよい最新の観測によって、銀河系のガス雲は、実は多くがフィラメント状をなしていることがわかってきました。マゼランも例外ではなかったのです。丸く見えるガスの塊も、詳しく見るとまさにフィラメントの集合だったのです。

衝突するフィラメントが巨大星をつくる

「なんてん」の観測の分解能は、100光年ほどでした。アルマはこれを大きく上回る1光年の分解能を実現したのです。図12の分子雲は多くのフィラメントからなり、それが絡まっているように見えます。私たちがまず注目したのは、左側のV字型に交差するフィラメントです。非常に若い原始星がV字の先端にあります。これは30太陽質量の巨大星で、2個のフィラメントが重なった場所に生まれています。

V字部分を拡大したのが、図13です。見事に伸びた2本のフィラメントが重なっており、しかも重なった場所ではガスの激しい運動が見て取れます。2個のフィラメントが衝突し、衝突によってガスの運動が激しく乱れています。このような激しい運動は、乱流の発生を意味します。乱流とは、飛行機の翼の後ろなどに形成される、いろいろな速度のガスの塊が入り乱れる

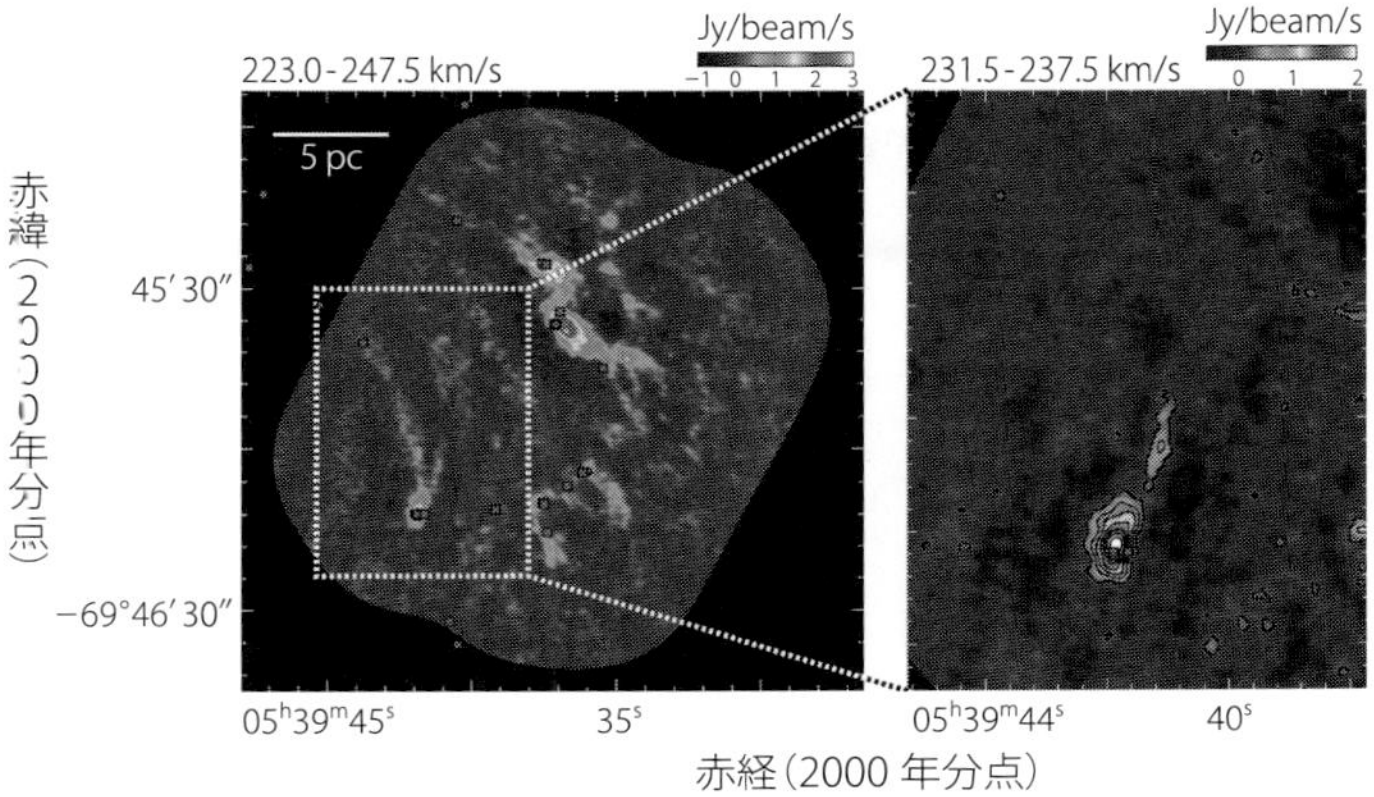

図13　衝突するフィラメント（右上と右下の図はそれぞれのフィラメントを表す）。両者の交点で巨大星が生まれている（Fukui *et al*. 2015, ApJL 807, L4）（口絵14）

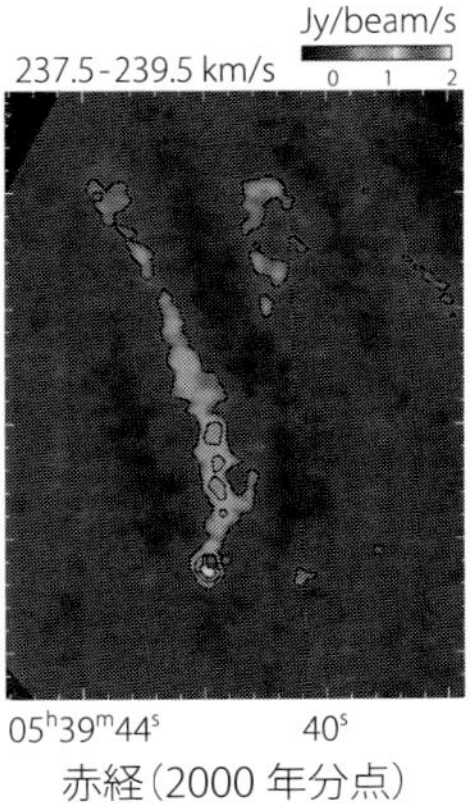

現象です。この乱流が、巨大星形成のために重要な意味を持ちます（第4節）。乱流の速度でガスが運動し、これが巨大星の急速形成を促すのです。N159をほぼ真上から眺めているために、天の川では見えなかったフィラメント衝突が、まぎれなく、とらえられたのです。

N159Wには、東と西の二つの成分があります。N159東とN159西です。それぞれが数10個のフィラメントで構成され、その両方で、重なるフィラメント上で巨大星が生まれることが分かったのです。2015年の大きな発見でした。衝突によ

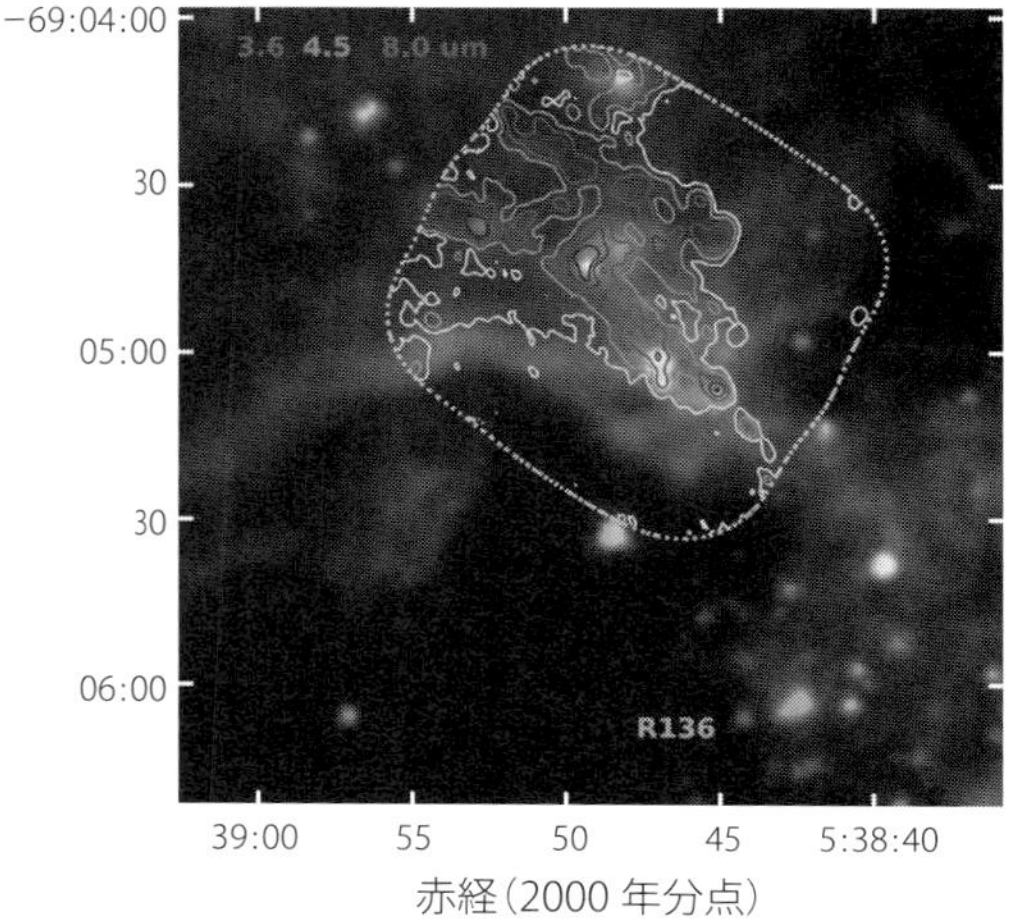

図14　タランチュラ30Dor のアルマ画像。名残の分子雲が右上に見える。R136が、毒グモ星雲の中心にある巨大星団。その方向には分子雲は存在しない（http://iopscience.iop.org/article/10. 1088/0004-637X/774/1/73/meta#apj480441f1）（口絵15）

る巨大星形成には、必然性があると考えられます。

　一方、アメリカを中心とする研究チームは毒グモ星雲の領域を観測しました（図14）。すでに星形成の段階は終わり、星団方向の分子雲は飛び散っています。周囲に星団によって吹き払われた分子雲の名残りが存在することがわかります。第３段階の終末期にあたると見られます。Ｎ１５９西は第２段階にあり、Ｎ１５９東は第３段階にあると見られます。これらの２領域もさらに巨大星を生み出し続け、やがて１０００万年後には第３段階を終えて、巨大星団を残すのでしょう。アルマは、銀河進化の一こまを鮮やかに切り出したのです。

　ここで問題になるのは、フィラメントの形成です。フィラメントの主成分は水素分子です。水素原子ガスが濃く凝縮し、フィラメントをつくったと考えられます。重力と磁場の作用でフィラメントが形成された可能性が高いのです。マゼラン雲は不規則銀河とよばれ、天の川のような渦巻き銀河ではありません。渦巻き銀河では、渦巻きの腕にそってガスが集中しますが、マゼラン雲では、シェルと呼ばれる泡構造によってガスがはき集められています（図15）。フィラメントはシェル状の分子ガスの壁の中でつくられたと見られています。シェルは巨大星団による圧縮でつくられ、シェル全体は膨張しています。フィラメントもその運動を保っていろいろな方向に運動しており、やがて互いに衝突するはずです。この衝突が巨大星形成の引き金になったと考えられるのです。

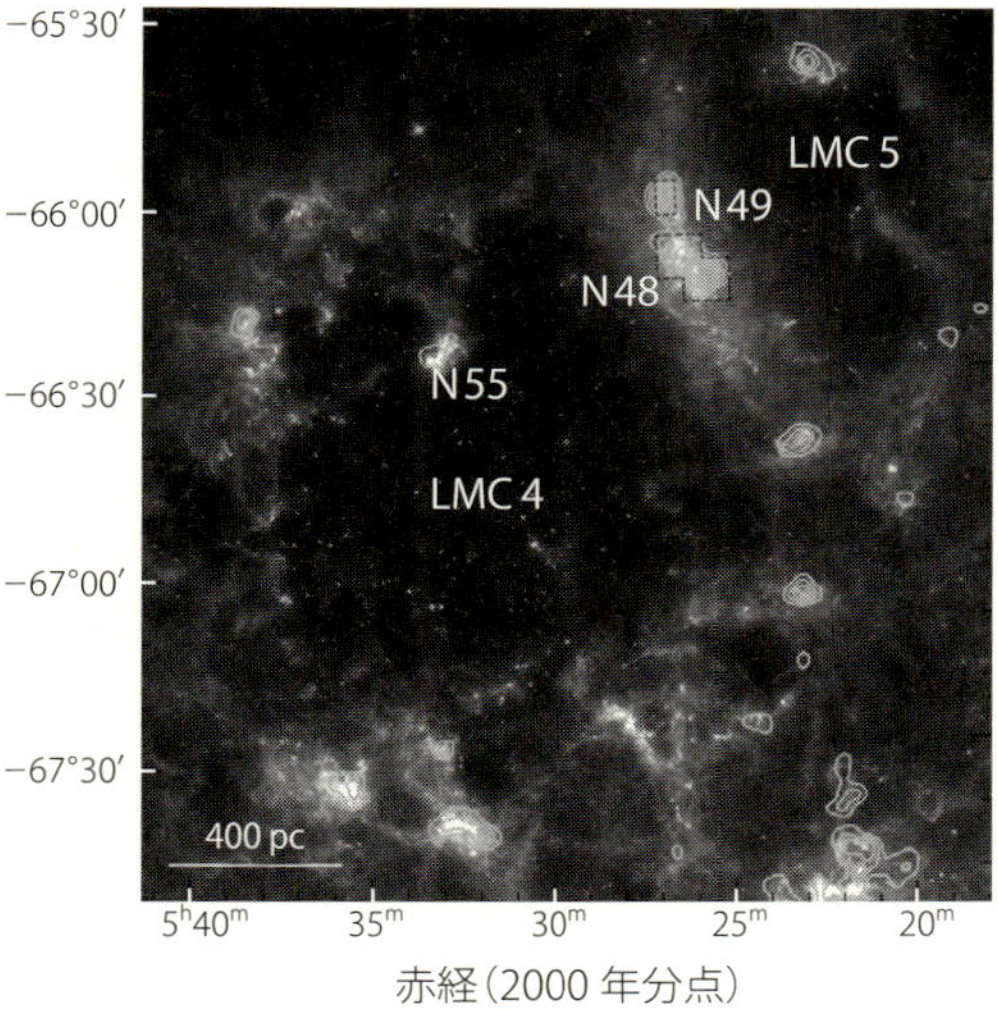

図15　マゼラン雲の巨大シェルの一つ LMC4/ 5（http://iopscience.iop.org/article/10.1088/0004-637X/796/2/123/meta）

4　巨大星の形成を解く

アルマによる大マゼラン雲の観測によって、分子雲衝突が巨大星をつくることが分かりました。それでは、すべての巨大星が同じような衝突で生まれているのでしょうか。この問いに答えるために、銀河系の巨大星誕生を詳しく調べる必要があります。

巨大星をつくる条件

宇宙を広く見わたすと、太陽の100倍をこえる重さの巨大な星が確かに輝いています。太陽系にもっとも近い巨大星のグループは、1200光年の距離にあるオリオン大星雲M42／43です（図16）。冬の夜空を彩る美しい星雲です。一方、夏の夜空には三裂星雲M20が輝いています（110ページの図17）。いずれも、中心に1個～10個の巨大星があり、巨大星の放つ強烈な紫外線がガスを電離し、星雲を輝かせているのです。

おうし座と同じ500光年の距離には巨大星は存在しません。これは巨大星の総数がごく少ないためです。理由ははっきりしませんが、巨大星は誕生する割合が低いのです。太陽のような小型星に比べると、巨大星の総数は千分の一以下しかありません。巨大星の形成は、稀な現象なのだと考えられます。

巨大星は、どのようにして生まれるのでしょうか。もっともストレートなアイデアは、小型星形成をスケールアップすればよい、というものです。小型星の形成では、まず原始星が形成され、それを取り囲む円盤が形成されます。この円盤を通して周りのガスが降りつもり、星の質量が増加します。単純には、１００倍大きなガスの塊をつくることができれば、巨大星がつくられると予想されます。

図16　オリオン大星雲（https：//www.eso.org/public/images/eso1103a/）

巨大星形成の困難

しかし、物事はそれほど単純ではないのです。巨大星の「強烈な光」が邪魔になります。巨大星が形成され始めて質量が大きくなると、星は急激に明るくなります。つまり太陽よりもはるかに明るく輝くのです。光には圧力があります。この光が巨大星に降り積る星間ガスを吹き飛ばしてしまうのです。周りから積るガスの量がよほど多くないと、巨大星は成長できないのです。

困難はこれだけではありません。生まれ

図17　三裂星雲 M 20（https：//www.eso.org/public/images/eso0930a/）

た巨大星は、強烈に紫外線を放ちます。これも太陽の紫外線の何十万倍以上です。そのために周りの水素分子ガスは電離されてプラズマ状態になってしまいます。プラズマ状の高温のガスは、重力を振り切って飛び散るために、星に積ることはできません。つまり、巨大星をつくろうとしても、星自体の光と紫外線が、星の成長を妨げてしまうのです。おうし座のように静かなガスしかない環境では、巨大星は決して生まれないのです。

理論研究によって、これらの困難を克服する条件が導かれました。ガスの降り積もり量を普通の１００倍以上に大きくするのです。小型星の場合には、1年に太陽質量の百万分の一のガスが降り積ります。もしも降り積もり量がこの１００倍を超えれば、巨大星の形成は不可能ではないことが分かりました。ガスの降り積もり量は、ガスの密度とガスの運動する速度で決まります。「密度の高いガスが速い速度で降り積もる」ことができれば、光の圧力を押さえてこんで、巨大星形成が可能になると予想されます。ここで問題になるのは、「密度の高いガスが速い速度で降り積もる」仕組みをどのように実現するかです。天文学者の間では、なぜか、この点についての議論はほとんどされていませんでした。

分子雲衝突の理論

アルマによるマゼラン雲の観測（図12）は新たな可能性を指し示しています。V字型に交差した2本のフィラメントの交点で巨大星が誕生しています。分子雲衝突によって巨大星が形成されたのです。分子雲衝突では、巨大星形成の条件をどのように実現できるのでしょうか。ヒントが図13にあります。巨大星方向のガスは実際、毎秒10 kmに近い大きな速度幅を示します。なにかの仕組みで、衝突した場所ではガス運動が大きくなっているのです。

分子雲同士の衝突は複雑な過程です。直観だけでは理解できません。理論研究が重要です。衝突でガス雲の状態はどう変わるのか、これを調べるのに有効なのはコンピュータによる数値実験です。１９９２年、羽部朝男・太田完爾は2個の分子雲の衝突を世界で初めてシミュレートしました。その後、同様の計算が他の研究者によってもなされました。図18（次ページ）は衝突する2個の分子雲が時間とともにどう変化するかを示したものです。小さな分子雲と大きな分子雲の衝突の場合です。時間とともに小さな分子雲が大きな分子雲に空洞をつくり、小さな分子雲がめり込みながら、衝突した側がどんどんなくなっています。ポイントは境界層です。

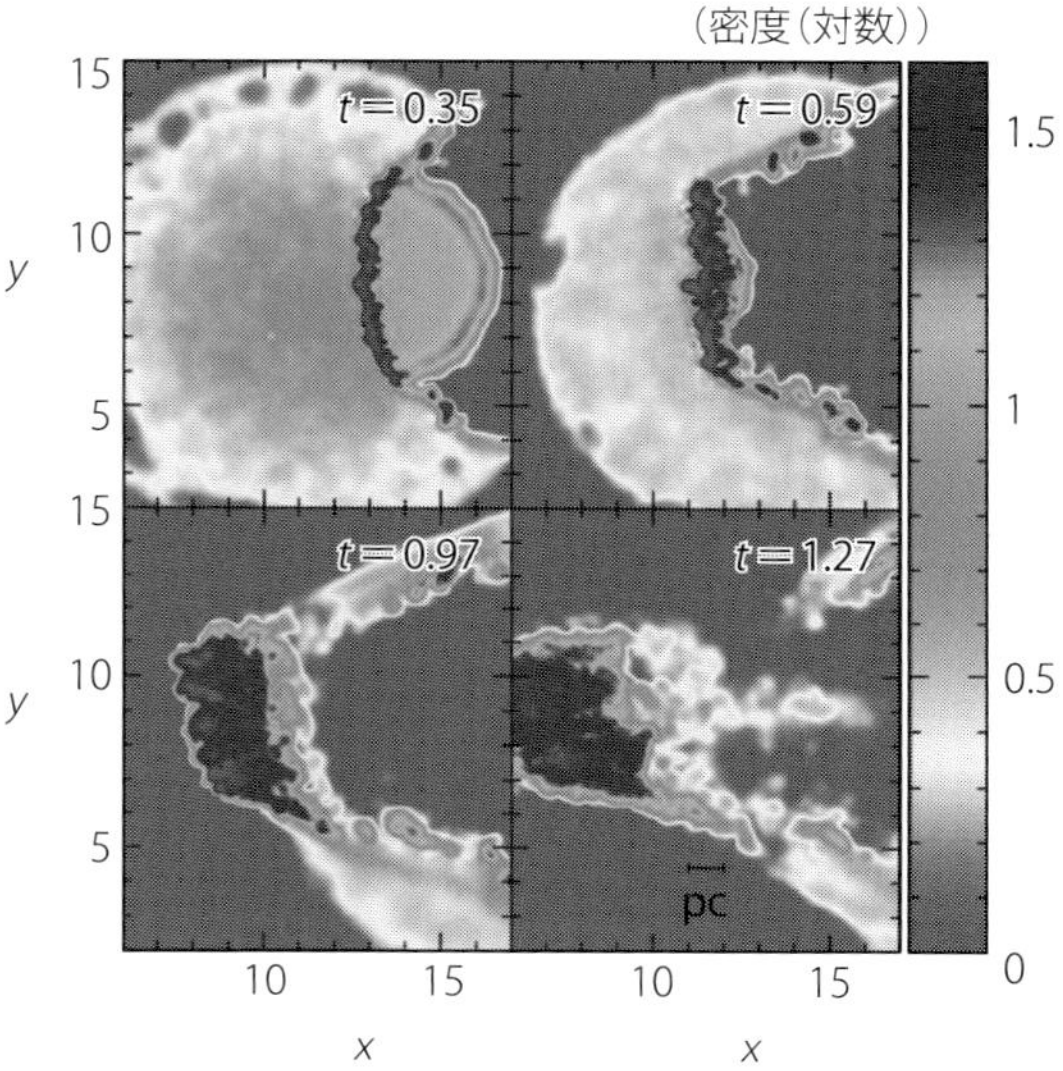

図18　衝突する分子雲の時間経過を示すモデル計算。時間 t の単位は100万年（Anathpindika 2010）

一見厚みは小さいのですが、この境界層には2個の分子雲の質量のほぼ50％が詰め込まれています。つまり境界層は極端な高密度になり、その中で乱流が大きく成長します。「密度の高いガスが速い速度で運動する」という条件が衝突によってみごとに実現されたのです。

　井上剛志（国立天文台）と福井は、2013年に、衝突する分子ガスの境界層の計算結果を発表しました（図19）。ここでは2個の分子ガス雲が速度20㎞／sで超音速衝突しています。境界層ではガスが強く圧縮され、ガスの運動が大きく乱れます。この乱れの速度は、ガス雲同士の衝突速度の大きさに近いことが分かりました。大きく乱れた運動は、ガス雲の粒が衝撃波面をいろいろな向きに曲げるために発生するのです。これが、巨大星を満たす条件を実現します。

ガスが激しく動くために、ガスの圧力が大きくなり、この高い圧力がガスを強く圧縮し、光の圧力にうち勝って巨大星の形成を可能にするのです。ガスが暴れていると、小型星は生まれにくいと考えられます。星は、ガス自身の重力でガスを集めることで生まれます。ガスが暴れると重力の支配が弱くなり、より大きな質量のガス塊でないと重力が十分に大きくならず、星になることができないのです。

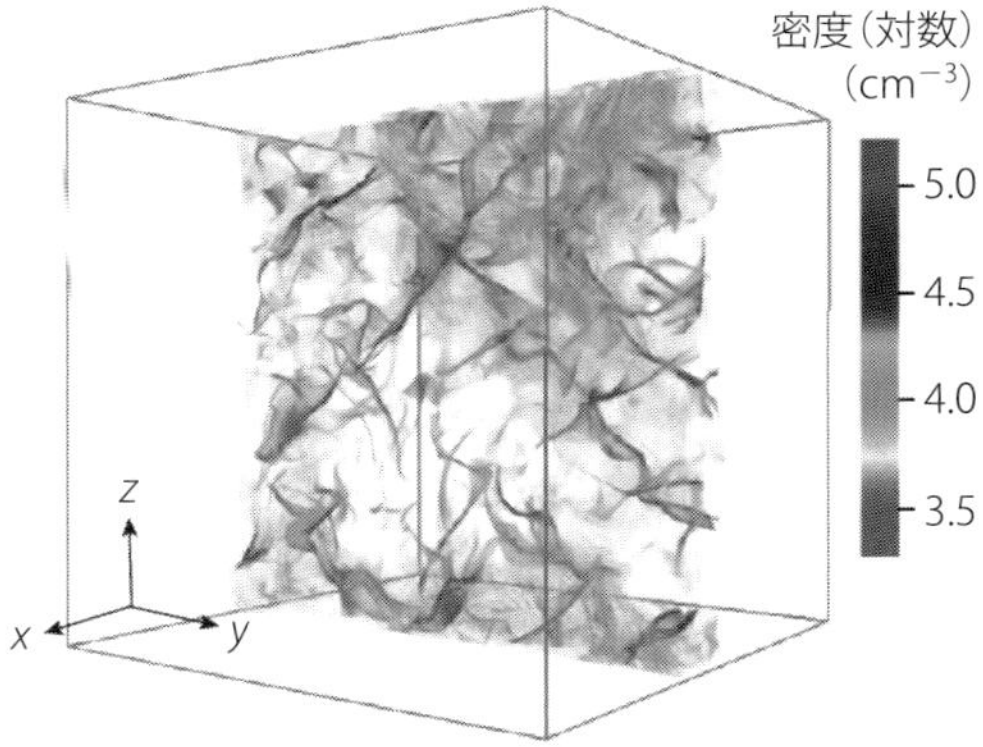

図19　手前側と背後側から流れ込むガス流が衝突し、境界面でガスが圧縮される様子を理論計算したもの。色の濃いところが密度が高い（Inoue and Fukui 2013, ApJL 774, L31）

頻繁に起きる分子雲衝突

さて、雲同士の衝突は何回も起こるのでしょうか。銀河系では、巨大分子雲同士は1千万年に1回は衝突すると推定されます。巨大分子雲の寿命は2千万年程度と考えられるので、ほぼすべての分子雲は一生に一度は分子雲衝突を経験することになり、巨大星の起源を説明するのに十分です。以前は、分子雲同士の衝突はあまり頻繁には起きないと考えられていました。しかし、私たちの銀河系は渦巻き状に分布し、星間雲もこの渦巻きに沿って多く分布しているのです。つまり、渦巻きの中では分子雲の個数は多く、分子雲同士の衝突は十分に多数回起こると考えられるのです。

「常識」はくつがえされる

巨大星の誕生のプロセスを思考実験してみましょう。素朴に考えると、巨大星の質量が大きいので、母体のガス雲も大きな質量を持つと予想するのは自然です。「濃くて大質量の分子雲」が母体ではないか、と考えることになります。そのような天体として注目されたのが「赤外線暗黒星雲」です。とても自然で常識的な、まっとうな考えです。

暗黒星雲は、普通の光の波長では黒くしか見えない雲です。このような普通の暗黒星雲も、観測波長が長い赤外線で見ると、ふつうは透けて見えます。つまり暗黒には見えないのです。赤外線でも暗黒に見えるためには、ガス雲は桁違いに濃いことが必要です。そのような天体が赤外線観測によって発見され、巨大星の母体ではないかと注目されていたのです。

図20（右）は、アルマが観測した赤外線暗黒星雲のひとつです。何本かのフィラメントが交差し、その交点付近に星らしい天体が見えます。この観測に基づいて、フィラメントにそってガスが流入し星に降り積って巨大星が形成される、という解釈が提案されました。しかし、この場合、原始星の質量はよく分かっておらず、本当に巨大星が生まれるという証拠もありませんでした。「赤外線暗黒星雲」説のどこかに考え違いがあるのではないか、と疑われました。

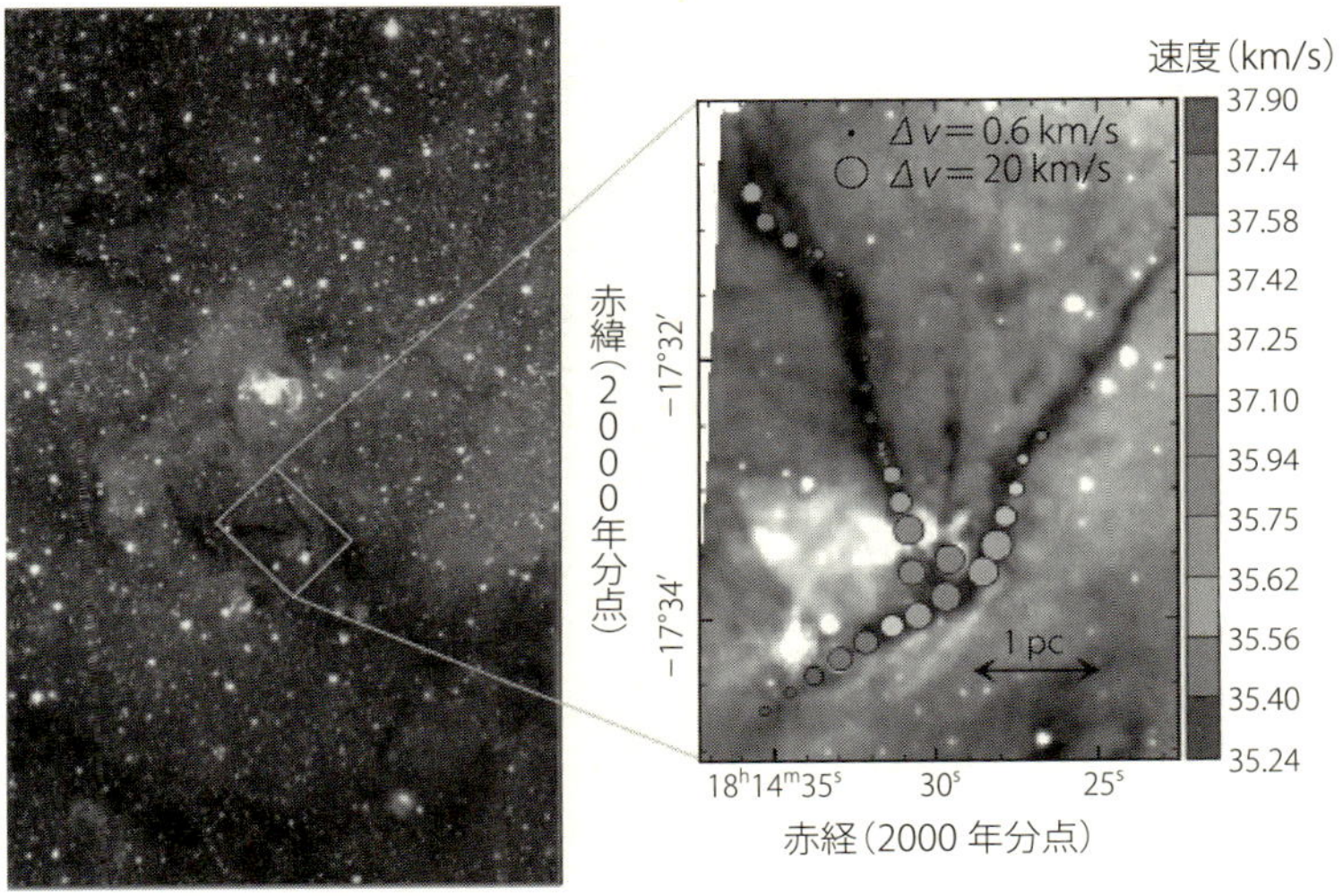

図20　赤外線暗黒星雲のアルマによる観測例（Peretto *et al*. 2014, A&A 561, A83©ESO）（口絵16）。フィラメントの重なった部分で星が生まれている

よく考えて見ると、分子雲衝突によって薄い分子ガスは1万年で濃く圧縮され、同時に巨大星が生まれることができます。まっとうな常識に反して、「濃い分子雲」は巨大星形成の必要条件ではないのです。スピーディーな衝突によるガスの圧縮こそが、十分に役割を果たすのです。

さらに実証を進めるために、福井らは「重要なのは、現に巨大星が生まれた場を観測することである」と考えました。ここで観測を難しくするのは、巨大星の強烈な紫外線です。巨大星の近くのガスは短時間で電離され飛び散ってしまいます。つまり、巨大星が生まれるとたちまち母体の分子雲は飛び散ってなくなるのです。電離されたガスだけを観測しても、誕生の過程はなかなかとらえられません。

マゼラン雲で若い巨大星と衝突する母体分子雲が発見されたのは、この巨大星が年齢1万年程度ときわめて若いおかげです。若いために分子雲はまだほとんど飛び散っていないのです。ごく若い巨大星を観測し、母体の分子雲をとらえることが、巨大星形成を理解する「鍵」なのです。

5 分子雲衝突が生み出す「巨大星の世界」

アルマの観測に先立つ２００９年、すでに分子雲衝突による巨大星形成のヒントが天の川の観測によって得られていました。

巨大星団が衝突で生まれる

２００９年、巨大星の形成について重要な発見がなされました。ウエスタールンド2と名付けられた30個の巨大星を含む巨大星団（図21）が、二つの分子雲の衝突によって形成されたことが分かったのです。この星団は大変コンパクトで、わずか1立方光年の中に1万個近い星が詰まっています。この1万個の中に30個の巨大星が含まれます。このような星の密度は太陽の周囲と比べると1万倍以上高いのです。太陽に最も近い恒星は4光年の距離にあります。つまり、銀河系の普通の場所では、4光年立方に1個ぐらいの密度で、星は分布しているのです。

ウエスタールンド2で衝突する2個の分子雲は、それぞれが10万太陽質量の重さです。このような分子雲同士の衝突によって、２個の分子雲の境界のガスが強く圧縮され、巨大星の誕生につながったと見られます。たいへんな高い効率で例外的に活発な星形成がおきたのです。

巨大星団は例外的な天体で、銀河系全体でも13個しか存在が知られていません。これらの星団の年齢を調べると、２００万年から１０００万年のものが多いことが分かります。ウエスタールンド2は、２００〜３００万年とその中でもかなり若い方で、赤外線星雲を伴っています（図21）。

さらに調べると、その他の４個の巨大星団にも赤外線星雲が付随することが分かりました。これらは、ＮＧＣ３６０３、ＲＣＷ38、［ＤＢＳ２００３］１７９、Trumpler14です（次ページの図22）。残りの８個の星団には赤外線星雲はなく、巨大星の紫外線の影響ですでに周りのガスが飛び散ったものと考えら

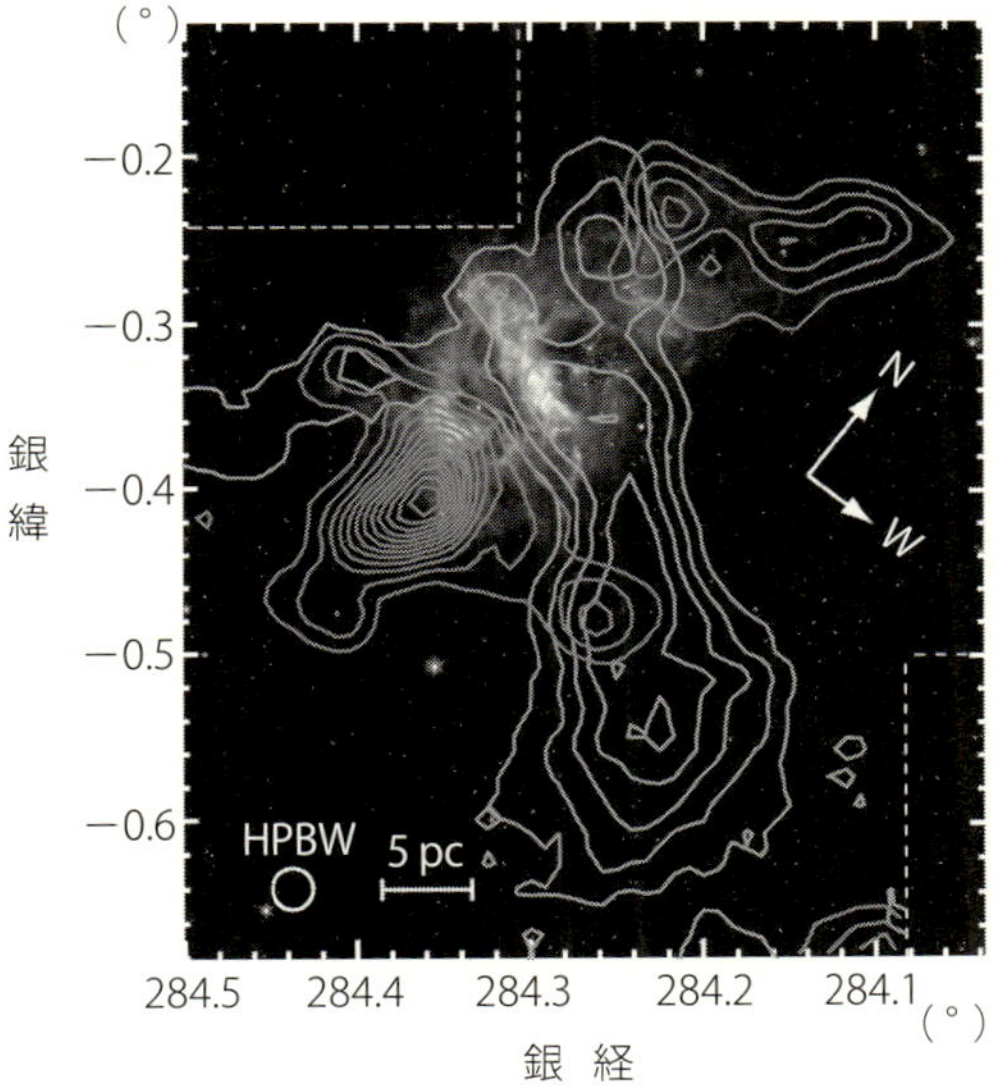

図21　ウエスタールンド２（Furukawa *et al*. 2009, ApJL 696, L115-L119）（口絵17）。２個の巨大分子雲の交点で星団が生まれている

れます。最近の研究で、これらの赤外線星雲を持つ星団のすべてについて2個の分子雲の付随が確認され、衝突によって星団を形成していることがますます確かになってきました。

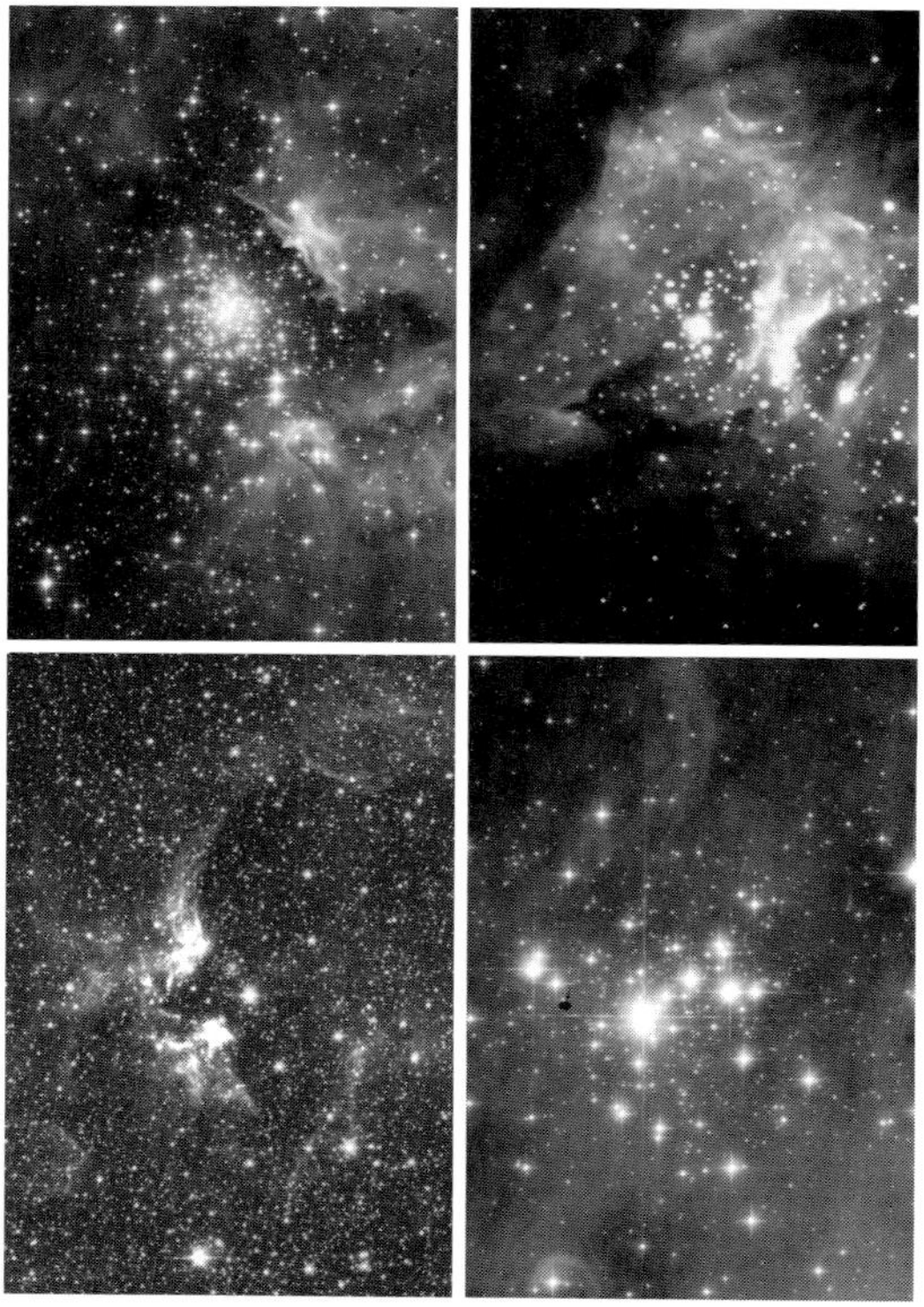

図22　左上より NG3603、右上 RCW38、左下［DBS2003］179、右下 Trumpler14（NGC3603：http://www.nasa.gov/multimedia/imagegallery/image_feature_2099.html、RCW38：https://www.eso.org/public/images/eso9856b/、［DBS2003］179：GLIMPS のデータから名古屋大学で作成、Trumpler14：https://www.spacetelescope.org/images/heic1601a/）（口絵18）

巨大星団RCW38――「リング」と「指先」が衝突する

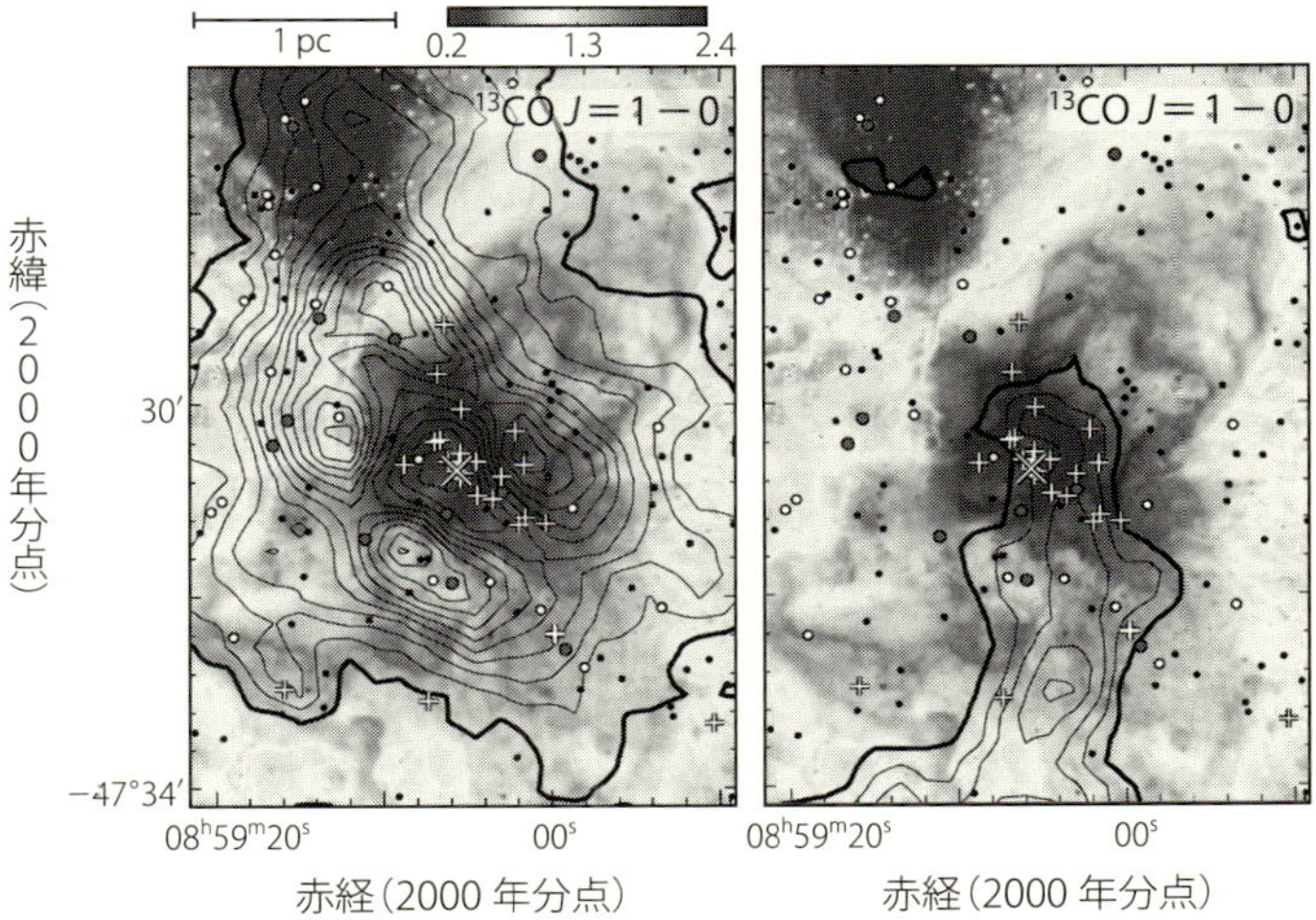

図23　巨大星団 RCW38。リング分子雲と指先分子雲の 2 個が衝突中。白十字が約20個の巨大星の位置を示す。他の丸は衝突前に生まれた小型星の位置を示す（Fukui *et al*. 2016, ApJ 820, A26）

分子雲衝突による巨大星団形成の最も決定的な例が、２０１５年に発見されました。巨大星団のなかで最も若いＲＣＷ38に、衝突する分子雲が発見されたのです。

図23に2個の母体分子雲を示しました。一つはリング状の分子雲で中に窪みができています（図23（左））。この窪みは星団と同じ大きさで、星団内の巨大星の紫外線であけられた空洞と見られます。もう一つは、細長く伸びた指状の分子雲です（図23（右））。指先はちょうど、星団の巨大星約20個の位置にあります。

さらに、両者の速度を見ると、毎秒12㎞の速度差があります。ここでは、図24（次ページ）のように、リング状分子雲

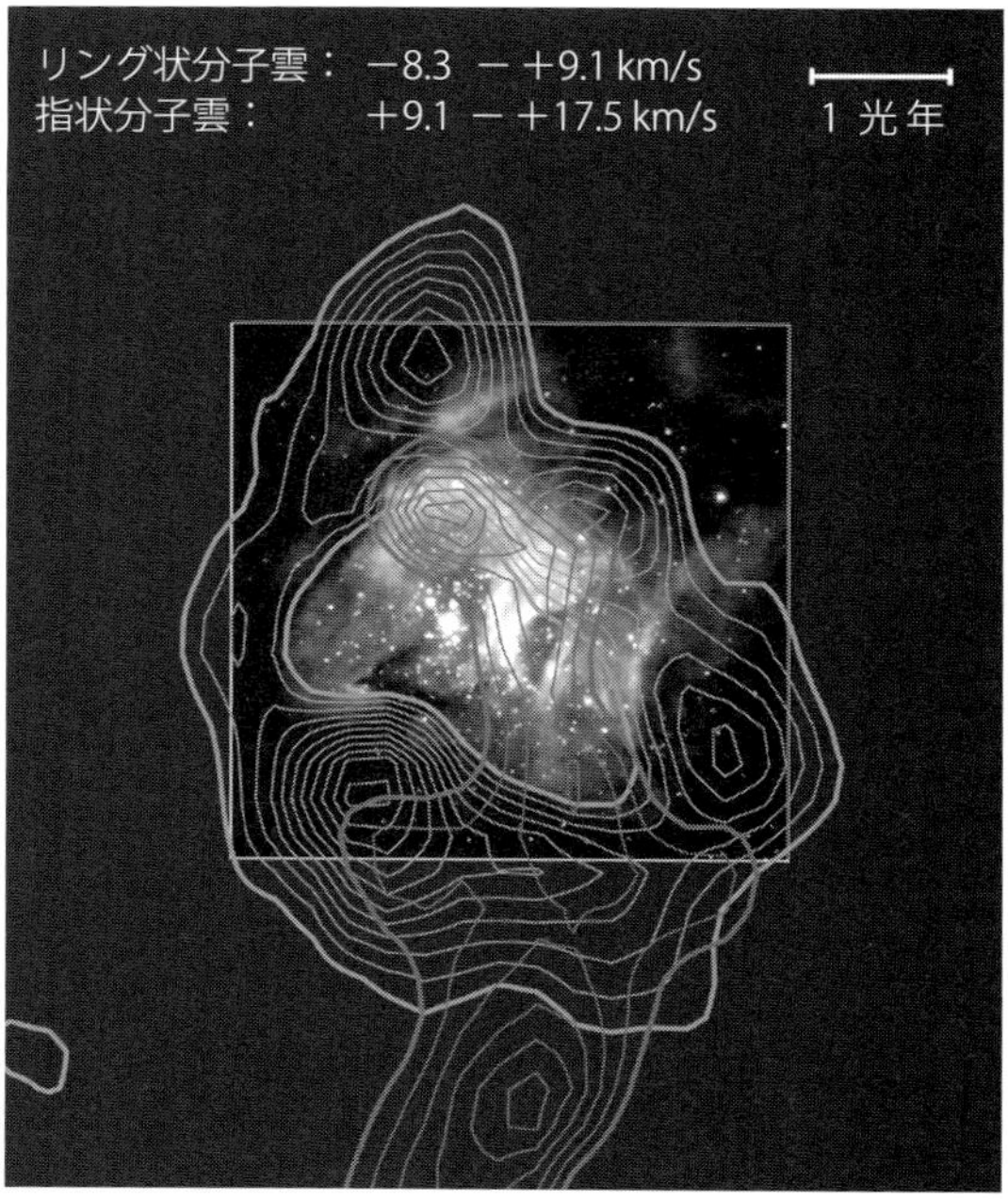

図24　図23の中心部の拡大。指先分子雲が重なっている場所でのみ巨大星団が生まれている（Fukui *et al*. 2016, ApJ 820, A26）（口絵19）

と指状分子雲が衝突し、巨大星を形成したと見られます。2個の分子雲の間にはその中間の速度成分があり、2個の分子雲をつないでいます。いわば、両者に「橋」がかかっているのです。理論と比べると、この「橋」は衝突で生まれた成分で、分子雲同士の衝突を証拠づけます。

図24は、巨大星方向の拡大図です。巨大星と指状分子雲の分布がよく一致していることが分かります。計算してみると、わずか10万年たらず前に2個の分子雲が衝突し、衝突した部分でのみ巨大星が形成されたことがわかりました。ウエスタールンド2と比べると、RCW38の若さが分かります。

ウエスタールンド2の場合、星団方向に分子雲はありません。直径30光年位の穴が空いてい

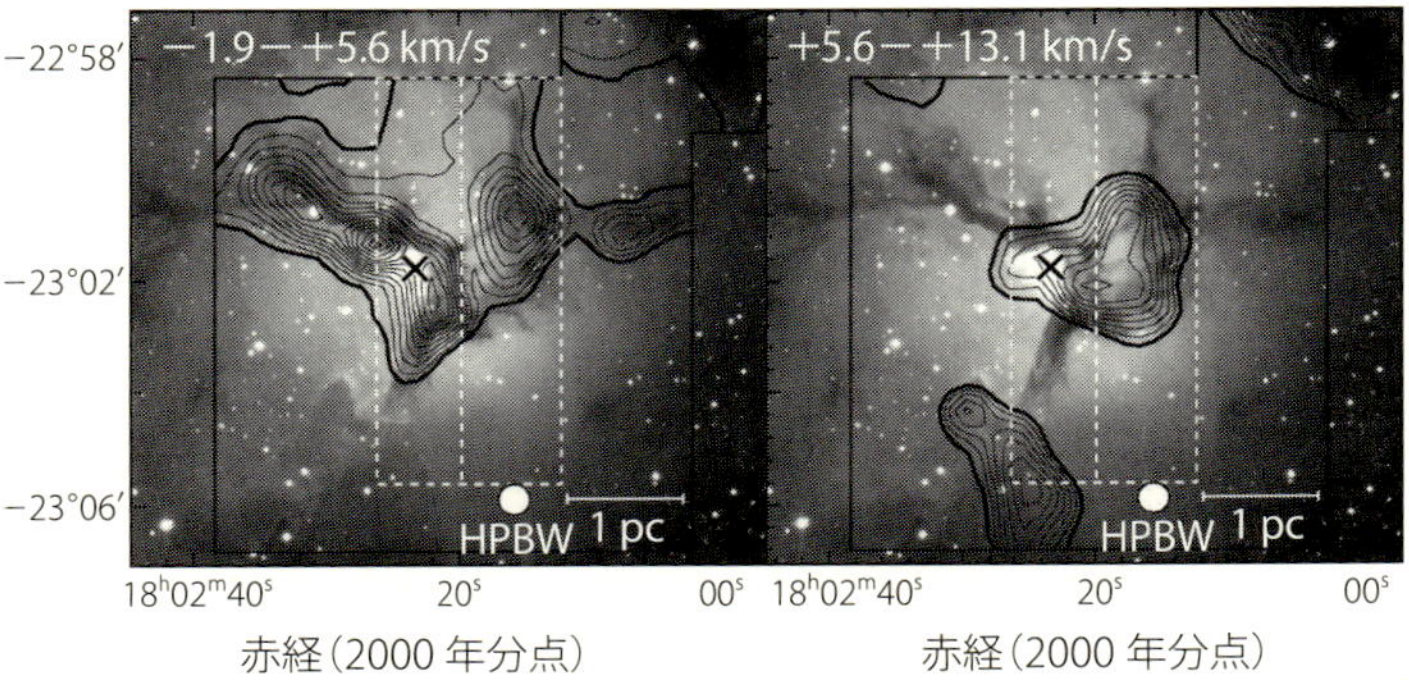

図25　M 20の分子雲。左が青方偏移の成分、右が赤方偏移の成分（名古屋大学天体物理学研究室）（口絵20）

ます。一方、RCW38の分子雲の窪みはわずか3光年しかありません。ウエスタールンド2の年齢は200万年です。誕生後200万年経過し、星団の紫外線によって大きな空洞がつくられたのです。これに対して誕生後わずか10万年のRCW38は、まだ小さな3光年の窪みしかできていないのです。そのおかげで、指状分子雲もまだ存在し、消失していないのです。銀河系の巨大星団で最も若い、貴重な例です。

M20三裂星雲

これまで、星団を見てきましたが、単独の巨大星も分子雲衝突でうまれていると考えられます。図17は、いて座の三裂星雲M20です。ダークレーンとよばれる黒い筋が見えます。分子雲を観測すると、ここでも2個の速度の異なる成分が重なって存在することが分かりました。図25に2個の分子雲を示しています。青方偏移した成分と赤方偏移した成分です。M20には1個の巨大星がありますが、その位置で2個の分子雲が重なっています。分子雲衝突が巨大星をつくったと考えて矛盾がありません。

M20は、衝突後30万年ほど経過したと見積もられます。RCW38にならんで若い巨大星です。青方偏移した雲はダークレーンに良く一致します。青方偏移はこの分子雲が太陽系に近づいていることを意味します。衝突の後、青方偏移した分子雲は巨大星の手前にきますから、星雲の手前の吸収によるダークレーンと一致することは妥当です。有名な三裂星雲も分子雲衝突によって生まれたのです。

大マゼラン雲での分子雲衝突の発見によって始まった本章の巨大星誕生のストーリーは、銀河系に広く広がる巨大星の起源を説明する有力な説なのです。アルマを始めとする世界の望遠鏡が、巨大星の世界をさらに切り拓いていくでしょう。

6 初期宇宙へ

衝突銀河がつくる球状星団

昔の宇宙では、銀河同士の衝突が頻繁に起きていたと考えられます。現在の宇宙ではそれほどではありませんが、ビッグバン後10億年程度の若い宇宙は、今よりも銀河の密度は高かったのです。銀河は、小型銀河が衝突と合体を繰り返すことによって成長したと考えられます。

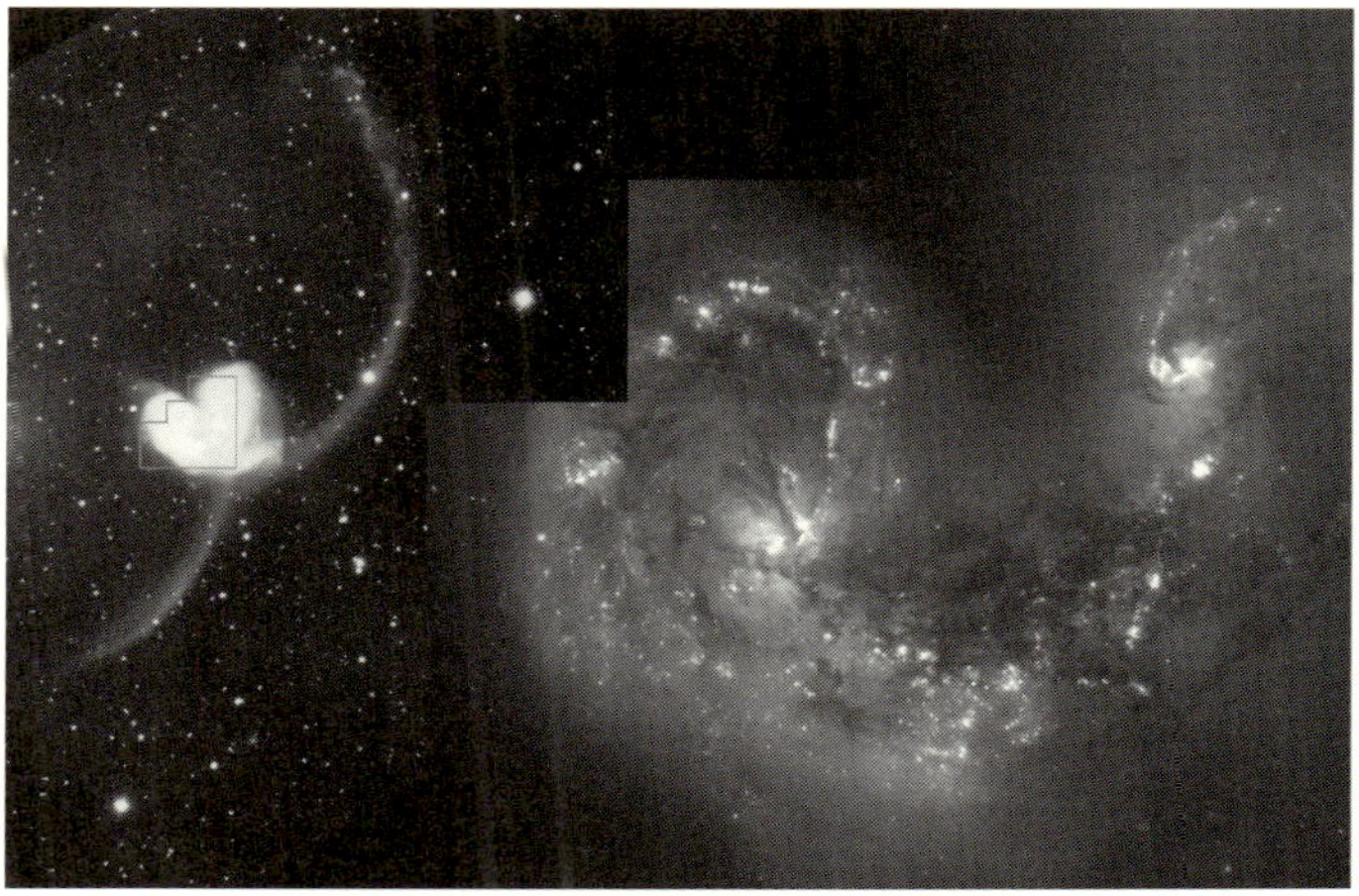

図26　ハッブル望遠鏡の見たアンテナ銀河（http://hubblesite.org/gallery/album/pr1997034a）。左の拡大を右に示した（口絵21）

今の宇宙でもっとも有名な衝突銀河は、アンテナ銀河です（図26）。２個の銀河はおよそ毎秒２００kmで衝突しています。アンテナは英語で、昆虫の触覚を意味します。衝突する銀河の互いの重力で星が引っ張り出され、アンテナのように星が伸びているのです。

アンテナ銀河では、球状星団のように見える大星団が生まれています。焦点は、「これらの星団がどのような仕組みで生まれているのか」、です。福井らが進めてきた銀河系とマゼラン雲の研究によって、分子雲同士の衝突によって巨大星が生まれることが、研究史上初めて明らかになりました。宇宙の進化を支配する巨大星は、「衝突」という不連続な過程によって生まれるのです。衝突するアンテナ銀河でも、衝突が星団をつくっている可能性が十分にあります。

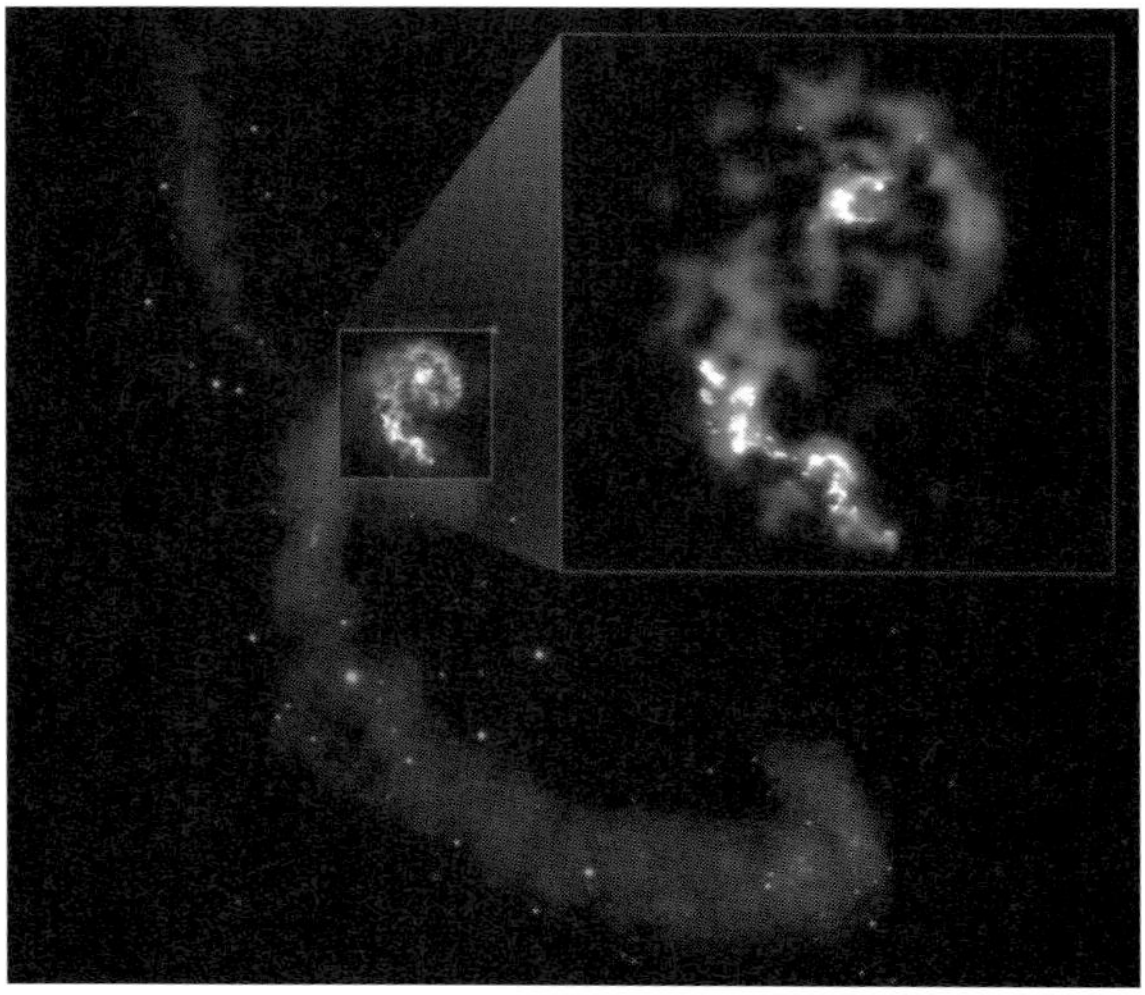

図27　アルマの見たアンテナ銀河（http://www.almaobservatory.org/en/visuals/images/astronomy/?g2_itemId=3431）（口絵22）

アルマの観測したアンテナ銀河を図27に示しました。現状では、アルマの角度分解能でも30光年程度しか分解できず、まだ分子雲衝突を証拠づけるには十分とは言えません。アルマは空前の感度と分解能で、天文観測のカバーする範囲を飛躍的に拡大しました。マゼラン雲を含めて、銀河が精密観測の射程に入ってきました。さらに、衝突が開く新たな宇宙像が私たちを持っているに違いないのです。

銀河系の初期の球状星団の形成

さらに、宇宙初期でも分子雲衝突が星形成に効いている可能性があります。銀河系には球状星団があります。１個の球状星団は10万個の星を含みます（図28）。球状星団はいずれも年齢が古く、銀河系が生まれた頃、１３０億年ほど前に誕生したと見られます。球状星団中には重元素量が少なく、現在の宇宙の百分の一くらいしかありません。だれも見た人はいませんが、これまでの考察を振り返ると、球状星団

図28　球状星団M３（http://www.caelumobservatory.com/gallery/m3.shtml）

も昔の銀河系で、分子雲衝突によって誕生した可能性が十分にあります。

現在でも銀河形成期の名残りが見えているところがあります。銀河系外から落下し、銀河系に合体していると見られるガス雲が発見されたのです。これらの雲は高速度雲と呼ばれる水素原子雲の一種で、毎秒１００km以上の速度で銀河系に飛び込んできています。水素原子雲は比較的密度が低いため、厚い銀河面に衝突すると大きく減速され、銀河面のガスと一体になると推定されます。

銀河系の規模でも、分子雲衝突に似たプロセスが働いていたのです。落下雲の一つは、彗星状の頭と尾からなり、銀河面に突入している様子が伺えます。この雲の質量は太陽のほぼ一万倍と推定されます。これ以外にも多くの水素雲が落下中であると推定されます。このようなガス雲同士の相互衝突が、球状星団を形成した可能性があるのです。

アルマの発見した大マゼラン雲での分子雲衝突は、特殊な現象ではありません。天の川銀河系でも、さまざまな雲同士の衝突が起こり、巨大星を生み出して銀河の進化を進めているのです。今後もさらに意外な宇宙の素顔が、我々の目の前に現れてくることでしょう。

3章

原始惑星系円盤

立原研悟
TACHIHARA Kengo（名古屋大学大学院理学研究科准教授）

1　惑星の形成をとらえる

２０１４年11月5日、合同アルマ観測所（序章7節参照）から驚くべき成果が記者発表されました。おうし座ＨＬ星の周りの円盤を捉えた画像が公開されたのです（図1）。そこには、楕円形に見える原始惑星系円盤と、そこにくっきりと刻まれた溝が映し出されていました。溝は惑星形成の証拠と考えられます。惑星が生まれると、その周囲の物質は惑星の重力で引き寄せられ、円盤には溝が刻まれるのです。驚くべきはその画像の鮮明さです。溝は何本も存在し、あたかもレコード盤のように見えます。あまりの美しさに、私は椅子から落ちそうになるくらいのショックを受けました。

このような超高解像度の画像が得られたのは、２０１３年以来の「長基線観測キャンペーン」の成果でした。筆者も、２０１４年に名古屋大学に異動するまでは、チリのアルマ観測所の一員として現地で勤務していました。その後の1年半、合同アルマ観測所の科学者・技術者たちがいかに頑張ってきたか、この成果が物語っています。かつての仲間たちの顔が脳裏に浮かびました。視力2000を達成したアルマから、今後どんな画像が得られ、私たちを驚かせてくれるのかと考えると、心が躍る思いがしました。この発表の一月後、世界中から天文学者の参加者を集め、東京・有楽町でアルマの国際会議が開かれたのでした。

　原始惑星系円盤の詳細な構造を明らかにしようという試みは、アルマが計画された当初からのもっとも重要な目標の一つでした。豊かな生命を育む地球はどのようにできたのかという問いは、「私たちはいったいどこから来て、どこに行くのか」という根源的疑問です。この問いに答えるため、天文学者はアルマ望遠鏡を計画したのです。図1は、その答えに近づく小さな一歩であり、人類にとっての大きな飛躍であるといって過言ではないでしょう。

図1　アルマ望遠鏡の長基線観測で得られた原始惑星円盤の姿（ALMA（ESO/NAOJ/NRAO）：http://www.almaobservatory.org）（口絵23）

　惑星系は、若い星の周囲に広がる「原始惑星系円盤」の中で、ガスと塵が凝集することによって形成されます。太陽系の誕生に関する研究では、林忠四郎を中心に行なわれた理論的な「京都モデル」が有名です。しかし、観測によって惑星系誕生の現場をとらえようとする試みは、長い間、技術的に困難でした。非常に高い角度分解能が必要となるためです。形成途上の若い星までの距離は、もっとも近いものでも５００光年ほどです。惑星系の半径を海王星軌道程度と考えた場合、５００光年の距離では海王星軌道は1秒角（1度角の３６００分の1）にしか見えません。それ以上の高い分解能がないと、海王星軌道の大きさも測れないのです。

若い星周囲の円盤の存在は、80年代には知られていました。星からのスペクトルを調べると、赤外線の波長域に強度の盛り上がりが見られたのです。これは、星の周囲に星の表面よりも温度が低い物質、おそらく「円盤」が取り巻いているためと解釈されました。１９８３年に打ち上げられたＮＡＳＡの赤外線天文衛星（ＩＲＡＳ）は、このような赤外線天体を多数発見しました。それらは、星形成の母体である暗黒星雲の中に集中しており、これらの若い星に、原始惑星系円盤が伴うことが予想されました。しかし、赤外線超過だけでは、円盤の証拠として十分ではありません。

もう一つの画期的な観測は、ハッブル宇宙望遠鏡による「シルエット円盤」の発見でした。明るく輝く星雲の手前にある原始惑星系円盤を可視光で観測すると、円盤が影絵のようにくっきりと浮かび上がりました（図2）。円盤はさまざまな方向を向いているため、ふつうは楕円形に見えます。偶然真横から見たものは、直線状に見えます。その輪郭から円盤の構造が推定できるのです。こうして、円盤の中心は外側よりも薄くなっていることが分かりました。中心ほど重力が強く、物質が濃く集まり、惑星が生まれやすくなっているのです。

惑星の数や質量は、円盤の質量で決まると予想されます。円盤の質量はどのように求められるのでしょうか。シルエットだけでは、円盤の質量を求めることはできません。円盤は回転しているはずです。回転による遠心力で、円盤状に平たくなっているためです。この回転速度がわかれば、円盤の質量が求められます。遠心力とつり合う重力から、質量が分かるのです。分子スペクトルの周波数は精密に測られています。回転円盤から放たれる分子スペクトルは、ドップラー効果によって周波数に「ズレ」を生じます。この「ズレ」から回転速度を求めることができるのです。

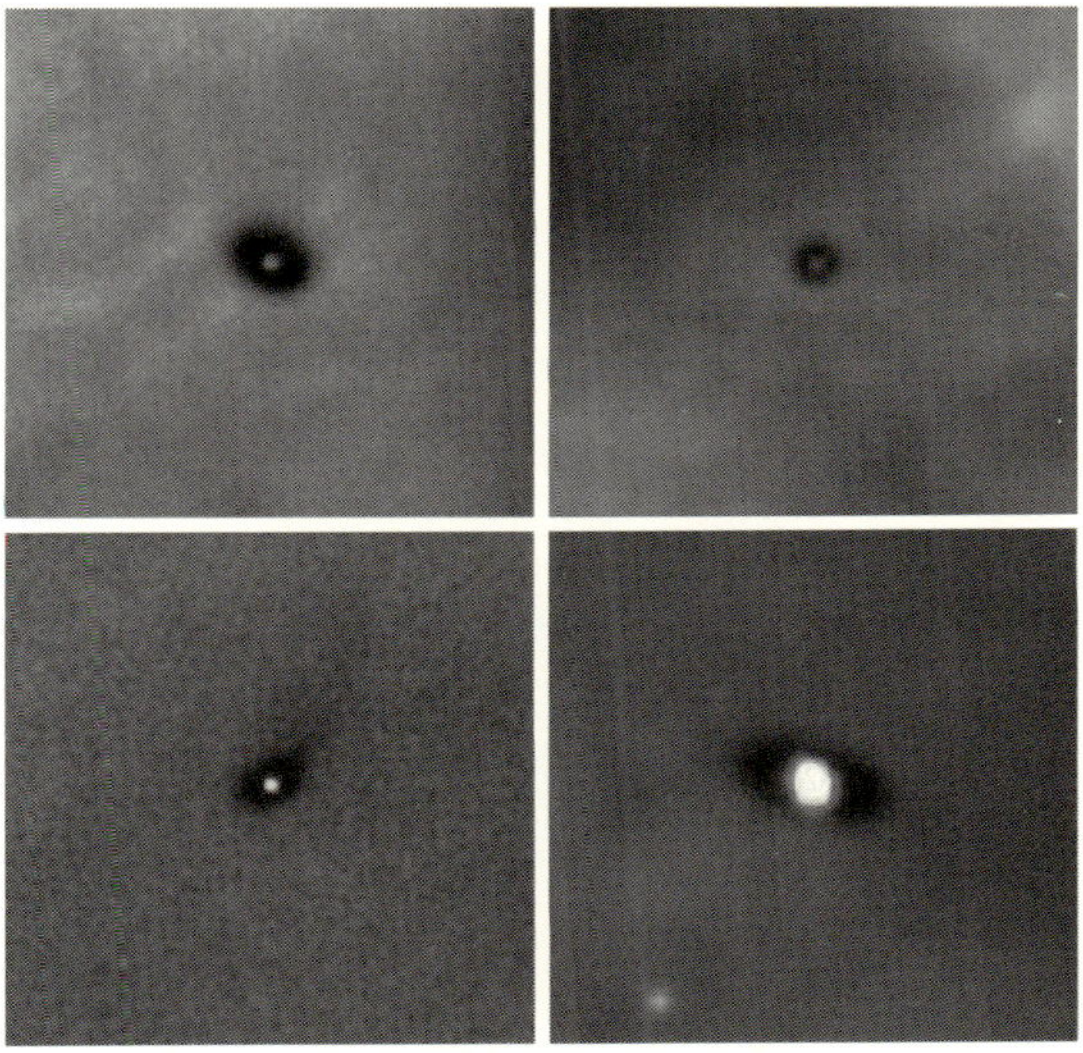
図2　ハッブル宇宙望遠鏡がとらえたオリオン大星雲の中に浮かぶシルエット円盤（Space Telescope Science Institute）（口絵24）

星の周りを公転する円盤は、太陽系の惑星たちと同じように、ケプラーの法則に従って運動します。円盤を横から見れば、右側が我々に近づ

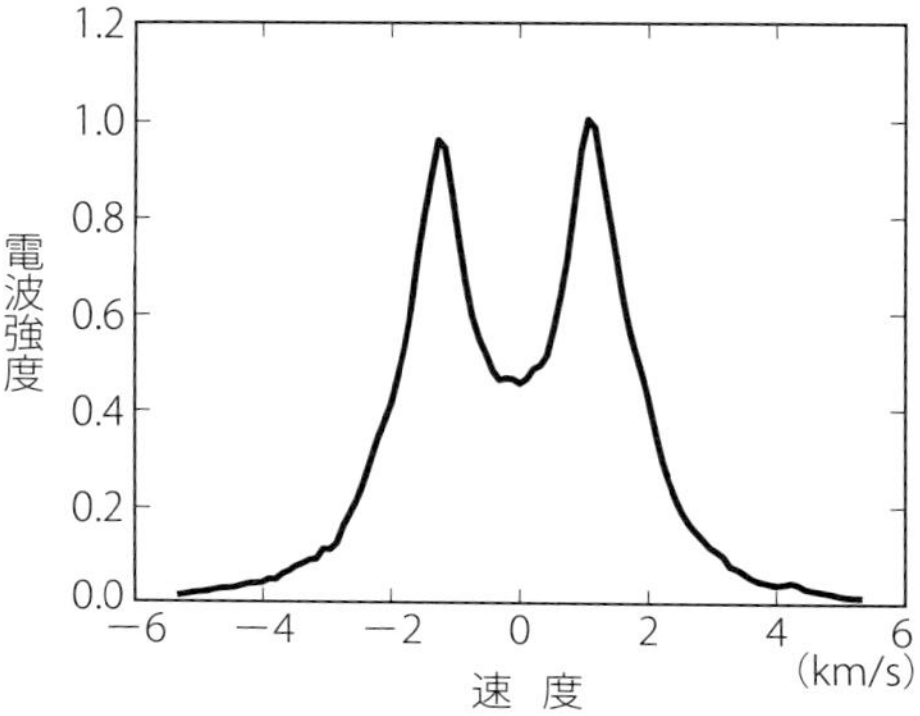

図3　HD163296の原始惑星系円盤から検出された一酸化炭素のスペクトル。ドップラー効果で測った速度を横軸に取ると、電波強度に2つのピークが見られる（Flaherty *et al*. The Astrophysical Journal, 813, 99（2015）を元に改変）

くとすると、反対の左側は遠ざかるはずです。中心星に対して対称に、我々に対して近づいてくる側と遠ざかる側に分かれます。その結果、分子スペクトルには特徴的な2つのピークができます（図3）。そこで電波望遠鏡の出番です。初期の頃の原始惑星系円盤の電波観測は、角度分解能は十分ではなかったのですが、2つのピークを観測して回転運動が測られたのです。このような原始惑星系円盤の初期の観測では、日本の野辺山観測所の望遠鏡も活躍しました。その後、フランスのＩＲＡＭ電波干渉計（Plateau de Bure干渉計、現在のNOrthern Extended Millimeter Array：ＮＯＥＭＡ）、アメリカ・マウナケア山のサブミリ波干渉計（ＳＭＡ）など、より高い分解能をもつ電波干渉計での観測が行われ、さまざまな若い星の周りの原始惑星系円盤が観測されました。中には円盤の内部に穴が開いて、リング状になっているものも見つかりました。質量や進化の段階の異なるもの、単独星や連星系など、いろいろな円盤があるのです。

　このような円盤でいったん惑星が形成されると、円盤の塵の質量は減ると予想されます。塵が惑星に転換されるためです。円盤の構造も、惑星形成とともに変化していくでしょう。しかし、円盤の変化を実際に見るためには、さらに高い分解能をもつ電波望遠鏡が必要です。これこそが、アルマの役割です。アルマの登場は、世界中の星惑星形成を研究する天文学者の悲願だったのです。

2 アルマの初期成果──デブリ円盤

最初に紹介する円盤の観測成果は、厳密に言うと原始惑星系円盤ではありません。デブリ円盤とよばれるもので、南天の一等星フォーマルハウトの周りを回る円盤です。デブリ（debris）は破片という意味の英語です。原始惑星系円盤をもつ星が核融合を始め、主系列星として輝くようになると、円盤の内側に「穴」ができます。円盤の外側がリング状に残ったものをデブリ円盤と呼ぶのです。

このようなデブリ円盤をもつ主系列の天体は、ベガ型星と呼ばれます。こと座のベガは日本では七夕の織姫星として有名です。この星の周りにデブリ円盤が存在することは、ＩＲＡＳ衛星によって明らかになりました。それ以来、このような天体をベガ型星と呼ぶようになったのです。

デブリ円盤では、中心の星からの光の影響で、ガスはすべて散逸しており、固体微粒子の塵

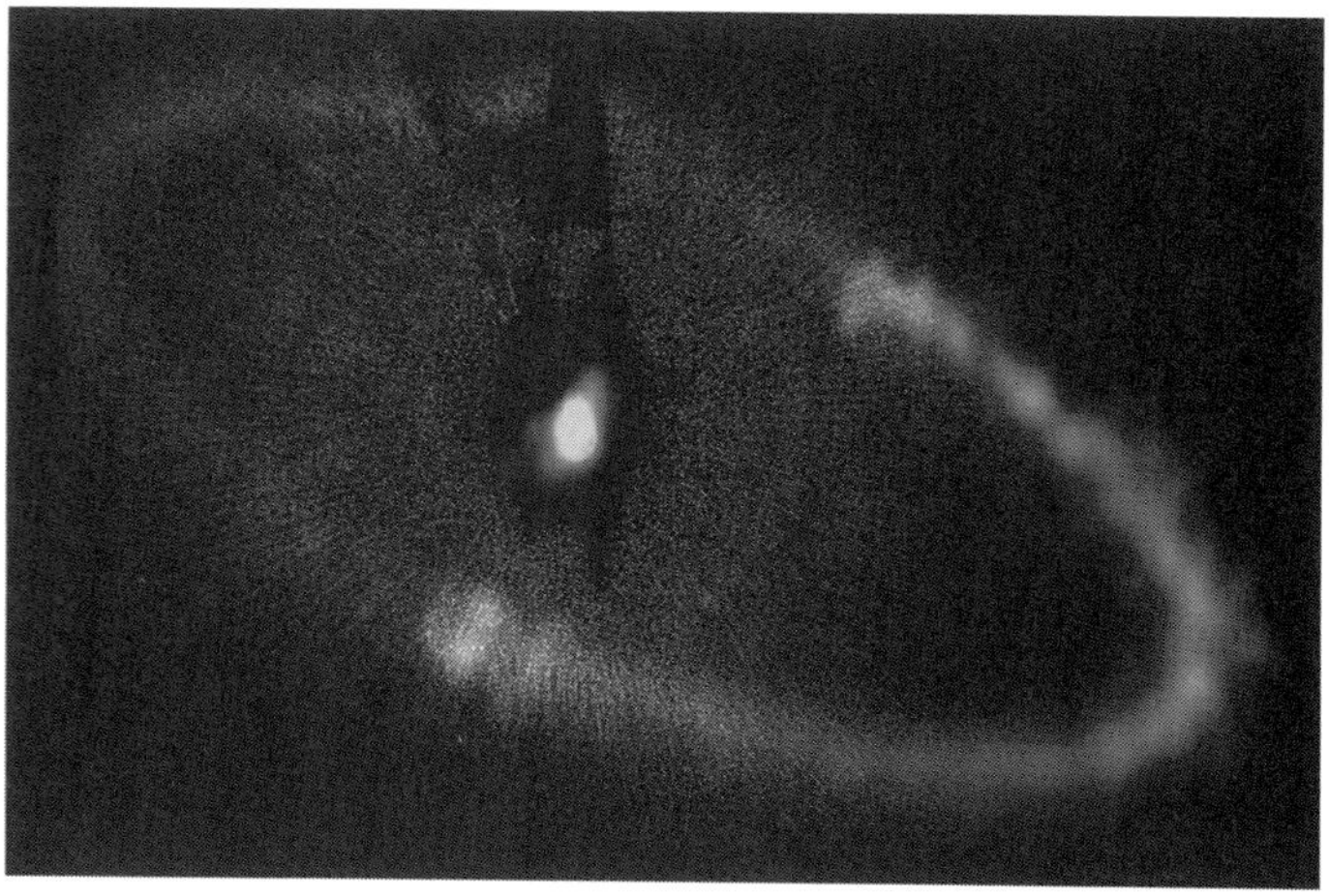

図4　フォーマルハウトのデブリ円盤。左側半分はハッブル宇宙望遠鏡による観測、右半分の画像はアルマの観測データ（ALMA（ESO/NAOJ/NRAO), Visible light image：the NASA/ESA Hubble Space Telescope：http://www.almaobservatory.org）（口絵25）

のみが存在します。この塵は、遠赤外線や電波の放射を放っています。

話をフォーマルハウトに戻しましょう。この星の周りのデブリ円盤は、ハッブル宇宙望遠鏡の観測によって、リング状の構造をしていることはすでに分かっていました（図4の左側の部分）。アルマが電波でとらえたリング（図4の右側の部分）は、ハッブル宇宙望遠鏡のリングとピッタリと重なり、さらに高いコントラストでその形状を明らかにしました。ハッブルではかすかにしか見えていないリングが実にくっきりととらえられたのです。アルマの威力のおかげで、リング形成の仕組みに迫ることができます。

アルマの見たリングの縁があまりに

綺麗に切り取られていることから、この観測の記者発表では、「『羊飼い惑星』が存在すると予想される」と説明されました。初めてこれを読んだとき、私はすぐには意味が理解できませんでした。羊飼いが住んでいる惑星が見つかったのでしょうか?

牧草地の上で放牧される羊たちは、草を求めて好きな方向に動いていきますが、広がりすぎてしまわないように、牧羊犬が羊の群れの周りを走ることで、群れの外縁を整える役目を果たします。あたかも牧羊犬のような役目を果たす「羊飼い惑星」が存在し、その重力によって塵粒子からなるリングの縁を整えていると考えたのです。ただし、この画像には「羊飼い惑星」は小さすぎて写ってはいません。アルマによって真の塵粒子の分布がわかったことによって、間接的に惑星の存在がわかった、というわけです。

ちなみに、私が合同アルマ観測所に勤めていたとき、この観測の解析作業を担当していた天文学者が、アルマのコントロールルームで画像をちらっと見せてくれました。とても綺麗な画像に、思わず見とれてしまいました。その天文学者はデブリ円盤の専門家です。私は彼に「アルマの感度なら、デブリ円盤にわずかに残るガスを検出することもできるのではないか?」と聞きましたが、彼は「その見込みはないね(Hopeless…)」と答えました。その彼が数年後、アルマによって、がか(画架)座β星のデブリ円盤からのガスの初検出という記者発表を行うことになります(137ページの図5)。ガスからの分子輝線によって、中心星を回るケプラー運動がきっちりとらえたのです。ただし、このガスは、私が予想したような原始惑星系円盤時代のガスの残骸ではなく、デブリ円盤中に存在する微惑星（惑星の種といえるような、大きさ数km程度の岩石）同士が衝突した際、内部からガスが放出されたものと考えられています。

3　さまざまな形の原始惑星系円盤

原始惑星系円盤が惑星を形成しつつ進化する過程を、観測でとらえることはできるでしょうか。そのために、多くの若い星を観測し、統計的調査によって円盤の進化を研究しようという試みがなされてきました。アルマによる円盤の観測では、個性的な、多様な形状を示す原始惑星系円盤が観測されています。

図6（138ページ）のHD142527と呼ばれる星では、中心星の周囲に綺麗な穴がみられ、ドーナツ状の分布が検出されました。単に穴があいているだけではなく、ドーナツから中心星に細くつながった、帯状の構造が発見されたのは意外でした。中心星周囲に穴ができると、円盤の外縁部から中心星への物質の流れが寸断され、これ以上中心星に物質を供給することができなくなってしまいます。そうなると中心星の質量はそれ以上に成長しないと思われます。しかし実際には、大きな穴ができた段階でも物質の星表面への降着が続いているようです。ここで考えられたモデルは、円盤から中心星表面へと磁力線がつながり、その磁力線を伝って物質が流れ込む、というものです。水路という意味で「チャンネル」とよばれるこの構造は、

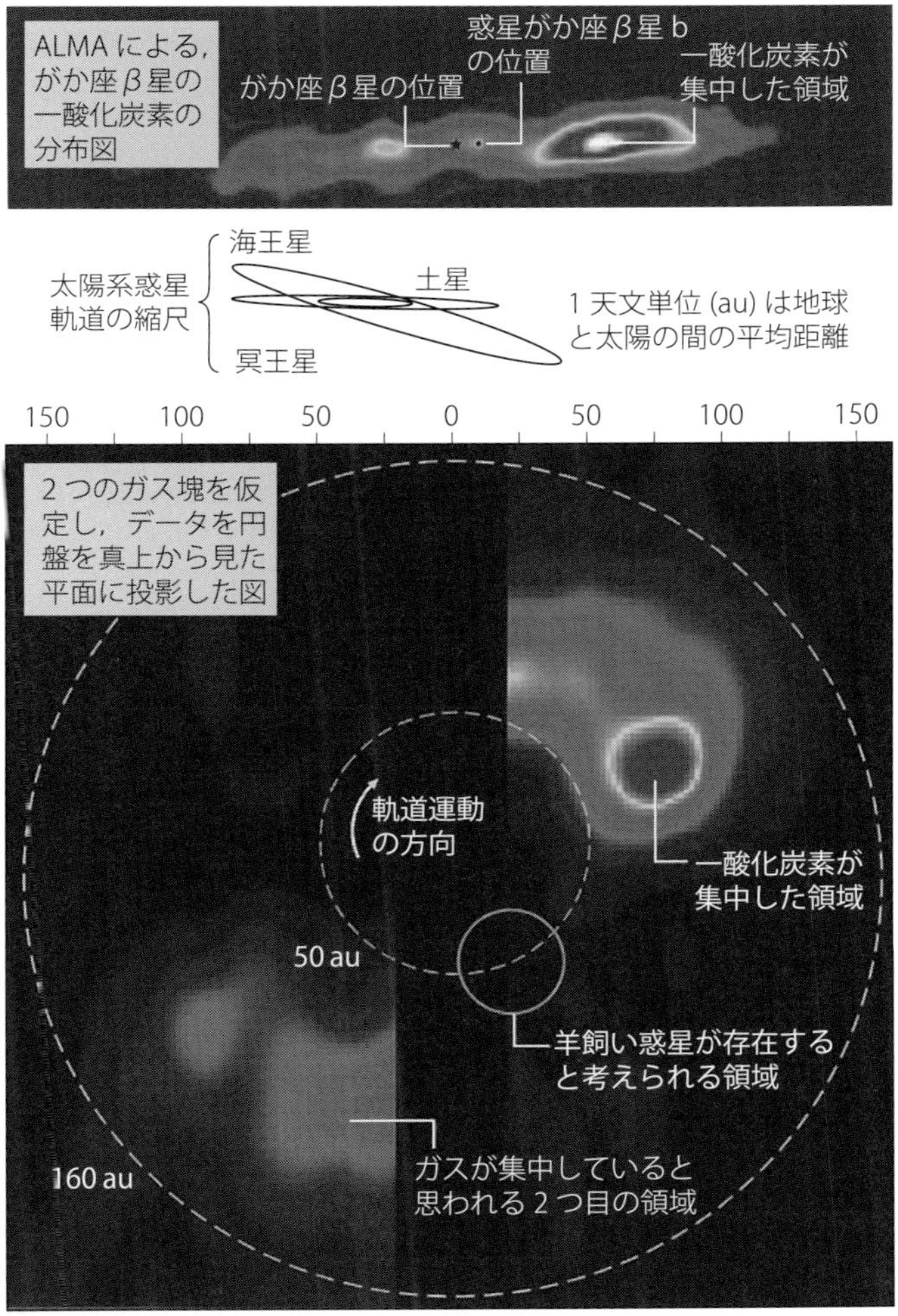

図 5　がか座β星周囲の残骸円盤から検出された一酸化炭素ガスの速度構造から推定した鳥瞰図 ALMA（ESO/NAOJ/NRAO）and NASA's Goddard Space Flight Center/F. Reddy：http://www.almaobservatory.org)（口絵 26）

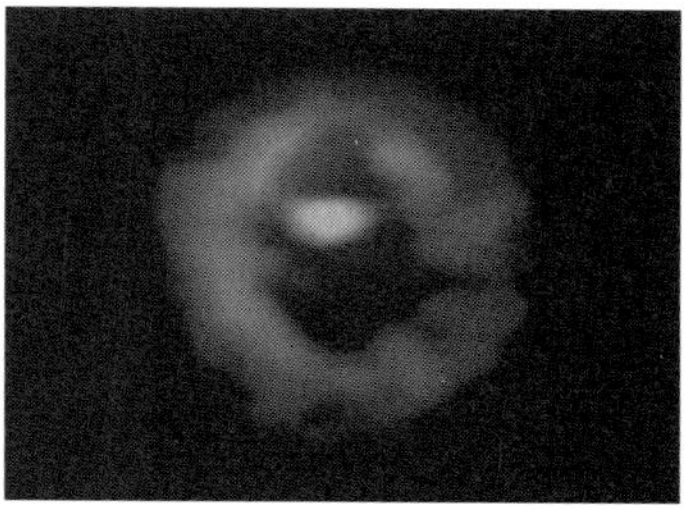

図6　HD142527の周囲で発見されたドーナツ状の円盤（ALMA（ESO/NAOJ/NRAO), S. Casassus *et al.*：http://www.almaobservatory.org)（口絵27）

まさに水路のように物質を円盤から星へと流し込んでいるのです。アルマがこれを初めて明らかにしました。このチャンネル構造に沿って実際に物質が流れているのか、磁力線はこの帯状の構造の通りつながっているのか、さらに詳細な観測での確認が必要です。

この天体のもう一つ面白い点は、ガスの分布と塵から放たれる放射とが、異なる分布を示すことです。私の好きなドーナツに、リングの半分にだけチョコレートがかかっているものがありますが、あたかもそのような姿に見えます。図6の上側の部分が塵の分布で、下側の部分は高密度のガスの分布です。円盤の内部でガスと塵の分布が不均一になっているか、局所的に高密度な部分ができていることを示しています。どちらも惑星が形成される兆候と考えられています。

Oph－IRS48と呼ばれる天体も同じように、非対称な分布をしたリング状構造が発表されています（図7）。こちらはガスと塵の分布の違いではなく、どちらも個体の物質の分布を見ていると考えられていますが、塵粒子の大きさが違うと解釈されています。図の下側の部分は、アルマで観測された、波長440ミクロン（1㎜のおよそ半分）の電波強度分布です。論文の中では「クロワッサン形」の分布と書かれています。サイズが1㎜程度かそれ以上の、比較的大きな塵から放射されていると考えられています。一方上側の部分は、欧州南天天文台（ＥＳＯ）のＶＬＴ望遠鏡による赤外線観測（中間赤外線と呼ばれる、波長１８・７ミクロンの光）の結果です。これは50ミクロン（１㎜の１／20）程度のサイズの塵の分布を見ていると考えられます。つまり両者は同じ塵粒子でも、大きさの異なるものから放射され、それらの分布が不均一である、ということを示しています。一つのシナリオは、「内部に（見えていないが）存在する惑星からの重力の影響で、サイズの大きな固体物質が軌道上の一部に偏って分布している」というものです。原始惑星形円盤の進化が進む段階で、必ず固体の物質が合体成長し、微惑星と呼ばれる小さな構造ができると考えられます。衝突の速度によって、微惑星は合体するものもあれば破壊されてしまうものもあります。どのような物理過程を経て、惑星の核にまで成長するのかは、現在の惑

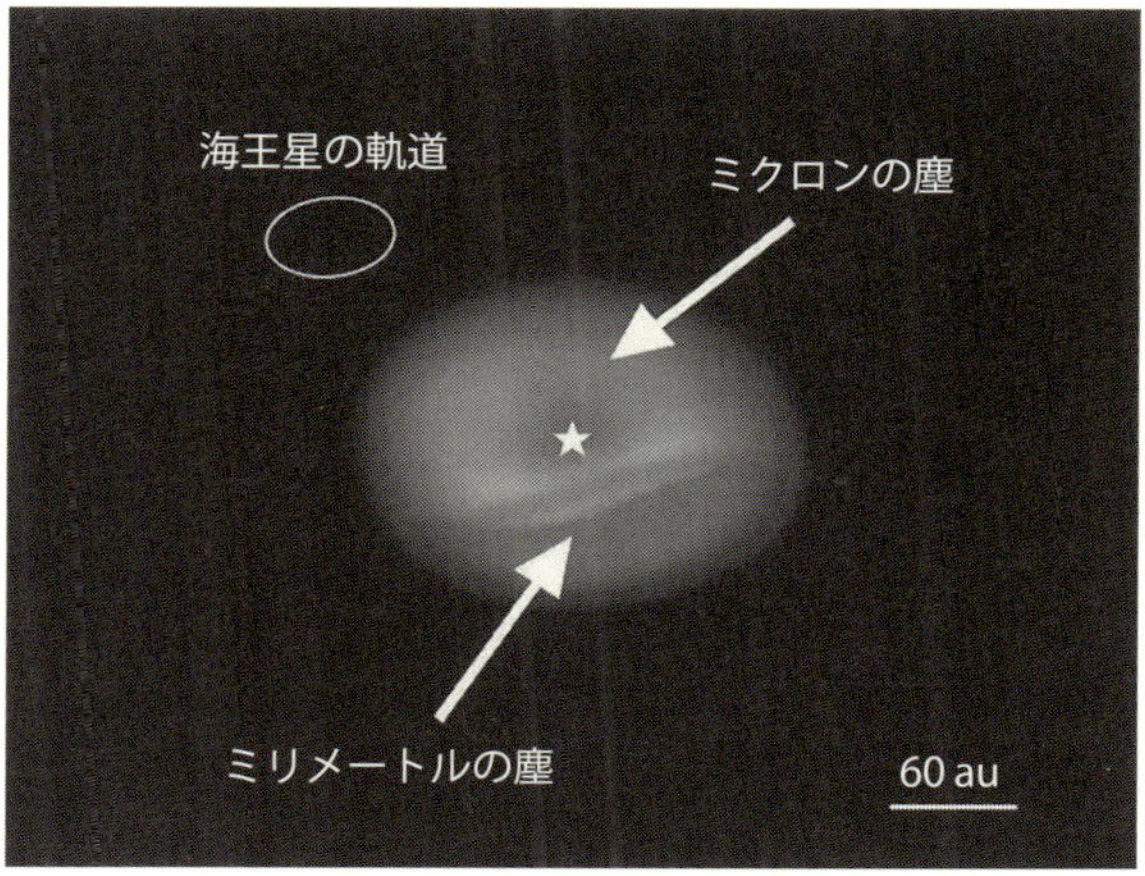

図７　Oph-IRS48で見つかった、偏った固体の分布を示す円盤（ALMA（ESO/NAOJ/NRAO）/Nienke van der Marel：http://www.almaobservatory.org）（口絵28）

星形成論において最も注目されている、かつ難しい問題です。アルマの観測結果から、この問題へのヒントが見えてきたのです。

塵粒子の進化に応じて、原始惑星形円盤の中に存在する気体（ガス）にも変化が現れます。例えば、水などの分子は、塵粒子の表面に吸着し、固体の氷に変化します。ここで氷とは、ドライアイスなども含む広い意味での氷です。宇宙空間のように非常に密度が低い状態において、気体から固体へ凝固するためには、まず温度が低いことが必要です。さらにそれ以外に、分子が吸着できる氷の核となる物質が必要なのです。原始惑星形円盤のなかで塵粒子の密度が高くなると、ガスの吸着が頻繁に起きて、水や一酸化炭素の分子が固体の氷になる変化が促進されます。また中心星から離れた円盤外縁部では温度が低く、より氷が多く存在するようになります。そのような境界線を、凍結線（スノーライン）と呼びます。

分子の種類によって吸着のされやすさは異なるので、分子の種類によって異なる凍結線が現れます。私たちの太陽系でも、外縁部では水などの分子は氷で存在しています。太陽系に最も近い原始惑星形円盤を持つ星の一つとして知られている、うみへび座TW星では、一酸化炭素分子（CO）のスノーラインが検出されました（図8）。30天文単位の部分より外側では、COの量が内側よりも減っており、氷になっていると予想されます。COの氷はメタノールなどの分子を作る際に重要で、このような氷が複雑な有機分子を形成する元になっていると考えられています。

太陽系の外縁部からやってくる彗星は、太陽に近づいたときにたなびく尾から、複雑な有機分子が検出されています。1994年にシューメーカー・レヴィ第9彗星が木星に衝突する現象が観測されましたが、原始の地球にも頻繁に彗星が衝突し、有機物質をもたらしたのではないか、という仮説があります。原始惑星系円盤の外縁部に氷がふんだんに存在することは、有機分子の成長やそれらの惑星への供給など、今後の進化を考える上で非常に興味深い発見です。

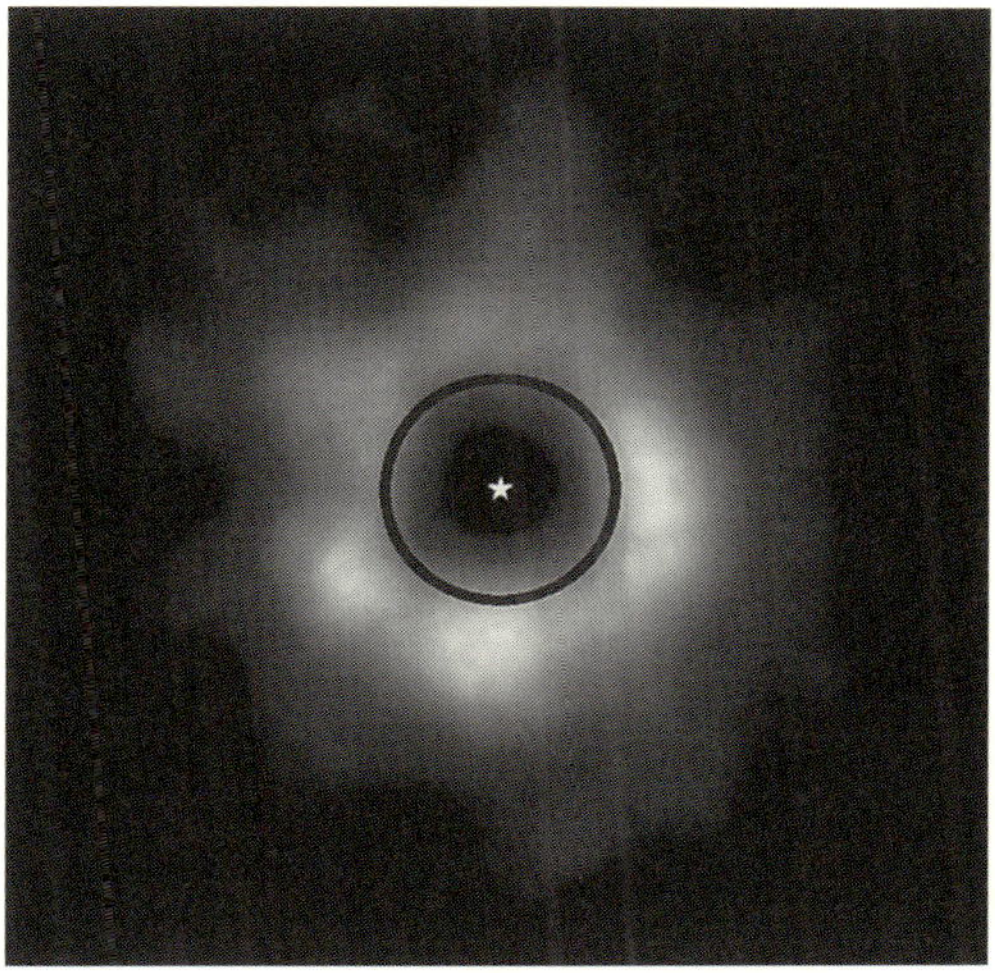

図8　うみへび座TW星の周囲でCOの氷が形成されていると考えられる領域。円は海王星軌道の大きさを表す（ALMA（ESO/NAOJ/NRAO）：http://www.almaobservatory.org）（口絵29）

アルマの観測により、これまでは難しかった原始惑星形円盤を詳細に調べることが可能となりました。これまでに得られた結果から、円盤は単純な板やリング構造ではなく、それ自体が大きな構造を持っているということがわかりました。今回紹介した成果のほかにも、非軸対称な分布を示す原始惑星形円盤がいくつも観測されています。このような構造は、アルマの感度と分解能があって初めて見えてきたものです。さらに

「物質の進化」の章で紹介するL1527のように、円盤内の特定の場所で成長する分子もあります。円盤の進化について、物理的かつ化学的な違いから、さらに理解が進むと期待されます。

4 原始惑星系円盤の3次元構造と有機分子

これまで原始惑星系円盤において、中心星からの距離が同じ軌道においても、不均一な物質の偏り(非軸対称な分布)が存在することを見てきました。それでは、円盤の厚みはどのような構造を持っているのでしょうか? 同じ厚みでできた単純な板でないことは、ハッブル宇宙望遠鏡のシルエット円盤の観測や、また理論的計算からも予想されてきました。つまり、中心部に近づくほど円盤は薄く、外縁部ほど厚みが増すというものです。これは単純に中心星に近づくほど重力場が強くなり、回転軸に沿った方向にものが沈殿しやすくなるという物理から予想されます。しかし、このような円盤の構造は、物質の温度や化学進化にも大きく影響します。前の節では、原始惑星系円盤の中で複雑な有機物質が作られ、それらが原始惑星にもたらされたとする仮説を紹介しましたが、複雑な有機分子を作るような環境は、原始惑星系円盤の中でも比較的温度の高い、塵粒子の表面で実現されると考えられています。固体微粒子である塵粒子の表面には多くの元素が吸着され、それらが化学反応することによって、複雑な分子へと成長します。地球の大気中や海水中では、気体やイオンのまま分子の化学反応がすすみますが、これは密度が非常に高いからです。原始惑星系円盤の中は地上に比べて物質の密度が低いため、化学反応を起こすための相手に出会う頻度が低いのです。しかし塵粒子がたくさんの元素を吸着してくれれば、そこを出会いの場として化学反応が早く進みます。また温度が高いと塵表面での元素や分子の運動も活発になり、化学反応をより促進させることになります。

ここで塵粒子の表面温度がどのようにして決まるか、考えてみましょう。地球上では大気や海流が循環しているので、気温分布は非常に複雑です。しかし大気も海もない月面では、昼はおよそ摂氏１００度と非常に高温で、夜は逆にマイナス１７０度ととても低温です。原始惑星系円盤の塵粒子においても、いかに中心星からの光を浴びることができるかで、表面の環境は大きく変わります。原始惑星系円盤を輪切りにしたとき、中心部から外縁部に向かって厚みが増すような構造なら、その表面では中心星からの光を浴びることができ、温度が高くなります。ちょうどスタジアムの観客席が外側に行くほど高くなっている方が、フィールドが遠くからでもよく見えるのと同じです。一方円盤の表面から離れた赤道面付近では、中心に近い物質の陰になってしまうため、温度は低いままです。このような円盤の構造から、物質の温度の分布にかたよりができますが、円盤が自転する間に物質をかき混ぜる効果も発生します。このような効果が作用することで、複雑でさまざまな分子が作られるのではないかと考えられています。

ＨＤ１６３２９６と呼ばれる天体のアルマの観測によって、原始惑星系円盤の表面で加熱さ

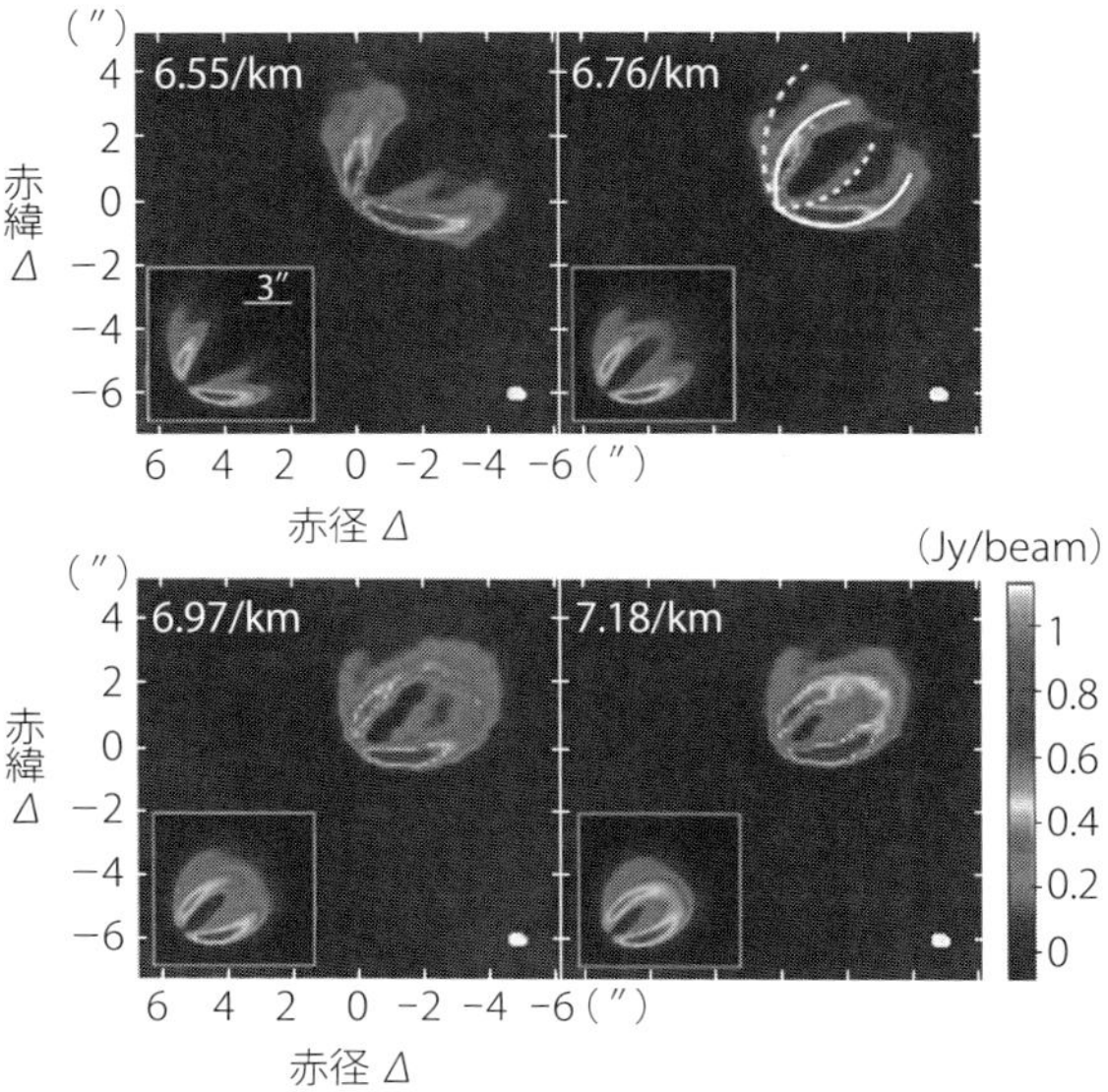

図9　HD163296の観測から得られた原始惑星系円盤の速度構造（I. de Gregorio-Monsalvo *et al*.,2013 A&A 557, A133 http://www.aanda.org/articles/aa/abs/2013/09/aa21603-13/aa21603-13.html）（口絵30）公転運動の結果、視線方向にある速度で運動している成分は、円盤の表と裏面からの放射によって2つのアーク状の構造に見える。左下の箱内はモデル計算の結果

れたガスの分布が明らかにされました。温められたガスからは、放射される電波の強度が強くなります。円盤の回転構造を詳しく調べてみると、円盤表面の表と裏に対応する、二重に重なったアーチ状の構造が得られました（図9）。やはり原始惑星系円盤の表面では、中心星からの放射を受けて、温度が高くなっているようです。このような場所では化学反応がすすみ、複雑な有機分子の形成が進んでいるのかもしれません。そして実際に、アルマの観測によって複雑な有機分子が原始惑星系円盤から初検出されたという報告がもたらされました。

ＭＷＣ４８０という天体を観測してみたところ、アセトニトリル（CH_3CN）と呼ばれる有機分子が出す信号がとらえられました。意外にも検出されたのは中心星から離れた領域、地球だとカイパーベルトと呼ばれる海王星よりも外側の軌道にある外縁部です。太陽からの光があまり届かないカイパーベルトは彗星の巣と呼ばれており、氷を多く含む小天体が多数分布しています。これらが太陽に近づくと蒸発した氷が尾をたなびかせ、彗星として観測されるのですが、太陽系における彗星の尾からも、同じアセトニトリル分子が検出されています。おそらく、原始惑星系円盤中の塵粒子表面でできた複雑な有機分子は、その後氷の中に閉じ込められます。惑星形成の過程で多くの分子が失われる中、氷に閉じ込められた分子は彗星となってカイパーベルト中に生き残り、その後太陽に近づいて蒸発した氷から尾がたなびく際に、太陽系内に有機分子を撒き散らしているのです。

5　生命の起源は宇宙から？

前節のような原始惑星系円盤での有機分子の発見によって私たちがワクワクするのは、単に宇宙の物質の多様性という面白さ以外にも、理由があります。話はアルマが建設されるはるか以前、１９６９年にさかのぼります。この年オーストラリアのマーチソンン村に隕石が落下しました。その隕石を分析した結果、驚くべき事実が見つかりました。内部からタンパク質を作るアミノ酸を含む有機物が検出されたのです。他にも生体ではみられないアミノ酸も発見されています。地球に落下するとき、大気圏に突入した隕石の表面は高温にさらされます。しかしその内部は高温から守られ、有機分子は破壊されることなく地上に届けられたのです。

さらに詳しく分析してみると、検出されたアミノ酸のほとんどはL型と呼ばれる構造をもっていました。アミノ酸のような分子は、光学異性体と呼ばれる鏡に映したように対称な、2種類の構造が存在します。化学的に合成すると、L型とD型と呼ばれる両者はまったく同量できます。ところが生物の体内には、L型アミノ酸しか存在しないことが知られています(なぜなのかはいまだに解明されておらず、生物学上の大きな謎の一つです)。このような理由から、生命の起源となった有機分子は、宇宙空間から隕石や彗星に乗って、原始地球にもたらされたのではないかという、生命の宇宙起源説(パンスペルミア説とも呼ばれる)が注目を浴びることになったのです。

それ以前の生命の起源として有力視されていたのは、「生命は原始の海から生まれた」というものです。1950年代のユーリー・ミラーの実験では、実験室の中で原始の海と大気を再現しました。水蒸気とメタン・アンモニア・水素などの混合ガスを作り、そこに電極をさして放電させることで擬似的な雷を発生させます。するとこれらを材料にして化学反応が進み、有機分子が形成されます。この混合ガスを冷却すると有機物を含む水溶液になります。これを材料にして、海のなかで原始生命が誕生したのだと考えました。近年ではさらに、海中火山から吹き出す熱水にはさまざまな化学物質が存在しており、温度も高いため、その中で有機物や生命が誕生したという仮説もあります。実際地球の海中の熱水噴出孔付近では、熱水をエネルギー源として、地表とは異なる生態系が作られていることが知られています。長い間、我々地球上の生命は母なる海の中で誕生したとする説が有力でした。しかし本当は、母なる宇宙が生命の起源なのかもしれません。

他にも彗星や隕石からの有機物の検出は報告されています。1997年に地球に接近したヘールボップ彗星からは、多くの有機物質が検出されています。また、アメリカの探査機スターダストは2004年、ヴィルト第2彗星の尾の中に入り、撒き散らされた塵粒子をテニスラケットのようなエアロジェルのセルからなる捕獲器で集め、地球に持ち帰りました。それらの分析から、アミノ酸の一種であるグリシンが発見されています。グリシン自体には光学異性体は存在していませんが、その炭素の同位体分析から、地上に持ち帰った際に混入したものではなく、間違いなく地球外起源であることが確かめられています。

アルマも彗星の観測を行っています。レモン彗星とアイソン彗星を、HCNとHNC分子で観測しました。その結果、このよく似た2種類の分子の分布は異なっており、HCNが核から等方的に広がっていたのに対し、HNCは核から放出されるジェットに沿って分布していました。このことから、HNC分子は核の内部にあるより大きな有機分子が噴出される際に壊されることで生成され、このような偏った分布を示すと考えられています。

前述のとおり1994年、シューメーカー・レヴィ第9彗星が木星に衝突し、大きな衝突痕を残し私たちを驚かせました。原始の地球上にも、多くの彗星が降り注いだのではないかと考えられています。その結果もたらされた有機分子が、生命誕生の素となったという仮説も、上記の観測や探査の結果を考えると荒唐無稽なものではないように思えます。そしてこれまでは隕石や彗星など、太陽系内天体からのみ検出されたアミノ酸が、アルマの観測によって原始惑星系円盤から発見される日が来るかもしれません。太陽系内天体の観測や探査と、太陽系外の円盤の観測が徐々に近づいて、我々の太陽系や生命の誕生の謎に光が当てられてきています。

6　双子星とその円盤

私たちの太陽は一つだけです。当たり前のことですが、宇宙には2つの太陽をもつ惑星も存在しているようです。かつて映画スターウォーズで描かれた惑星タトゥイーンには太陽が2つありましたが、SFの世界だけでなく、実際にケプラー16星をはじめ、そのような惑星系はいくつか発見されています（図10）。そもそも宇宙に存在する星の半数くらいかそれ以上が、連星系と呼ばれる二重星であると報告されています。

2つの星は両者の重力の中心（重心）の周りを公転しているシステムで、力学的には安定に回り続けます。ときどき相手を隠したり、また公転運動によるスペクトルの変化が観測されることから、古くからその存在は知られていました。しかしその周りを惑星が回っていると、話は急にややこしくなります。計算してみると、惑星を含めて3つ以上の星々がお互いに重力を及ぼしあって、安定に運動し続けることは、なかなか容易ではないことがわかります。3つの星の間の距離がほとんど同じである状況から始めても、その運動は安定な楕円軌道にならず、複雑な運動を経たのち、多くは2つの非常に接近した軌道のペアができ、残りの1つは3体の重心から大きく離れた場所にはじき飛ばされてしまいます。飛ばされることがなくても、近づいたペアとそのはるか遠くを回る星という系になります。比較的大きな軌道を持つ連星の、それぞれの星の周囲を接近した軌道で周回する惑星は、これまでにいくつも発見されています。一方、2つの接近した星（近接連星）とそれらの周囲を回る惑星は、周連星惑星と呼ばれ、前出のケプラー16星がこれにあたります。

図10　連星系をなすケプラー16星の周囲を公転する惑星の想像図（NASA）

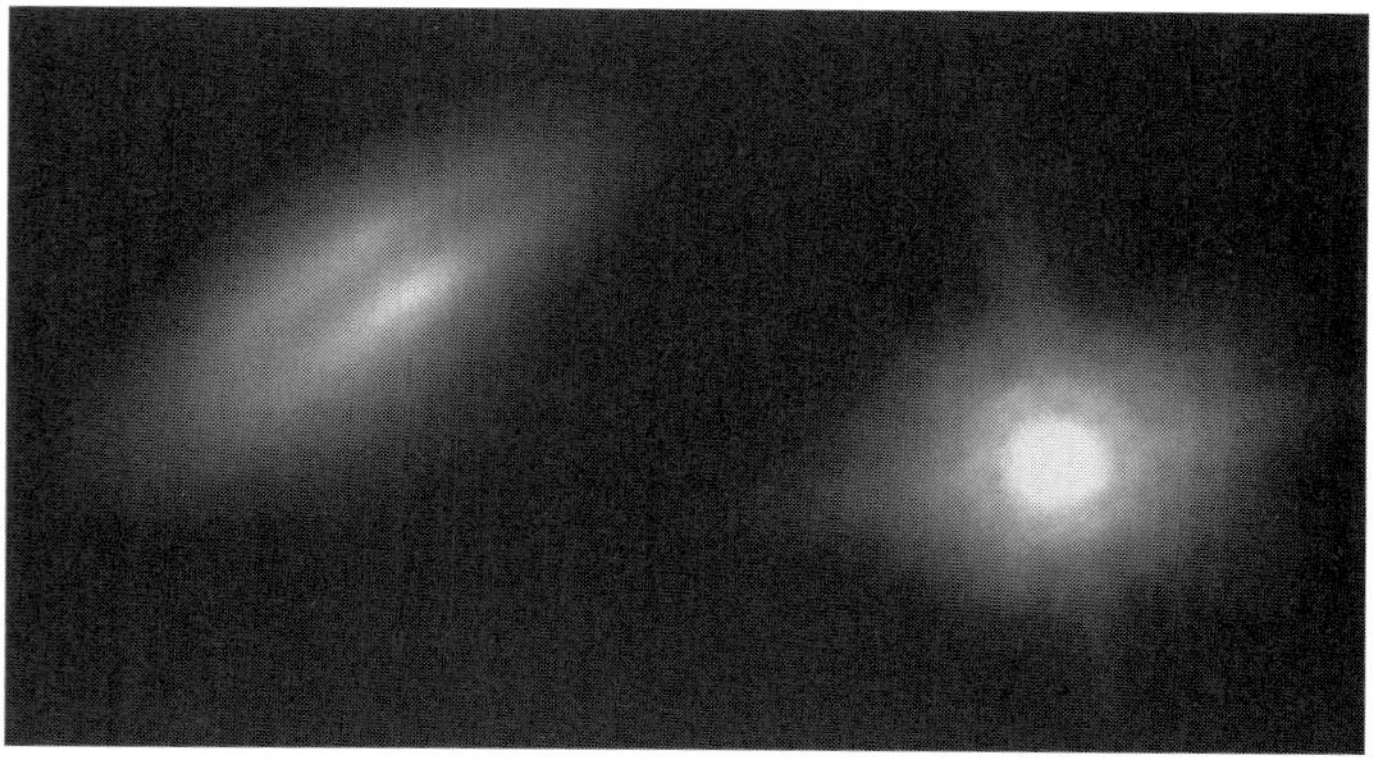

図11　おうし座 HK 連星周囲の著しく傾いた円盤。アルマとハッブル宇宙望遠鏡の画像との合成図（B. Saxton（NRAO/AUI/NSF), K. Stapelfeldt *et al*.（NASA/ESA Hubble）：http://www.almaobservatory.org）

惑星の軌道と同様に、若い星の連星系に付随する円盤の存在形態も、２つのパターンがあります。連星それぞれの周囲を回る星周円盤と、連星のペアを中心にしてさらに外側の軌道を回る周連星円盤です。周連星円盤の中には不安定な軌道が存在するので、中心部付近の穴が比較的大きくなることが予想されます。しかし、先ほどのＨＤ１４２５２７でのチャンネル構造の起源や円盤中での惑星形成など、まだわかっていないことが多くあります。このような若い連星周囲にある周連星円盤は、どのような構造をしているのでしょうか？また、連星の各々の星周囲にある円盤は、連星の進化にどのような影響を及ぼしているのでしょうか？

おうし座ＨＫ星は明るさの異なる2つの星からなる若い連星です（図11）。アルマによるこの連星の画像から、２つの星のそれぞれに周囲をとりまく円盤が存在し、それらが著しく傾いていることがわかりました。片方の星は円盤を真横から見ている配置であり、中心星からの光を隠し暗く見えていることがわかります。他方の傾いた円盤の中心には、星が明るく見えています。この連星は同じ分子雲コアの中で同時に誕生したと考えると、やはり両者は重力を及ぼしあい、両方の円盤は軌道面がずれた配置になったのだと考えられます。このような円盤の中で形成される惑星は、やはり連星のペアの影響を大いに受けて進化するものと考えるべきでしょう。そのような複雑な惑星形成シナリオは、これまでのところ確立されていません。

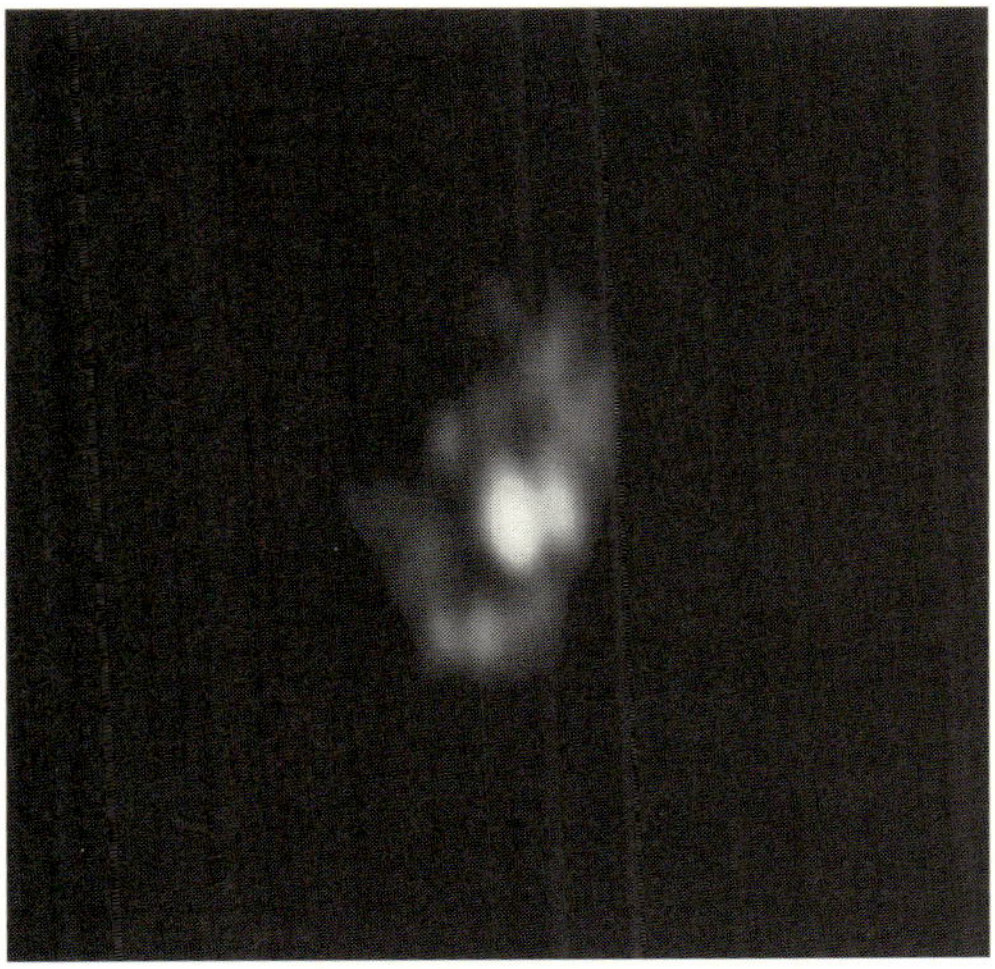

図12　L1551 NEの周連星円盤（ALMA（ESO/NAOJ/NRAO）/Takakuwa *et al.*：http://www.almaobservatory.org）。中心やや右側に、2つの原始連星が分離されて見え、その周囲を複雑な形状の円盤が取り巻いている

　一方、周連星円盤の姿もアルマによって明らかになってきました。L1551NEという若い天体の観測から、複雑な形状の周連星円盤の中心部付近に連星が存在することがわかりました（図12）。周連星円盤から物質が星に落下するとき、その物質の流れは非常に複雑なものとなり

ます。円盤の物質もやがて中心の星に降り積もると考えられますが、連星のどちらの星に物質が降り積もるかはよくわかりません。質量の異なる連星は、進化するにつれより質量比が大きくなり、大質量星と小質量星のペアが誕生するのか、それとも比が小さくなって同じ程度の質量の連星となるのかは、円盤の複雑な構造と運動に関係がありそうです。

また軌道が不安定なため、連星間の距離も時間とともに変化すると考えられています。宇宙において多数派である連星系の誕生メカニズムも、今後明らかになることでしょう。

7 アルマの本気を見た――長基線観測

この章の最初に紹介したおうし座ＨＬ星の原始惑星系円盤の画像を初めて見たときの衝撃は、今でも鮮明に覚えています。世界中の多くの天文学者が、そのあまりの鮮明さに息を飲んだことでしょう。この画像はアルマの長基線観測の成果として、大きく記者発表されました。長基線観測とはどのようなものか、簡単に紹介しましょう。

アルマのような干渉計の望遠鏡では、地上に配置した多くのアンテナからの信号を合わせ、検出された電波の位相のズレから、天体画像を合成します。このときアンテナ間の距離（基線長）が長ければ、画像の解像度が高くなります。そのかわり暗い天体に対する感度は下がってしまいます。アルマでは暗い天体に対してもシャープで高い分解能の画像を得るために、多くの力と技術が導入されています。まずはアンテナの台数が多いこと、高感度な受信機を搭載していること、大気の揺らぎを補正する機構が搭載されていること、などがありますが、これらの性能をフルに生かして、アンテナの間隔が10km以上にもなる長基線での観測が実現されます。

ただし、標高5000mの高地において、10kmもの距離にアンテナを配置し、電源を供給し、光ファイバーケーブルをつないで基準信号を配り、アンテナの位置を正確に測定するなど、この観測に対する準備を整えるだけでも、並大抵の苦労ではありませんでした。また、このように広範囲にアンテナを展開した観測では、分解能が高くなることと引き換えに感度が低下し、画像の質も劣化してしまいます。多くの画素数を持つデジタルカメラでは、一つの画素にあたる光の量が減り、感度が下がるのと同じ理由です。アルマではアタカマ高地の透明な大気と、多くの台数のアンテナによりこの問題を克服しました。それらを乗り越えた結果、空間分解能は最大で0・025秒角のシャープな画像を得ることを達成しました。これはおうし座HL星の距離ではおよそ3・5天文単位に対応します。0・1秒角を切る高分解能イメージは、アルマの建設当時からの目標であり、うたい文句でもありました。今まさにそのような電波観測が実現可能な時代になったのです。

さて、この画像に映し出されている幾重にも重なったリング状の溝構造は、これまでに紹介した非軸対象な構造とは異なり、綺麗に同心円状に分布しています（論文には、実は星を中心にした完全な円ではなく、わずかに楕円形をしていると書かれています）。これらの暗いリングは、原始の惑星が円盤にあけた隙間であると思われます。アルマは念願の惑星形成の現場を直接とらえたことになります。

しかしこれによって、むしろ驚きと疑問が湧いてきました。そもそもこの天体は、年齢はおよそ100万年以下の若い星だと考えられていますが、これまでに考えられてきたモデルでは、惑星の形成には数千万年程度かかると言われていました。原始惑星系円盤の密度は、中心星から遠ざかるにつれ薄くなるので、外側では惑星を作るためにかかる時間はより長いと期待されます。しかし、最大100天文単位にわたって、最低明暗7本の筋が見えているのです。惑星形成がより短時間に進むように、モデルを再検討する必要があります。ただし、7本の溝が見えたからといって、惑星が7個作られていると考えるのは早計です。内側から順に、暗いリングの半径を精密に測定してみると、およそ13、32、42、50天文単位になっています。これらから期待される軌動周期をケプラーの第3法則から求めてみると、1：4：6：8の比になっています。このように公転周期が整数比になるものを共鳴軌道と呼び、これらの軌道にある天体は周期的に重力を及ぼしあい、軌道を不安定にしてしまいます。つまり内側に1つ惑星があれば、その共鳴軌道を回る塵の粒子はその運動が乱され、円盤に溝を作ることが可能です。これが正しければ、溝は惑星に対応するわけではありません。

リング構造以外にも、興味深い事実が発見されています。この観測では、波長2・9㎜、1・3㎜、そして0・87㎜でデータが取得されました。これらの画像から、放射強度の比をとって調べてみると、円盤の内側から外側にかけて、その比が変化しているのが見られました。この強度比は円盤中の塵の大きさや性質によって変化します。円盤の内側では外側に比べ、固体微粒子が成長していることを示唆しています。同様に、中心星からの距離に応じて、塵粒子の温度も下がっているようです。内側では絶対温度210K以上で、外側では20Kまで下がっています。ただし、この見積もりにはいくつかの仮定が入っています。塵粒子の性質（サイズなど）の変化と温度の変化を正しく分離するには、より高い周波数のデータを組み合わせて解析する必要があります。

これら密度構造にみられる溝や、塵粒子のサイズ変化、温度などの分布は、これまでの多くのモデルでは、大雑把に近似して扱ってきましたが、観測によって分布がここまで詳細に示されたことで、より精密なモデル化が求められます。新たな観測結果によって、未知であった事実が明らかになるとともに、結果の解釈やより精密なモデル化など、天文学者に対してもより多くの研究が求められます。このデータを用いて、多くの論文が出版されることでしょう。

8 アルマがもたらす原始惑星系円盤研究の新時代

ここまで見てきたように、原始惑星系円盤に関する画期的な観測結果が続々と報告され、惑星形成の研究分野は明らかに新たな時代に入ったと言えます。ごく最近まで人類は、私たちの太陽系の現在の姿しか知りませんでした。太陽系の起原に関しては、理論的考察が主な研究手法でした。しかし近年の系外惑星の発見ラッシュがあり、私たちの太陽系とは懸け離れた多様な惑星系をもつ星々が多数存在することがわかってきました。

惑星系の母体である原始惑星系円盤についても、アルマによってそれらの多様性を観測的に捉えることが可能になり、観測事実を基にした研究の道が開かれたのです。その第一歩として、円盤を統計的に解析することが不可欠です。そのためには、天体数を増やす必要があります。星自体や惑星系に多様性があるだけでなく、私たちが現在見ることができるのは、それらが長い時間をかけて進化するうちの一瞬を切り取った姿だからです。また、星が誕生する環境が、惑星系にどのような影響を与えるのかも興味深いところです。銀河の中で惑星系が生まれやすい場所や生まれにくい場所はあるのでしょうか？

私が今後のアルマに対し個人的に期待しているのは、磁場の観測です。ほとんどの天文学者は磁場が多くの天体現象に影響を与えていることに気づいていますが、これまでは観測が困難であることから、なかなか理論モデルに制限を与えることができませんでした。星・惑星形成の分野においても、例えば若い星が自転軸の方向にジェットを吹き出す現象は、磁場の効果であると考えられています。磁力線はおそらく、原始惑星系円盤に絡みつき、質量の降着や放出、角運動量の輸送といった現象を司っていると考えられていますが、詳しいことはまだあまり解明されていません。アルマの性能はさらに向上し、もうすぐ磁場の観測も可能になる予定です。

それは偏波観測と呼ばれる手法によるものです。

一般に天体から放射される電磁波は、ランダムに振動方向をもった波の重ね合わせで表現できますが、磁場が存在すると電場と磁場の振動方向にわずかな偏り（偏波）が現れます。この偏りの方向から、磁場の向きを推定します。当然この偏りを正しく測定するためには、非常に高い精度の観測が必要となります。アルマ望遠鏡はこの偏りを観測するために、縦と横の振動を同時に検出できるように垂直に配置された2つの受信機を、各バンドごとに用意して、それぞれのアンテナに搭載しています。しかしこの装置の特性を正しく理解し、取得されたデータから実際の天体からの信号の偏波を求める作業は、非常に高度な処理が必要となります。現在でも精力的に偏波観測のためのテストが行われています。

これまでに紹介した観測結果の多くは、アルマの初期科学観測とよばれる成果から得られたもので、同じ天体をさらに長基線で再観測すれば、おうし座HL星のようなより高精度でシャープな画像も期待できます。より高い周波数での観測では、分解能をさらによくすることも可能です。原始惑星自体や、その周囲では衛星が生まれつつある姿も見られるかもしれません。また観測可能な周波数帯もさらに拡大される予定です。こうなると取得できる分子輝線の種類も増え、より多様な化学的性質が明らかになるでしょう。

長基線観測のさらに上を行く、超長基線（ＶＬＢＩ）観測にアルマをアップグレードする計画も存在します。現在、アンテナ間の基線長は最長16㎞まで広げることができますが、これをさらに数百kmにまで拡張しようというものです。こうなってくると、アルマの建設地であるアタカマ高地では収まらず、国を超えてアンテナを配置する必要があります。アルゼンチンやアメリカ本土、またはハワイ島のマウナケア山頂、さらにグリーンランドなどがその候補地です。これまでにも、このような超長基線の電波干渉計観測は行われてきました。日本でも北海道から石垣島まで、国土を覆う範囲にアンテナを展開したVLBIネットワークがあり、国際的なネットワークも存在します。しかしこれらはすべて周波数の低い電波に限られます。サブミリ波の波長でVLBIが可能になると、まさに想像を絶する超高分解能が実現されることになります。しかし前節で説明したように、分解能と引き換えに感度は下がってしまいます。サブミリ波VLBIで検出可能なほど明るくコンパクトな天体は、全天でも数えるほどしか知られていません。それらはすべて銀河の中心部にあるブラックホールです。強烈な重力場によって空間が歪められることにより、ブラックホールの影がみえると予想されています。この章で扱ってきた原始惑星系円盤の観測にも応用できるかどうかはわかりませんが、楽しみな計画であることは間違いないでしょう。

アルマ自身はまだまだ発展途上な望遠鏡です。まさに今からでも、興味深いデータがどんどんもたらされることでしょう。新たな観測結果でますます私たちを驚かせてくれることと思います。

4章

物質の進化

坂井南美
SAKAI Nami（理化学研究所准主任研究員）

1 はじめに――物質と電波の密な関係

太陽系からはるか遠く離れた場所にある天体では、どのような物質がどのような状態で存在しているのでしょう？　これは、宇宙を研究する上で大事な着眼点のひとつです。宇宙における物質進化の理解は、構造形成の歴史とともに138億年の宇宙史の包括的理解に欠かせないからです。もし、天体の「サンプル」を採って私たちの手元にもってくることができれば、詳しく調べることができるでしょう。しかし、比較的近くにある恒星ですら、光の速さ（秒速30万km）でも何年もかかるほど遠く離れているので、そんなことは不可能です。そこで威力を発揮するのが「スペクトル」測定です。これは、プリズムなどで光を波長ごとに分けて調べる方法です。

物質は、組成や状態に応じて特定の波長の電磁波（光や電波など）を吸収したり放出したりします。たとえば、トンネルの中に使われているオレンジ色のナトリウムランプがその一例です。これは、ナトリウム原子がオレンジ色（波長589・6ナノメートルと589・0ナノメートル（1ナノメートルは1mの十億分の一）の光を出すためです。その光をスリットとプリズムを通してスクリーンに投影すると、右記の2つの光に対応する2本のオレンジ色の「線」が浮かび上がります。そのため、物質が放つ固有の光のことをスペクトル線と呼びます。どんなに遠くの星や銀河からの光であっても、右記の2つの波長の光が検出できれば、そこにナトリウム原子が存在していることがわかるのです。

星と星との間に漂う星間ガスにはさまざまな原子や分子が含まれています。温度が低いため目に見える光（可視光）のスペクトル線は発しませんが、もっと波長が長い遠赤外線や電波でスペクトル線を放射します。気体の分子の場合、分子の回転状態が変化することで放射を起こします。そのため、分子の電波領域のスペクトル線は回転スペクトル線と呼ばれます。大雑把にいって、重い分子になるほど回転スペクトル線の波長は長いのです。例えば、一酸化炭素COは、波長2・60076㎜にその基本となるスペクトル線が現れます。一方、シアノアセチレン（HC_3N）の場合は、対応スペクトル線は3・29511㎝と長い波長をもちます。

どの原子・分子がどの波長を吸収・放射するかは実験室での実験で精密にわかっているので、電波観測によって、星間ガスにどのような種類の分子が含まれているかが詳しくわかります。電波観測では、波長を数百万から数千万分の一まで分解することができます。一方で、可視光や赤外線の観測では、通常、数千から数万分の一程度に分解するのが限界ですから、電波は分子を識別する能力に長けていると言えます。そのため、かなり大きな分子（原子数10個以上）

まで正確に同定できるのです。

スペクトル線を観測すると、そこに何があるのかだけでなく、それらがどんな動きをしているのかもわかります。太陽系に対して相対的に運動していると、分子から放出されるスペクトル線は、ドップラー効果のために本来の波長よりも少しだけずれた波長で観測されます。太陽系から遠ざかっていれば波長が伸びて（赤方偏移して）観測され、近づいていれば波長が縮んで（青方偏移して）観測されます。ガスの運動の様子がわかれば、天体で起きている現象を「動き」も含めて捉えることができ、たとえば、星の誕生する過程を詳しく探ることもできます。加えて、同じ分子の異なる波長のスペクトル線を何本か測定してその強度を解析すると、その分子の存在量や温度、密度もわかるのです。

一方で、電波観測には、ひとつの望遠鏡で解像できる大きさ（空間分解能）がどうしても限られてしまう、すなわち視力が低いという弱点がありました。しかし、序章で解説したように、アルマ望遠鏡の登場によってこの弱点は克服されつつあります。このため、宇宙の〝物質を見る〟には、いまや電波観測の右に出る方法はないと言えるでしょう。

2 星間分子

前章で解説したように、私たちの住む太陽系は約46億年の昔、星間分子雲が重力により収縮することで誕生しました。分子雲のもとになる希薄なガス雲には、水素だけでなくさまざまな元素が含まれており（次ページの図1）、これらをもとにしてさまざまな分子が分子雲の中で作られました。図1からもわかるように、その主成分は水素分子です。分子雲は温度が低い（絶対温度10K）だけでなく、密度も非常に低い極限的環境にあります。1立方センチメートルあたり数百個から数百万個しか原子・分子が存在しません。数だけ見れば多いようにも見えますが、地上の大気では酸素や窒素などの分子が1立方センチメートルあたり3千京個存在しているのに比べると、いかに少ないかがわかるでしょう。分子ができ、より大きな物質へと進化していくためには、まずは原子・分子が衝突しなければなりません。しかし、分子雲では、ある分子が別の分子と衝突する頻度は数日から1年に1度ほどにすぎません（地上では1秒間に数億回）。このことから、分子雲で複雑な分子が作られることがいかに大変であるかが想像できます。

このため、1940年頃、星間空間で初めてCHやCNのような単純な分子が発見された以降も、しばらくは、星間空間での分子形成はあまり注目を集めませんでした。1960年代になって電波技術の急速な進歩に伴い、OH、NH_3、H_2CO、H_2O、HCN、COなどの分子が相次いで発見され、1970年代前半の星間分子の発見ラッシュにつながりました。[*1] これ

＊1　Rank, D. M. *et al.*, 1971, Science 174, 1083

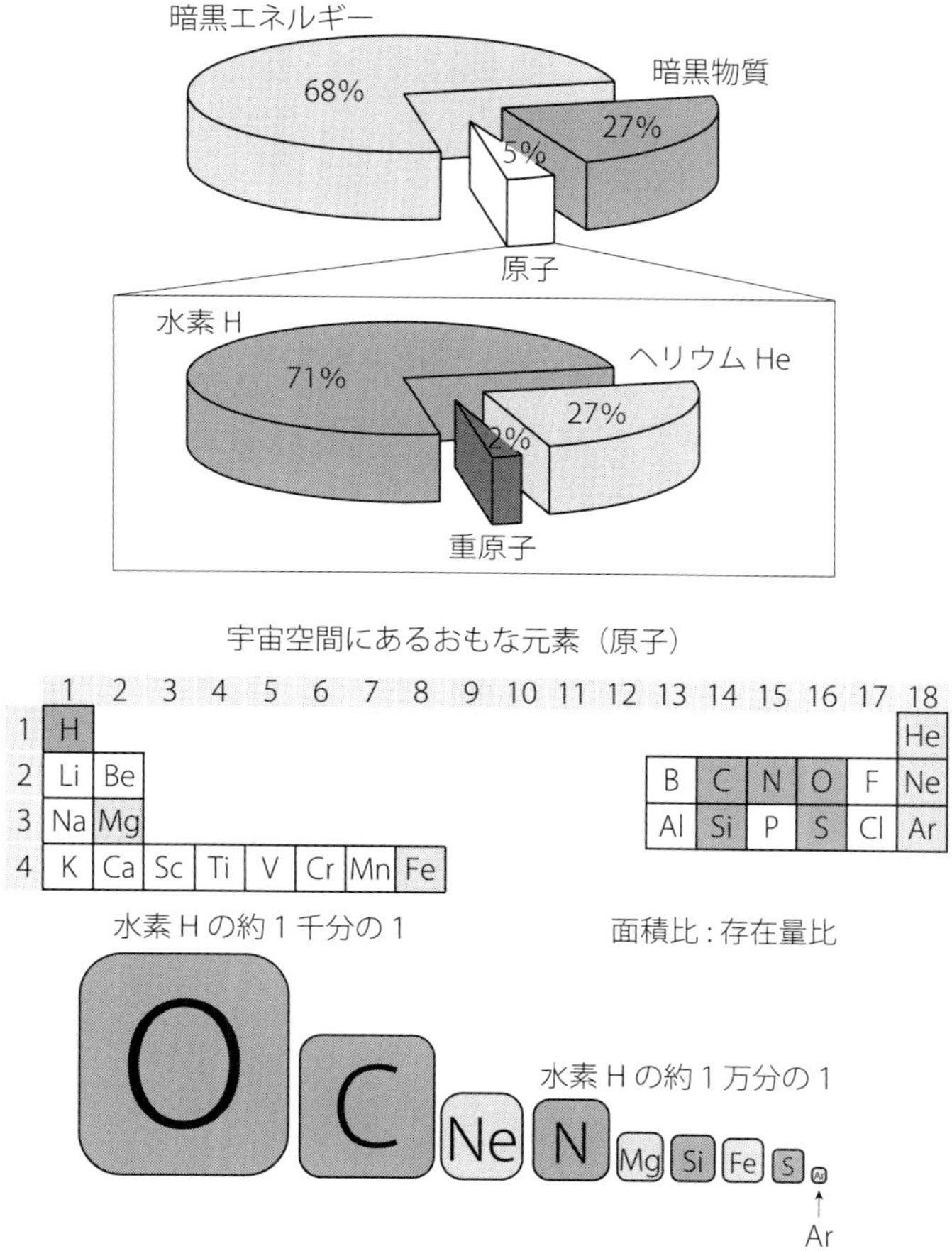

図１　（上）宇宙空間における物質の割合。（下）周期律表上にアミがかかっているものが宇宙空間にあるおもな元素。濃いアミがおもに星間空間にあって化学進化に重要なもので、薄いアミが化学進化に直接寄与しないもの。個々の元素の存在量比が一番下に面積比で記してある（『理科年表』）

表1　星間空間にある分子のリスト（2015年12月時点．晩期型星周辺雲で見つかった分子を含む，The Cologne Database for Molecular Spectroscopy（CDMS）（http://www.astro.uni-koeln.de/cdms/molecules））

2原子分子（41種）

H_2, AlF, AlCl, C_2, CH, CH^+, CN, CO, CO^+, CP, SiC, HCl, KCl, NH, NO, NS, NaCl, OH, PN, SO, SO^+, SiN, SiO, SiS, CS, HF, HD, FeO（?）, O_2, CF^+, SiH（?）, PO, AlO, OH^+, CN^-, SH^+, SH, HCl^+, TiO, ArH^+, NO^+（?）

3原子分子（40種）

C_3, C_2H, C_2O, C_2S, CH_2, HCN, HCO, HCO^+, HCS^+, HOC^+, H_2O, H_2S, HNC, HNO, MgCN, MgNC, N_2H^+, N_2O, NaCN, OCS, SO_2, c-SiC_2, CO_2, NH_2, H_3^+, SiCN, AlNC, SiNC, HCP, CCP, AlOH, H_2O^+, H_2Cl^+, KCN, FeCN, HO_2, TiO_2, C_2N, Si_2C

4原子分子（27種）

c-C_3H, l-C_3H, C_3N, C_3O, C_3S, C_2H_2, NH_3, HCCN, $HCNH^+$, HNCO, HNCS, $HOCO^+$, H_2CO, H_2CN, H_2CS, H_3O^+, c-SiC_3, CH_3, C_3N^-, PH_3, HCNO, HOCN, HSCN, H_2O_2, C_3H^+, HMgNC, HCCO

5原子分子（23種）

C_5, C_4H, C_4Si, *l*-C_3H_2, c-C_3H_2, H_2CCN, CH_4, HC_3N, HC_2NC, HCOOH, H_2CNH, H_2C_2O, H_2NCN, HNC_3, SiH_4, H_2COH^+, C_4H^-, HC（O）CN, HNCNH, CH_3O, NH_4^+, H_2NCO^+（?）, $NCCNH^+$

6原子分子（17種）

C_5H, *l*-H_2C_4, C_2H_4, CH_3CN, CH_3NC, CH_3OH, CH_3SH, HC_3NH^+, HC_2CHO, NH_2CHO, C_5N, *l*-HC_4H, *l*-HC_4N, c-H_2C_3O, H_2CCNH（?）, C_5N^-, HNCHCN

7原子分子（10種）

C_6H, CH_2CHCN, CH_3C_2H, HC_5N, CH_3CHO, CH_3NH_2, c-C_2H_4O, H_2CCHOH, C_6H^-, CH_3NCO

8原子分子（11種）

CH_3C_3N, HC（O）OCH_3, CH_3COOH, C_7H, C_6H_2, CH_2OHCHO, *l*-HC_6H, CH_2CHCHO（?）, CH_2CCHCN, H_2NCH_2CN, CH_3CHNH

9原子分子（10種）

CH_3C_4H, CH_3CH_2CN, $(CH_3)_2O$, CH_3CH_2OH, HC_7N, C_8H, CH_3C（O）NH_2, C_8H^-, C_3H_6, CH_3CH_2SH（?）

10原子分子（4種）

CH_3C_5N, $(CH_3)_2CO$, $(CH_2OH)_2$, CH_3CH_2CHO

11原子分子（4種）

HC_9N, CH_3C_6H, C_2H_5OCHO, CH_3OC（O）CH_3

12原子分子（4種）

c-C_6H_6, n-C_3H_7CN, i-C_3H_7CN, $C_2H_5OCH_3$（?）

＞12原子分子（4種）

$HC_{11}N$, C_{60}, C_{70}, C_{60}^+

までに約180種もの星間分子が、おもに電波望遠鏡による回転スペクトル線の観測によって検出されてきました（前ページの表1）。なかでも有機分子は検出された分子種の3／4を占めています。これは、炭素原子の宇宙存在度が高いこと（H、He、Oに次いで4番目）だけでなく、反応において〝4本の手〟を持つこと（結合の多様性）に由来するのです。

星間空間は周囲にある星々からの光（星間紫外線）で満ちています。このため、星間分子雲の密度が低いうち（1立方センチメートルあたり数百個程度未満）は、分子が生成したとしても星間紫外線ですぐに壊されてしまいます。そのため、大きな分子に成長することはほとんどありません。しかし、密度が上がると星間分子雲の内側に星間紫外線が届かなくなります。ガスとともに含まれている星間塵が外からの紫外線を散乱・吸収するからです。星間塵はおもにケイ酸塩鉱物などからなる0・1マイクロメートル程度の大きさの微粒子で、我々の太陽系がある銀河系では、星間ガスの百分の一（質量比）程度の割合で含まれています。この星間塵のおかげで紫外線から守られた分子は、数十から数百万年の時間をかけて、化学反応で成長しさまざまな分子へと進化していきます。星間分子雲は、新しい星を生む直接の母体として天体物理学の分野で注目されるとともに、その発見は、「星間化学」という天文学と化学との間の境界分野の創生にもつながったのです。

3 星の誕生と分子進化

星間分子雲で水素分子H_2の次に多く含まれる分子は一酸化炭素ＣＯです。酸素Ｏと炭素Ｃは水素Ｈに次いで多い元素であること、化学的に安定で低温では他の分子と反応しにくいことが、ＣＯの存在量が多い理由です。一方で、ＣＯよりは圧倒的に少ないものの、星間分子雲では、他にもさまざまな分子が存在します。なかにはＣＣＳやC_4Hなどの地上では通常存在しないような反応性の高い分子もみられます。低温、低密度の極限的環境では、このような分子でも一度作られるとなかなか壊されないため、ある程度のあいだ存在できるのです。

それでは、星間分子雲ではどのように分子が生成されているのでしょうか？　どこでも分子組成は同じなのでしょうか？　１９８０年代初頭にかけて、星間分子雲で続々と新しい分子が発見される一方で、分子雲ごとの化学組成の違いが指摘されるようになりました。当初、このような天体ごとの化学組成の違いは、天体の物理状態、あるいは特殊性に起因すると考えられました。しかし、さまざまな天体、特に星がまだ誕生していない分子雲（星なしコア）の観測が進んでくると、物理状態に差はなくても化学組成が大きく異なることが示されるようになったのです。

星間分子雲では、一つの分子は数日に一度しか他の原子・分子とぶつかりません。このため、分子雲では化学組成が平衡状態に達するのに十～百万年もの時間がかかります。一方で、分子雲が重力で収縮して星が誕生するために必要な時間も同程度なので、分子雲の化学組成はその分子雲が誕生してからの時間（年齢）によって異なることになります。いま、希薄な星間雲から原始星の誕生に至る化学過程を考えてみましょう。希薄な星間雲では、炭素はおもに炭素イオンC^+または炭素原子Cとして存在します。そこでは星間紫外線によって分子が壊されてしまうからです。密度が上がってくると、CはOHなどの酸素を含む分子と反応してCOへと徐々に変換されていきます。しかし、分子雲ができたばかりの頃は、この変換はまだ不完全で、Cが多く残っています。このため、その時期にCがつながった炭素鎖分子が効率よく作られます。しかし、時間が経ってCがCOに固定されてしまうと、炭素鎖分子は作られなくなり減少していきます。一方で、NH_3やN_2H^+などの窒素を含む分子は、それとは関係なく徐々に生成されるので、比較的進化の進んだ分子雲や、原始星が誕生した分子雲で豊富に存在します。このように分子雲の化学組成は時間とともに系統的に変化していきます。

一方、分子雲にはガスとともに星間塵も存在していて、分子雲の化学組成に大きな影響を及ぼします。温度が低いまま分子雲が収縮して密度が上がると、分子が星間塵へ吸着（凍結）してしまうのです。水素分子は蒸発温度が非常に低いため、温度が10K程度の分子雲では星間塵にほとんど吸着されませんが、COは蒸発温度が20K程度であるために吸着されてしまいます。ガス中からCOが減ることで、COがぶつかることで反応して壊されてしまっていた分子（H_3^+

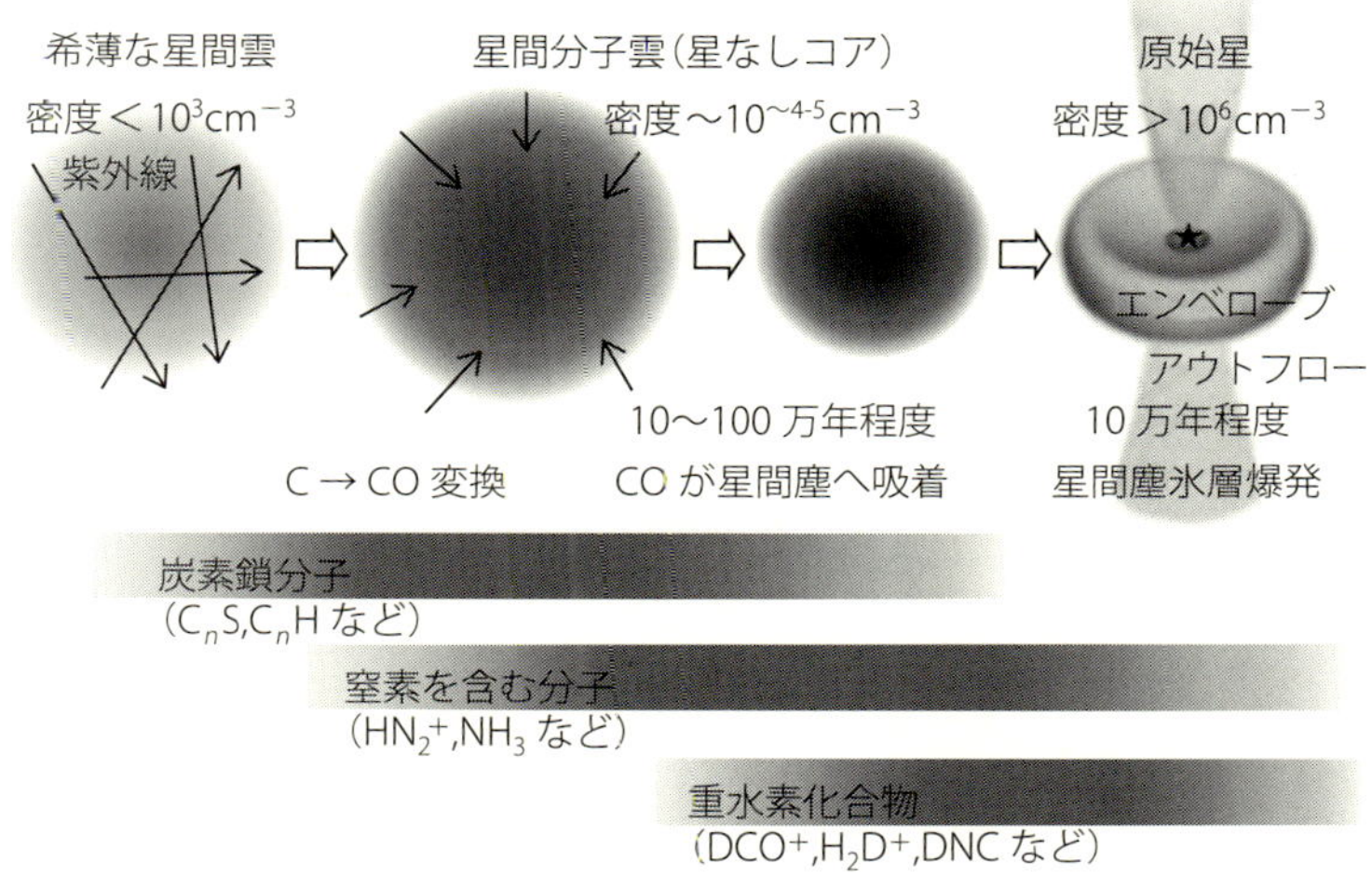

図 2　星形成にともなう化学組成の変化（化学進化）の様子（N. Sakai, S. Yamamoto 2013, Chemical Reviews, 113, 8981）

やその重水素化合物H_2D^+）の寿命が延びます。すると、それらをもとにして作られる分子の量も増えます。たとえばDCNなどの重水素Dを含む分子もその一つであり、その存在量は時間とともに増加します。COは水素分子についで存在量の多い分子ですから、影響が大きいのです。

このように、時間とともに分子雲の化学組成が系統的に変化していくことを「化学進化」と呼びます。2000年代に入るころには、星形成に至るまでの化学進化の法則性が図2のように確立されました。

一方で、その後、すなわち、原始星が誕生した後の化学進化についてはは依然としてよくわかっていませんでした。私たちの住む太陽系ができた46億年前、その物質的環境、すなわち化学組成はどのようなものだったのでしょう？　星が誕生する際、周囲に作られるガス円盤（原始惑星系円盤）が惑星の起源です。分子雲の化学進化が、この原始惑星系円盤の化学組成にどのように繋がっていくのでしょうか。これを明らかにすることは太陽系の起源との関係で非常に重要で、そのような研究が活発に展開されるようになってきたのです。

4　多様な環境

分子のスペクトル線の強さは、おもにその分子の量を反映していると考えてよいでしょう。そのため、COやHCN、HCO^+など存在量が多く普遍的に存在する分子のスペクトル線は非常に強く、観測が容易です。これに対して、化学組成を特徴付ける比較的大きな分子は量が相対的に少ないためにそのスペクトル線の検出が難しい。これが、星が誕生した後の化学進化の研究を阻んでいた理由でした。

しかし、2000年代に入り、望遠鏡に搭載された受信機の性能がぐんぐん向上していきました。2003年、フランスのグループは、へびつかい座にある太陽型の原始星IRAS16293-2422に対して$HCOOCH_3$やCH_3OCH_3などの大型の飽和有機分子（炭素に水素がたくさん結合している分子）のスペクトル線の該当波長をIRAMの30m電波望遠鏡を用

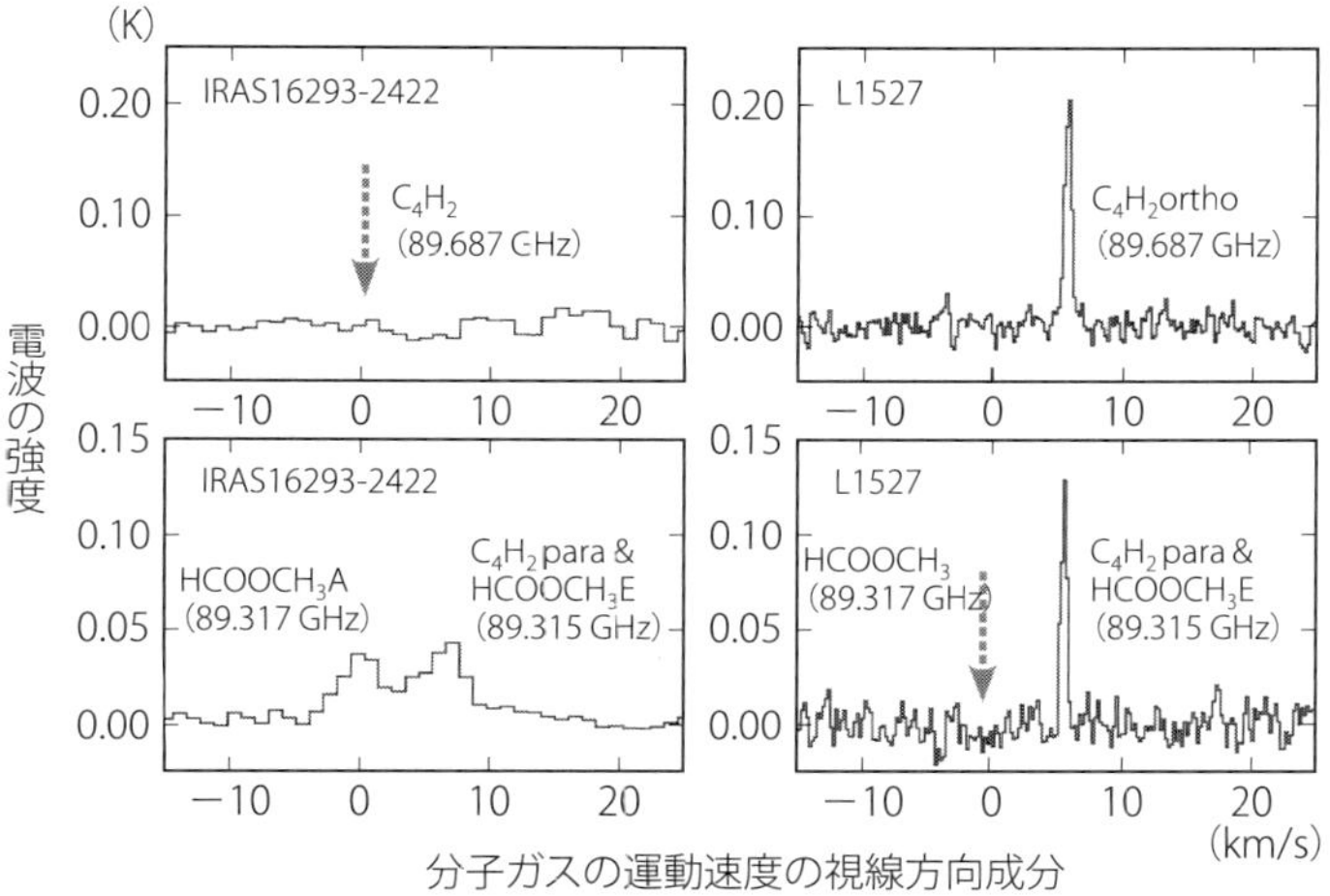

図3　へびつかい座の原始星 IRAS16293-2422でのスペクトル線（左）とおうし座の原始星 L1527でのスペクトル線（右）の様子。IRAS16293-2422では炭素鎖分子 C_4H_2のスペクトル線が検出されないが、L1527では非常に強く検出されている。一方で、$HCOOCH_3$分子のスペクトル線はIRAS16293-2422のほうでしか検出されていない

いて長時間積分[*2]し、その検出に成功しました。その後の観測によって、これらの大型有機分子が原始星まわりの半径500au（天文単位：1auが約1・5億kmに相当）以内の範囲に集中して存在していることが明らかになりました。この結果は、かなり大型の有機分子が太陽型原始星の初期段階ですでに生成していたことを意味します。このような分子は、星間塵に吸着したCOなどを原料として塵表面反応[*3]で生成され、原始星誕生に伴う温度上昇に伴って星間塵表面から蒸発してきたものと見ることができます。このような化学現象をホット・コリノ化学と呼んでいます。「小さな熱いガスのかたまり」

という意味です。また、このような化学現象が、ＩＲＡＳ１６２９３－２４２２だけでなく、ペルセウス座の原始星ＮＧＣ１３３３ＩＲＡＳ４Ｂの原始星のまわりなどでも起こっていることも明らかになりました。ここに及んで、大型有機分子が、原始星誕生直後に〝一般的に〟存在することが広く信じられるようになったのです。

しかし、２００７年、大型有機分子探査を他のさまざまな領域へ展開する過程で、意外な発見がありました。野辺山45ｍ電波望遠鏡を用いて、おうし座の原始星Ｌ１５２７の高感度探査を行ったところ、$HCOOCH_3$などの大型有機分子のスペクトル線はまったく検出されない一方で、炭素鎖分子C_4H_2の高励起輝線[*4]が強く検出されたのです。このような炭素鎖分子は比較的若い進化段階の分子雲で豊富に存在し、星形成領域では少なくなると考えられてきたため、この検出は大きな驚きでした。直ちに国内外の大型電波望遠鏡による追観測を行った結果、Ｌ１５２７では、C_4H_2以外にもCCH、C_4H、C_6H、HC_5N、HC_7N、HC_9Nなどの多種多様な炭素鎖分子が、原始星に落下しつつある高密度で暖かいガスに豊富に存在していることが明らかになりました。

この発見の最も重要な点は、これまでに大型飽和有機分子が検出されているＩＲＡＳ１６２９３－２４２２などのホットコリノ天体と比べて、化学組成が明らかに異なっていたことにあります。これまで述べたように星形成後の化学進化は統一的に理解され、天体による違いはないと信じられてきましたが、それは単純すぎることがわかったのです。さまざまな天体を調べたところ、L1527以外にもこのような炭素鎖分子が原始星近くの暖かい場所に豊富に存在する天体が見出されました。進化段階がIRAS16293-2422などのホットコリノ天体とほぼ同じであるにもかかわらず、これほどまでに化学組成が異なることは大変な驚きでした。

星形成領域で一般に炭素鎖分子が少ない理由は、ほとんどの炭素がCOに固定されてしまって新たに生成されない上に、初期に生成されたものは星形成に至る時間スケール（100万年程度）の間に化学反応によって壊されたり星間塵に吸着されたりしてしまうからです。これをもとに考えると、L1527などで炭素鎖分子が多い理由は、分子雲が作られてから原始星が誕生するまでの時間がホットコリノ天体よりも短く、炭素鎖分子がある程度生き延びているためと考えることができます。しかしそれだけでこの現象を説明することはできません。なぜな

＊2　（171ページ）カメラで〝露出時間〟を長くすることに相当。
＊3　（171ページ）星間分子雲では、例えば、分子に水素原子が付加されるだけの反応は気相中では起こりません。反応で生じた余剰エネルギーをどこにも捨てることができないからです。しかし、塵の表面に凍りついた分子には水素原子が容易に付加されます。これは、反応で生じた余剰エネルギーを塵が吸収してくれるためです。
＊4　まわりの水素分子との衝突でエネルギーを受け取った分子が励起し（量子力学的に高いレベルの回転状態に上がった状態になり）、そこから低いレベルの状態に遷移（変化）することで放出されるスペクトル線で、高温や高密度の状況でないと放出されないため高励起輝線と呼びます。

ら、Ｌ１５２７では、長い炭素鎖分子の存在量が著しく少なく、若い分子雲の代表であるおうし座のＴＭＣ-１における炭素鎖分子の存在量の特徴とは系統的に異なっていたからです。さらに、原始星周辺の温度が25Ｋ程度の暖かい場所で炭素鎖分子の存在量が急激に増えていることもわかりました。

このことから、原始星周辺で炭素鎖分子が再生成している可能性が考え出されました。星間塵には、ＣＯだけでなく炭素原子Ｃも吸着されます。分子雲ができてすぐに星形成が始まると、炭素がまだＣＯに固定される前に星間塵への吸着も始まります。その結果、星間塵の表面にはたくさんの炭素原子が吸着されます。この炭素原子は星間塵の表面で水素原子と反応してCH_4へと変化します。CH_4の星間塵からの蒸発温度は25Ｋなので、原始星が誕生する前の低温の分子雲（10Ｋ）では気相に出てきませんが、原始星の誕生に伴って温度が上昇すると一挙に蒸発します。これにより一時的に気相に炭素が豊富な状態が作られ、炭素鎖分子が効率良く再生成されるというものです。星が誕生する前の若い分子雲で炭素原子を主役として炭素鎖分子が作られるメカニズムとは異なり、原始星近傍で起こる新しいタイプの炭素鎖分子の化学でした。この現象はWarm Carbon-Chain Chemistry（暖かい炭素鎖の化学：ＷＣＣＣ）と名付けられました。

一方、分子雲ができてから長い時間を経て原始星が形成される場合には状況は大きく変わります。この場合、炭素原子は気相反応でＣＯに変化してから星間塵に吸着され、水素原子など

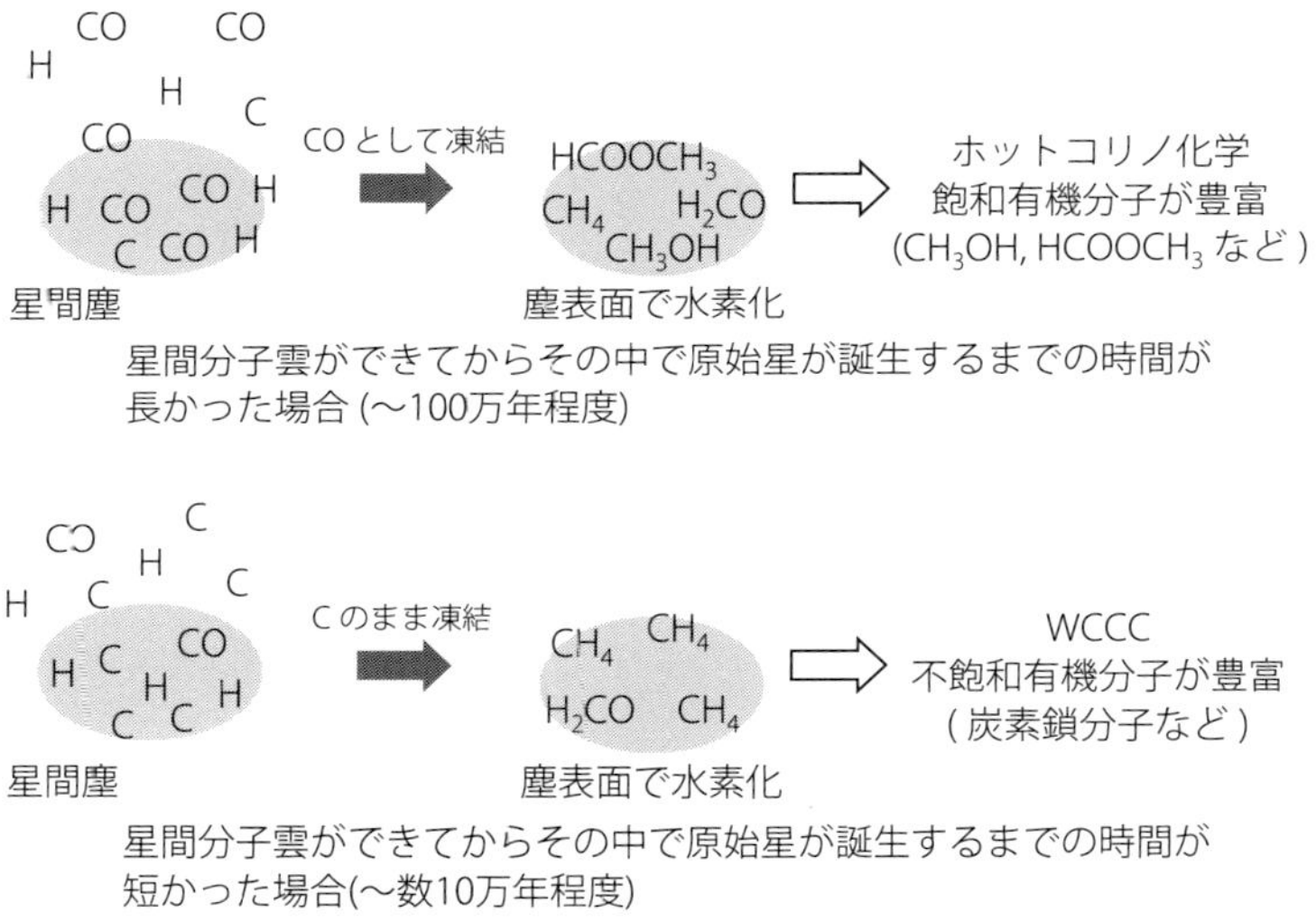

図4　化学的多様性の起源（N. Sakai, T. Sakai, T. Hirota, M. Burton, S. Yamamoto 2009, ApJ, 697, 769）

と反応してCH_3OHや複雑な有機分子となります。原始星の誕生で温度が上昇すると、これらが蒸発し、飽和有機分子が豊富な状態（ホットコリノ）が作られます。このように、分子雲形成から星形成に至る経過時間の長短によって生じた星間塵上の化学組成の違いが、原始星近傍の化学組成の違いを生んでいることがわかったのです（図4）。

　では、このようにして作られた異なる化学組成の天体は、その後どうなるのでしょうか。太陽型の原始星であれば、将来、原始惑星系円盤が作られ、そこには惑星が誕生するでしょう。その原始惑星の環境はどうなるのでしょう。ホットコリノ天体とＷＣＣＣ天体では、異なる化学組成を持つ惑星が誕生するのではないでしょうか。このことを調べるには、原始星周辺の構造を高い解像度で観測しなければいけません。いよいよアルマ望遠鏡の出番です。

5 原始惑星系円盤へ

ホットコリノ天体の将来

アルマ望遠鏡が部分的な運用を始めてすぐに、ホットコリノ天体であるへびつかい座の原始星天体IRAS16293-2422に対し、科学的試験観測が行われました。アルマ望遠鏡は最終的には66台のアンテナで観測しますが、そのうち16台ができた段階で得られたこの部分運用データですら、驚きの連続でした。まず、$HCOOCH_3$やCH_3OCH_3などの大型飽和有機分子の分布が100auスケールで描き出されました。それに加えて、これらの大型有機分子を含むガスが原始星の周囲でどのような動きをしているのかも明らかになりました（図5（上））。

IRAS16293-2422は連星系であり、それぞれA、Bと名付けられています。南東にあるAでは、$HCOOCH_3$のスペクトル線が北東で青方偏移し、南西で赤方偏移していました。これは、$HCOOCH_3$を含むガスが原始星のまわりを「北西-南東」軸まわりに回転していることを意味します。この分解能では、円盤になっているかどうかはわかりませんが、

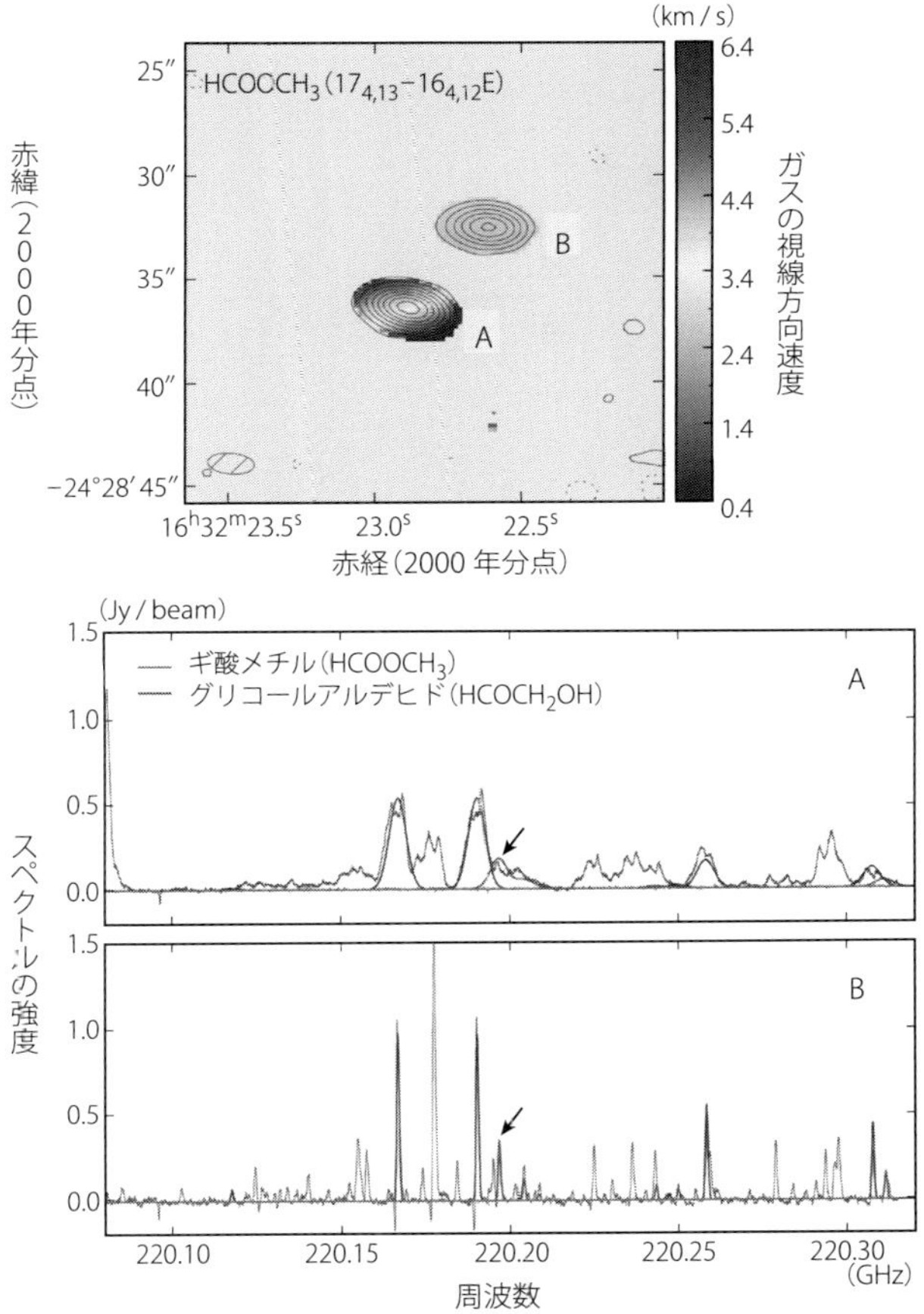

図5　（上）へびつかい座の原始星（連星系）IRAS16293-2422におけるギ酸メチル（$HCOOCH_3$）の分布。Aの右側は赤方偏移、左側は青方偏移を表している。（下）同天体で観測されたスペクトル線。グリコールアルデヒド（$HCOCH_2OH$）の周波数に該当する場所をモデルフィットした結果（矢印）が示されている（（上）J.E. Pineda *et al.* 2012, A&A, 544, L7;（下）J.K. Jorgensen,C. Favre, S.E. Bisshop, T.L. Bourke, E.F. van Dishoeck, M. Schmalzl, 2012, ApJ, 757, L4©ESO）（口絵31）

将来の原始惑星系円盤のもとになるガスである可能性が高いことがわかったのです。また、Bの方角では、そのスペクトル線の形状から、ガスが原始星に向かって落下していることが明らかになりました。まだ成長途中の原始星であるので当然といえば当然ですが、やはりこちらも、100auスケールでHCOOCH_3を含むガスが原始星に付随していることが研究者の注目を集めました。

一方で、さらに大型の有機分子も検出されました（図5（下））。グリコールアルデヒド（HCOCH_2OH）という有機分子で、最も簡単な「糖類」の発見として報じられたのです。この分子は二炭糖なので厳密には「糖類」ではありませんが、このように複雑な構造の有機化合物が、惑星が誕生するよりもはるか前、星が誕生するときにすでに原始星周辺に存在していたことそのものが大変な驚きでした。

ホットコリノ天体の代表格であるIRAS16293-2422で、右記のような有機分子に富んだ環境が原始星のごく近傍の数100auの距離に実現されていたことは、ホットコリノ化学の発見時点で予測されたとはいえ、やはり大変な衝撃でした。今後、アルマ望遠鏡が本格運用すれば、さらに内側に存在するだろう円盤構造を探し、そこまでどのような分子が生き残っているかどうかが明らかになるでしょう。また、IRAS16293-2422よりも進化の進んだ、既に十分な大きさの円盤が作られた天体でこのような大型有機分子が検出されれば、それらが将来惑星系へもたらされる可能性が益々高くなります。太陽系における有機物の起源の議論にも、新たな一石を投じることになるでしょう。

炭素鎖化学天体の将来

それでは、化学的多様性のもう一方であるWCCC天体で、炭素鎖分子の行く末はどうなっているのでしょうか。また、本当にホットコリノ天体で検出されたような大型の飽和有機分子はWCCC天体には存在しないのでしょうか。アルマ望遠鏡の初年度の部分運用観測（Cyclе0）で、WCCC天体の代表格——おうし座の原始星天体L1527——を観測したことでその将来が見えてきました。

L1527は、数1000auの大きさを持つ分子雲で、中心に誕生したばかりの若い原始星があります。赤外線で観測すると、原始星からの散乱光が東西方向に光っており、南北方向は黒く抜けて見えます（図6（左上））。南北に伸びたエンベロープガス[*5]があるためにこのように背景の光が遮られて黒く観測されるのです。このエンベロープガスを2008年にヨーロッパの電波干渉計PdBIで観測したのが図6（右上）になります。PdBIは、フランスのアルプス山脈の標高2550mに設置された口径15mのアンテナ6台からなる干渉計で、北半球

＊5 原始星近傍のガスはゆっくりと原始星方向に落下していき、将来的には、原始星に降着もしくは周囲を取り巻く惑星系円盤などの一部となります。そのような原始星に付随するガスのことをエンベロープガスと呼んでいます。

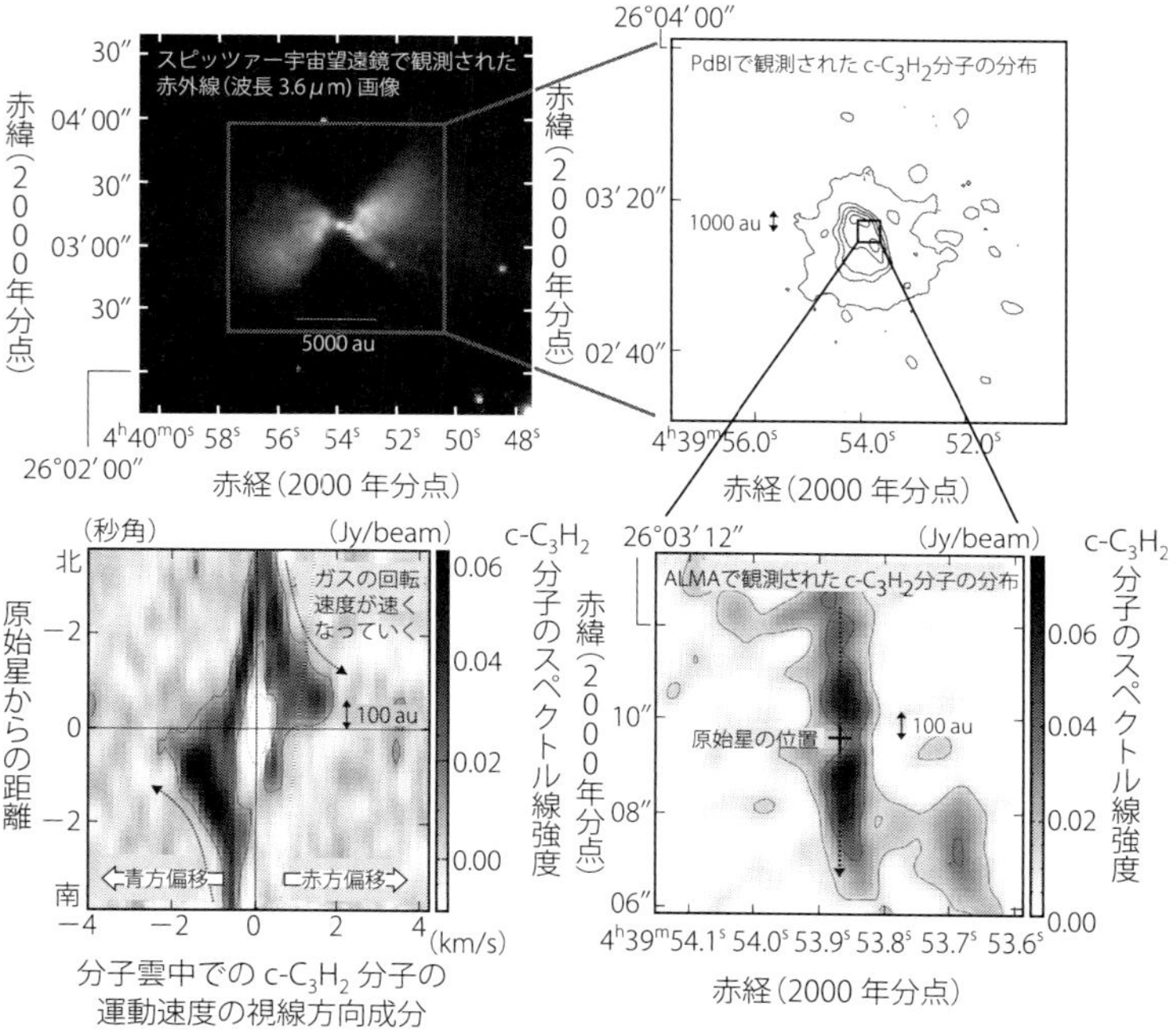

図6　(左上)スピッツァー宇宙望遠鏡で観測されたL1527原始星の赤外線(波長3.6μm)画像(J. Tobin *et al.* 2010, ApJL, 722, L12)。(右上)欧州の電波干渉計PdBI(現NOEMA)で観測されたL1527原始星まわりの$c\text{-}C_3H_2$分子の分布。(右下)アルマ望遠鏡で観測された$c\text{-}C_3H_2$分子の分布。原始星の南北にそれぞれピークがあり、原始星方向には分布していないのがわかる。(左下)右下パネルの点線矢印にそって、スペクトル線を速度分解した図。北(図の上)側から原始星に近づくとスペクトル線が赤方偏移し、南(図の下)側から近づくと青方偏移している。また、原始星から100 auの距離の場所まで近づくと、急にスペクトル線が弱くなり、それ以降見えなくなっている(運動速度が±1.8 km/s以上の成分がない)

では最高感度を誇っています。この観測で、$c-C_3H_2$という炭素鎖関連分子の分布を描き出すことに成功しました。原始星に間違いなく付随しており、また、原始星によって温められて温度が20～30K程度になった領域でこの分子の存在量が一桁以上高くなっていることが明らかになりました。これは4節で解説したCH_4が星間塵から蒸発していると考えられる領域と一致し、炭素鎖分子の再生成（WCCCのメカニズム）が改めて確認されたのです。しかし一方で、分解能は500au程度にとどまり、また、感度も十分でなかったために、原始星円盤が作られるであろう100auスケールの領域まで炭素鎖分子が生き残っているかどうかは不明でした。

アルマ望遠鏡による観測結果は予想を遥かに超えたものでした。$c-C_3H_2$を含め、CCHなどの炭素鎖分子のスペクトル輝線は、原始星を中心として南北にわかれた二つのピークからなっていました（図6（右下））。原始星の位置を通る南北の線に沿ってスペクトル線の波長を調べると、北側では赤方偏移、南側では青方偏移しており、回転しながら原始星へと落ち込むガスの中に炭素鎖分子が豊富に含まれている様子が明らかになりました（図6（左下））。驚いたのは、炭素鎖分子のスペクトル線の強度が、原始星から半径100auの位置で急激に弱くなっていたことです。これは、中心星から半径100auの位置よりも内側のガス中に、炭素鎖分子やその関連分子が存在していないことを意味します。

この分布の意味を探るため、原始星へと落ち込むガスの動きが粒子の動きであるという仮定

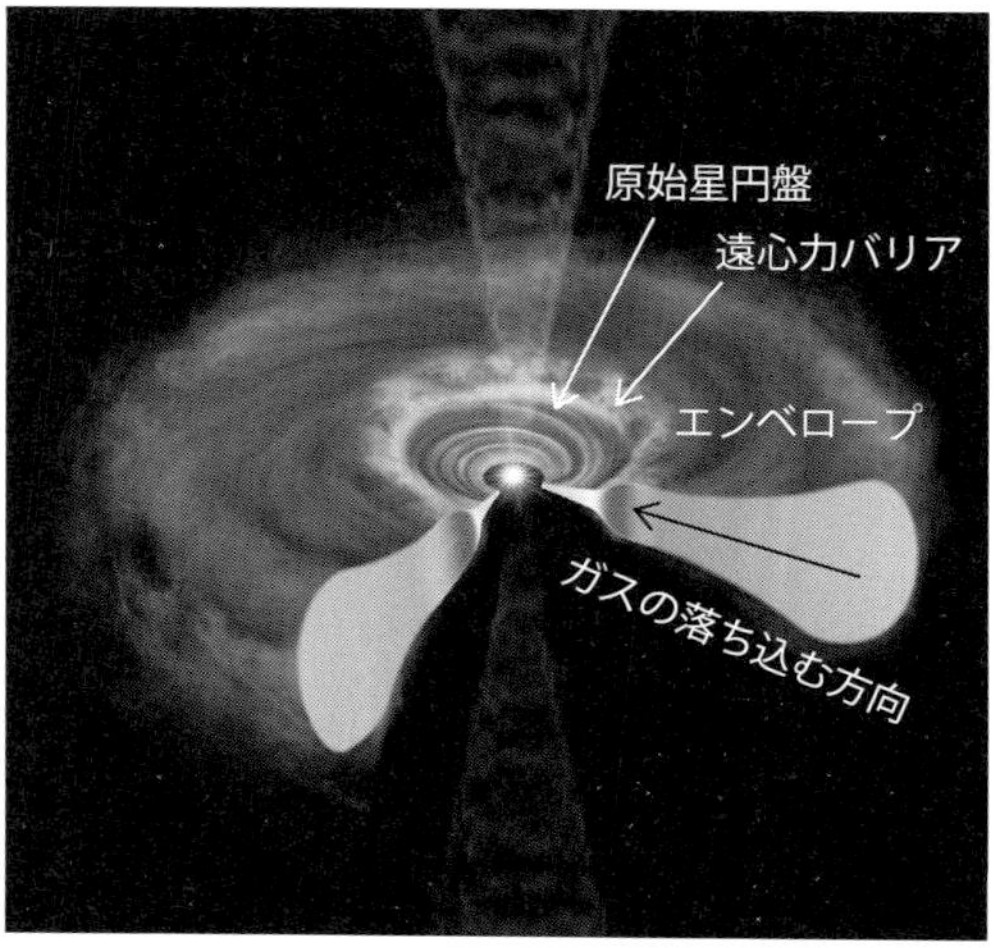

図７　遠心力バリアのイメージ図。L1527では、回転しながら原始星へと落ち込むエンベロープガスにはCCH分子やCS分子などが豊富に含まれている一方で、遠心力バリア付近でSO分子が増量して観測された

のもとに簡単なモデルを作って観測結果に照らし合わせてみました。その結果、この天体では、１００ａｕという半径が、落ち込んでくるガスが遠心力のために滞留する半径（遠心力バリア）であり、その内側で惑星系円盤が形成されつつあることがわかったのです。すなわち、惑星系円盤形成の「最前線」を捉えたといえます。

　一方、別のタイプの分子であるＳＯ（一酸化硫黄）分子のスペクトル線の様子を調べたところ、この分子はその「最前線」の半径（１００ａｕ）付近でリング状に局在していることがわかりました。ＳＯの温度が落ち込んでくるガスの温度に比べて高いことから、落ち込むガスが「最前線」に突っ込むとき、弱いながらも衝撃波が生じていると考えられます。その結果、ガス中に含まれる塵（星間塵）の表層に凍りついていたＳＯが気相中に放出され、リングのように観測されたと見られるのです（イメージ図：図７）。惑星系円盤内では密度が非常に高いので、「最前線」を通過した後はほとんどの分子が星間塵に凍りついてしまいます。これが、炭素鎖分子が遠心力バリアの内側のガス中に存在しない原因と考えられるのです。

惑星系円盤が作られるときに明瞭な境界が存在すること、また、その境界で大きな化学変化がおこることは、予想すらされていませんでした。これまでの多くの研究は、おもに構造や運動という物理的立場から、惑星系円盤の形成を調べようとしてきました。しかし、その視点だけからでは惑星系円盤とエンベロープとの区別が難しく、形成現場を浮かび上がらせることはできないでいたのです。一方、惑星系円盤の形成に伴う物質進化についても、望遠鏡の感度と分解能が圧倒的に不足していたこともあり、観測研究はほとんど進んでいませんでした。そのため、理論モデルによるアプローチが唯一の方法でしたが、今回、アルマ望遠鏡で明らかになった遠心力バリアなどはまったく考慮されていませんでした。まさにアルマ望遠鏡は原始星まわりの物質進化に初めて光を当てたのです。

遠心力バリア

ＷＣＣＣ天体Ｌ１５２７に対するアルマの観測は、遠心力バリアの存在とそこでの劇的な化学変化という思わぬ展開をもたらしました。さて、そこで問題となるのが、遠心力バリアにおける化学的変化が、どれほど普遍的に他の原始星天体でも見られるかという点です。最初に調べられたのは、同じくＷＣＣＣを示す原始星天体、おおかみ座のＩＲＡＳ１５３９８-３３５

9です（図8）。この天体では、同じくアルマ望遠鏡の部分運用観測（Cycle0）で、炭素鎖分子CCHの分布とフォルムアルデヒド（H_2CO）の分布が観測されました。H_2COはどこにでもある比較的に普遍的な分子です。

エンベロープの方向に沿ってこれら2つの分子のスペクトル線の強度分布を調べたところ、やはり、H_2COのスペクトル線が中心星方向で最も強く検出されるのに対して、CCHは中心方向で穴のようになっていました。モデル計算の結果、この天体は中心星の質量が非常に小さく、また、ガスはほとんど回転していないために、遠心力バリアの半径はL1527に比べて小さいことがわかりました。このため、Cycle0観測の段階ではまだ分解能が不十分で、L1527で見られたような明らかな円盤形成の「最前線」は同定できませんでした。しかし一方で、遠心力バリアでL1527と同様の化学変化が起こっている兆候は確認できました。

他にも、L1527と同様におうし座にある原始星天体TMC-1Aに対してアルマ（Cycle2）の観測が行われました。この天体はL1527よりも進化の進んだ天体で化学的にはL1527と良く似たWCCC天体ですが、100auスケールの原始星円盤がすでにできていることが知られています。この天体に対する炭素鎖分子やSOの観測結果はL1527の結果と非常に良く似ていました。炭素鎖分子は遠心力バリアの外側のみで検出され、SO分子は中心星まわりにリング状に分布していることがわかりました。やはり、落ち込むガスが遠心力バリアに突入するとき、弱い衝撃波が生じてそのようになったと考えられます。

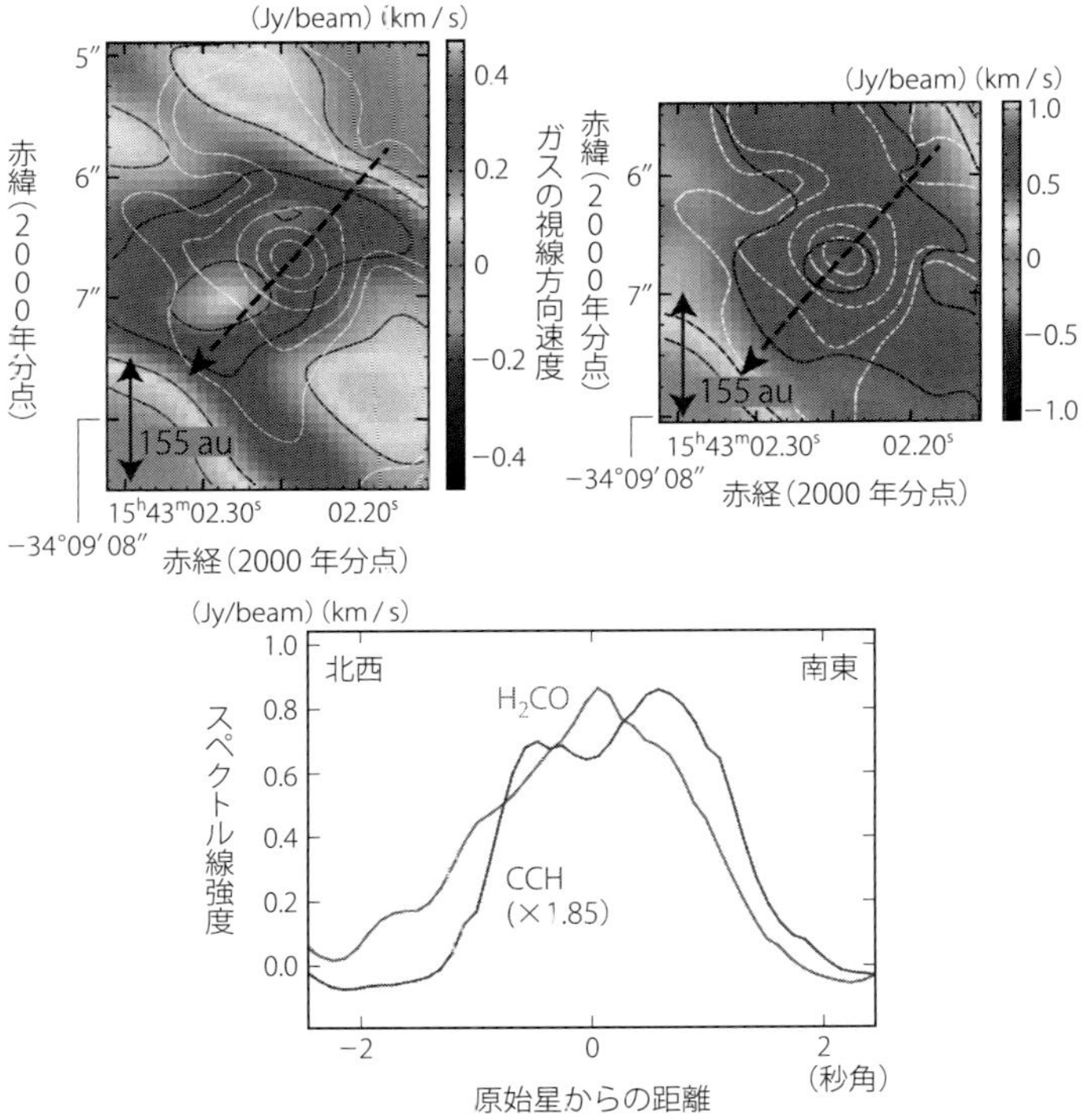

図 8　（上）おおかみ座の原始星 IRAS15398−3359周りの CCH 分子（左）と H_2CO 分子（右）の分布。（下）破線矢印に沿った CCH 分子と H_2CO 分子のスペクトル線の強度変化の様子。原始星方向で CCH 分子の強度が弱くなり、一方で H_2CO 分子の強度が強くなっていることが分かる（Oya *et al*. 2014, ApJ, 795, 152）

このように、少なくともＷＣＣＣ天体やＬ１５２７と同領域にある原始星天体では、どうやら遠心力バリアが存在し、似たような化学変化が起こっていそうであることが見えてきました。一方で、ホットコリノ天体ではどのようになっているのでしょうか。そもそも、遠心力バリアが作られる原因は、最も基本的な物理法則の一つである「角運動量の保存」です。ガスは原始星に向かって回転しながら落ち込んでいきます。しかし、原始星に近づくにつれて、回転の速度はどんどん速くなります。フィギュアスケートの選手が、手を広げて回転しているときはゆっくり回転し、手を回転軸である体の近くに寄せると急激に回転速度が速くなる現象を想像すると分かりやすいでしょう。すべての落下エネルギーが回転のエネルギーに変換されたとき、粒子はそれ以上原始星の方向へと落下できなくなります。この場所が遠心力バリアなのです。遠心力バリアに到達した粒子はその後、本来であれば遠心力によって原始星から離れる方向へと放り出されます。しかし、落下しているのは現実にはガスや塵であり、新たに別の方向から原始星へと落ち込んでくるガスとぶつかってしまいます。このため、遠心力バリアの位置から離れることなくその場でぐるぐると回転し続けることになります。

このように、遠心力バリア付近でのガスの停滞は、そのガスの化学組成に依存したものではなく、基本的な物理法則によって引き起こされる現象なのです。このことを踏まえると、まったく異なる化学組成を持つホットコリノ天体であったとしても、遠心力バリアそのものはどこかに作られるはずです。そう考えると、遠心力バリアの位置で何らかの化学変化が起こっている可能性は十分高いと推察されます。$HCOOCH_3$やCH_3OCH_3などの大型飽和有機分子、さらに複雑なグリコールアルデヒド（$HCOCH_2OH$）など、WCCC天体では見られなかった種類の分子が遠心力バリア付近でどのように振る舞うのかに興味が持たれます。これについては、今後のアルマ望遠鏡による本格観測が明らかにすることでしょう。

一方、遠心力バリアの内側には、ゆっくりと原始星方向へ落下をしながらも安定して回転する円盤が作られます。実際、L1527でも、そのような円盤の存在が一酸化炭素分子COなどの観測から示唆されています。しかし、遠心力バリアに到達したガスや塵は、何もなければそこで落下が止まるはずです。それではどのようにしてバリアを通り抜けて内側に円盤を作るのでしょうか。そのメカニズムについてはまだわからないことが多いものの、角運動量の抜き取りに磁場が関与している可能性などが考えられます。原始星は、アウトフローとよばれるジェットを円盤と垂直な方向に吹き出しながら成長します。前述のように、原始星に回転しながら落ち込もうとするガスはその回転のために遠心力バリアよりも内側には入り込めませんが、アウトフローが回転の成分（角運動量）を持ち出してくれるおかげで、原始星は誕生後も少しずつ質量を増やして成長することができるのです。このような問題を調べていくには、少なくとも数10au（L1527では分解能0・2秒角程度に相当）の分解能が必要です。今後のアルマの観測でそのヒントが得られるでしょう。

アルマの本気——原始惑星系円盤の化学

原始惑星系円盤にはどのような物質がもたらされるのでしょう。それを知るには、前節のように、まだ円盤ができていない、もしくはできたばかりの若い天体の化学組成を調べることも重要です。しかし一方で、既に原始惑星系円盤ができ上がっている天体の化学組成を丁寧に調べることも同時に重要なのです。人間の寿命は、星の寿命に比べると遥かに短いものです。太陽型の星の場合、星や惑星の誕生にかかる時間は数百万年から数千万年で、百億年もの中心星の寿命からすると一瞬の出来事ですが、高々百年の寿命しかない我々人類がその誕生を見届けることは不可能です。このため、惑星系へどのような物質がもたらされるかを知るためには、さまざまな進化段階にある天体をつぶさに調べあげ、点と点を繋ぐようにしてその進化のストーリーを作り上げなければならないのです。

　しかし、原始惑星系円盤の化学組成についてはまだ観測は限られていると言ってよい状況です。アルマ望遠鏡以前にももちろんそのような試みは行われてきました。その結果、一酸化炭素分子ＣＯやその同位体^{13}CO、^{18}CO、関連分子イオンのHCO^+など、比較的簡単で存在量が多い分子については円盤内の分布を描き出すことができました。一方で、存在量が相対的に少ない分子のスペクトル線については、観測は非常に難しかったのです。

　しかし、アルマ望遠鏡が部分運用を開始し、状況は変わりつつあります。存在量が少ない分子輝線を１００ａｕよりも高い空間分解能で観測することはまだ難しいものの、そんな中でフォルムアルデヒド（H_2CO）分子の観測が試みられました。対象はへびつかい座にある原始星ＩＲＳ48まわりの原始惑星系円盤です。この天体は、太陽より大きな質量の中質量星と呼ばれる天体です。０・２〜０・３秒角の分解能（30ａｕ程度）で、H_2COの分布が明らかにさ

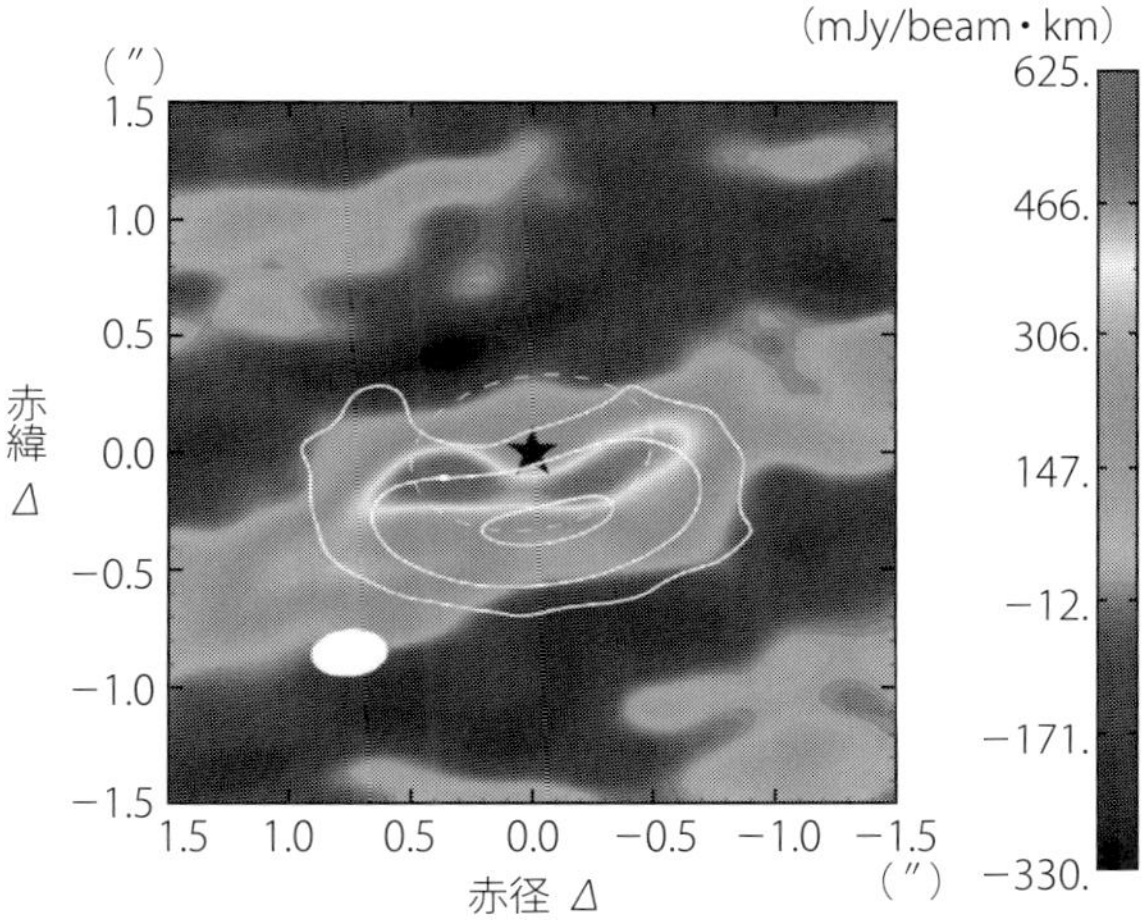

図9　原始星 IRS48まわりの H_2CO 分子の分布と mm サイズの星間塵の分布（等高線）。3章の図5と同じ天体（van der Marel *et al.* 2014, A&A, 563, 113©ESO）（口絵32）

れました。このような分子の円盤での分布が、30auという分解能で明らかにできたのは、まさに、アルマ望遠鏡の威力でしょう。太陽系でいうと、太陽と海王星の距離が概ね30auであることを考えると、まさに惑星系が作られる場所の化学組成が明らかになりつつあるといえます。

２０１４年の年末、ようやくアルマ望遠鏡が「本気」を出し始めました。前章でも紹介しましたが、０・０３５秒角の分解能を達成したのです。これは、おうし座にある天体では5auの距離を分解できる能力です。分子輝線観測でこの分解能を達成するのは感度の点から現状でもまだ難しいですが、星間塵から温度に応じて放出する電波（連続波）を観測することで3章図1（おうし座HL星）のような映像が描き出されました。おうし座HL星は、L1527などの原始星より進化の進んだ天体ですが、原始星が誕生してからまだ百万年も経っていない若い天体です。このように若い天体で、すでに幾重にもリング状の模様、すなわち、原始惑星の誕生を示唆する模様が観測されたことは大変な驚きでした。本気のアルマ望遠鏡が、このような「惑星系誕生の瞬間」を、さまざまな分子輝線で観測したらどのような光景が待っているのでしょう。想像もできなかったような発見が、本気のアルマでどれだけなされるだろうかと〝想像〟するとわくわくしてきます。

太陽系の起源——同位体

太陽系の過去を知るために寿命の短い我々人類ができること、それは、他の天体の進化の過程を調べ、現在太陽系に残された過去の痕跡と比較することです。誕生から既に46億年も経ってしまった太陽系と、今まさに誕生しつつある原始星天体を関連付けるのがそう簡単ではないことは容易に想像できます。ではどうすればよいのでしょう。一つの鍵は、同位体にあるのではと考える研究者がいます。たとえば、水分子H_2Oやメタノール分子CH_3OHに含まれる重水素の割合です。本来、宇宙空間には水素原子Hの10万分の1の割合で重水素Dが含まれています。しかしながら分子におけるその比率は必ずしも10万分の1にはなっていません。濃縮されていて、例えばNGC1333-IRAS4Aでは10分の1もの比率になっているのです。

このような高い濃縮は低温でしかおこらないので、太陽系物質の中で高い重水素濃縮度を示すものが見つかれば、星形成時代の名残と言えるでしょう。

同様にして、例えば炭素の同位体を使ってみたらどうでしょう。星間分子雲では、分子の中での^{13}Cの存在比率は分子ごとに違うのです。なかでも炭素鎖分子については、一般に^{13}C同位体の存在量が著しく低くなることが知られています。重水素の場合と同じように、隕石などで低い^{13}C同位体比を示す炭素系物質が見つかれば、それは星間分子雲時代の痕跡であるかもしれません。同位体は星間物質と太陽系物質を繋ぐ大事な鍵なのです。

6 太陽系の奇跡

1990年代以降、観測技術の向上に伴い、太陽以外の恒星のまわりにも系外惑星が存在することが明らかになってきました。当初は、恒星のごく近くを非常に速い速度で公転する巨大惑星の発見ばかりでしたが、2000年代後半になると地球の大きさの数倍から10倍程度の岩石惑星（スーパーアースと呼ばれる）も発見されるようになってきました。2009年にNASAによってケプラー宇宙望遠鏡が打ち上げられたことで地球型惑星が数多く発見され、なかでも、ハビタブルゾーン（生命居住可能領域）と呼ばれる、水が液体として惑星表面に存在できるような軌道を回る岩石惑星も発見されました。

現在では、銀河系内にはスーパーアースが数百億個も存在すると考えられており、その中には当然、ハビタブルゾーンに存在するものもたくさんあると考えられます。その意味で、地球環境というのは宇宙の中で「ありふれた存在」であると考えられつつあるのです。しかしながら、本当にそうでしょうか。少なくとも筆者は、そのような〝数の論理〟的な考え方は危ういと思っています。なぜならそこでは、物質進化という観点をほとんど無視しているからです。太陽系はどのような環境で生まれたのでしょうか。その環境はどれだけ普遍的、もしくは奇跡的なものであったのでしょうか。それを真に知るには、化学的な歴史や必然性を考えることも極めて大事なのです。以下で、いくつか例を挙げて考えてみましょう。

化学進化に必要なエネルギー

光の持つエネルギーというのは、その波長に反比例し、波長が長ければ長いほど小さく、短ければ短いほど大きいのです。惑星の表面で、簡単な分子から複雑な分子、さらには生命へと物質が進化するためには、効率よく外界のエネルギーを利用する必要があります。せっかく分子が作られたとしても、エネルギーの高すぎる光にさらされてしまうと壊されてそれ以上成長(進化)することができません。一方で、さまざまな分子の組み換えを行うためには光の力を借りなければなりません。化学反応に必要なエネルギーの大きさは、光の波長に換算すると500ナノメートル程度です。したがって、これよりも低いエネルギーの光(長い波長の光)では効率よく化学反応が起こらないのです。

実は、この波長が鍵なのです。恒星が放射する光の波長は概ねその恒星の重さによって異なり、太陽の場合、波長が５００ナノメートル程度の光を最も強く放射しています。地上の生命は、植物の光合成のように、太陽からのこの絶妙なエネルギーの光を利用して、分子の組み換えを行っています。分子の組み換えに必要なエネルギーというのは、原子や分子の性質という非常に根本的なところで決まっているもので、宇宙全体どこでも変わりません。つまり、宇宙のどこであっても、星からの光のエネルギーを化学反応に効率よく利用し、物質を進化させていくためには、太陽のように５００ナノメートル程度の光を放射する天体が近くに存在しなければならないのです。太陽よりも表面温度が高い星の場合、そこからの光のエネルギーは化学反応には高くなりすぎてしまい、むしろ分子の破壊を起こしてしまいます。たとえば、炭素と水素の化学結合は５００ナノメートルの光よりもわずかにエネルギーの高い３００ナノメートルの光で簡単に壊されてしまいます。水が液体で存在できる温度環境下に、地球型惑星が存在するだけで生命が誕生できるわけではないことがわかるでしょう。太陽系で分子が生命へと進化できたことは、単なる偶然ではなく、こうした必然があるのです。

化学進化に必要な時間

また、分子から生命へと進化するためには、非常に長い時間が必要です。地球最古の生命は

40億年ほど前に誕生したと言われています。地球は現在46億歳であることを考えると、生命誕生までに微生物であったとしても6億年も要したことになります。恒星の寿命は、その恒星が持っている「燃料」の量、すなわち、質量に比例します。しかし、星の明るさ（燃料消費の速さ）は、星の質量の3〜5乗に比例するため、重たい星であればあるほど、寿命はむしろ短くなってしまいます。太陽の10倍の質量の恒星は、太陽の１０００分の1程度、つまり一千万年程度しか寿命がありません。生命誕生までに億単位の時間が必要であることを考えると、これでは生命へと進化することは難しいのです。

また、たとえ太陽と同じ重さの星で寿命が同じだったとしても、連星系の場合は、惑星が安定した軌道をまわらず不安定になってしまいます。この場合も、やはり物質進化は阻害されてしまうでしょう。太陽そのものも、銀河系の中で大変良い場所にあります。銀河系の渦巻き状になった腕の間の、星が比較的少ない場所に位置しているのです。もし太陽系が銀河系の中心に近かったとすると、密集した星の中にいることによってさまざまな影響を受けます。例えば、ガス雲を通過して温度が下がったり、星の爆発などで、強い放射線にさらされたりするでしょう。近くにある星によって、地球の軌道にズレが生じる可能性もあります。光のエネルギー、温度、そして時間という軸を考えただけで、いかに我々の住む地球環境が奇跡的なものであるのかが見えてくるのです。

考えねばならないことはまだまだあります。前節までに述べた、原始太陽系の環境の問題です。太陽と同じような質量の恒星で地球と同じような岩石惑星が誕生し、その惑星が数億年安定してハビタブルゾーンに存在していたとしても、そもそもその化学組成が同じとはかぎらないのです。前節で紹介したように、ホットコリノ天体とWCCC天体ではまったく異なる化学進化を遂げる可能性があります。現在、この2種類の天体しか知られていませんが、我々が知らないだけで他にも異なる化学組成の天体があるかもしれません。化学組成はその天体が辿ってきた歴史を鋭敏に反映して変化してしまうからです。言い換えれば、分子雲ができ、そのどこかである瞬間に星が誕生し、そして惑星系が誕生するという一連の歴史がまったく同じでなければ、同じ化学組成の天体にはならない可能性が高いということです。人間の個性が一人一人大きく異なるのと同様、化学組成が同じであるということは非常に難しいことなのです。

地球の奇跡

私たち天文学者は、大気によって星からの電波が吸収されてしまうのを避けるために、標高5000mの山の上にアルマ望遠鏡を作り上げました。空気が〝地上〟の約半分になってくれるからです。しかし、裏を返せば、たった5km登るだけで空気が半分になってしまう、つまり、地球の大気の層が高々数十kmしかないということを示しています。一方で、地球の半径は約6400kmもあります。1mの球体を思い浮かべるとその薄さが実感できるでしょう。大気の厚さは、たった1~2mmしかないのです。我々人類は非常に薄い大気の下で這いつくばって生きているのです。大気の厚みは、地球が誕生したときに地球内部から出てきたガスの量で概ね決まったものですが、厚さにもすばらしき偶然が潜んでいるのです。もし、大気がもう少し厚かったら、温室効果によって灼熱の環境だったかもしれません。そして、もう少し薄かったら、太陽から可視光と同時に放射される紫外線にさらされ、生命にとっては過酷な環境となったでしょう。太陽から放射される光の波長のピークは500ナノメートル程度の可視光ですが、相対的に弱いながらも紫外線が放射されているためです。現代では、オゾン層の破壊と関連して、環境問題としてこの紫外線が問題となってきています。我々人類は、このすばらしく奇跡的な状態の積み重ねで成り立っている地球環境を、自らの手で容易に変化させてしまう力をもっているのです。

遥か遠い宇宙での出来事を研究する天文学は、ともすれば、ロマンだけを原動力に進められているようにも感じられます。もちろん、実社会の出来事とは直接の関係はほとんどないと言っても過言ではないのでそれはある意味正しいでしょう。しかしながら、宇宙の深い理解は、我々人類の宇宙の中での価値を教えてくれます。この地球環境、そして人類のみならず生命の存在そのものが、どれほど奇跡的なものであるのか、ということです。それは、単なるロマンに留まらず、我々人類がこの先どのように生きていくべきなのか、という大切なことを教えてくれているのです。

Column

懲りない一夜漬け

アルマ望遠鏡を含め、共同利用施設として運用されている望遠鏡で観測を行いたいと思ったときには、プロポーザルとよばれる観測提案書を提出しなければいけません。望遠鏡によって異なりますが、1年に2~3回締切が設定されています。アルマ望遠鏡の場合は、初期運用段階にあるため、現在は年に1度だけこれを提出するチャンスが与えられています。

提出されたプロポーザルは分野ごとに選ばれた審査員によって審査され、点数がつけられた後に審査委員会で議論されて採否が決定されます。プロポーザルは世界各国の研究者から提出されますから、英語で記述し、審査結果も英語で送られます。設定された期間で望遠鏡を稼働できる時間は決まっていますから、出されたプロポーザルがすべて採択されるわけではなく、提出された数が多ければ当然競争倍率も高くなります。単一望遠鏡では、たとえばスペインにあるIRAM30m望遠鏡の場合、2015年度冬期では111件のプロポーザルが提出され、39件が採択されました。概ね3倍程度の採択率でした。プロポーザル提出数は、ある意味、人気の高さを示しているとも言えるでしょう。

それでは、アルマ望遠鏡の場合はどうなっているのでしょうか。2011年に初期運用(Cycle0)を開始したわけですが、その初回公募でなんと1000件近くものプロポーザ

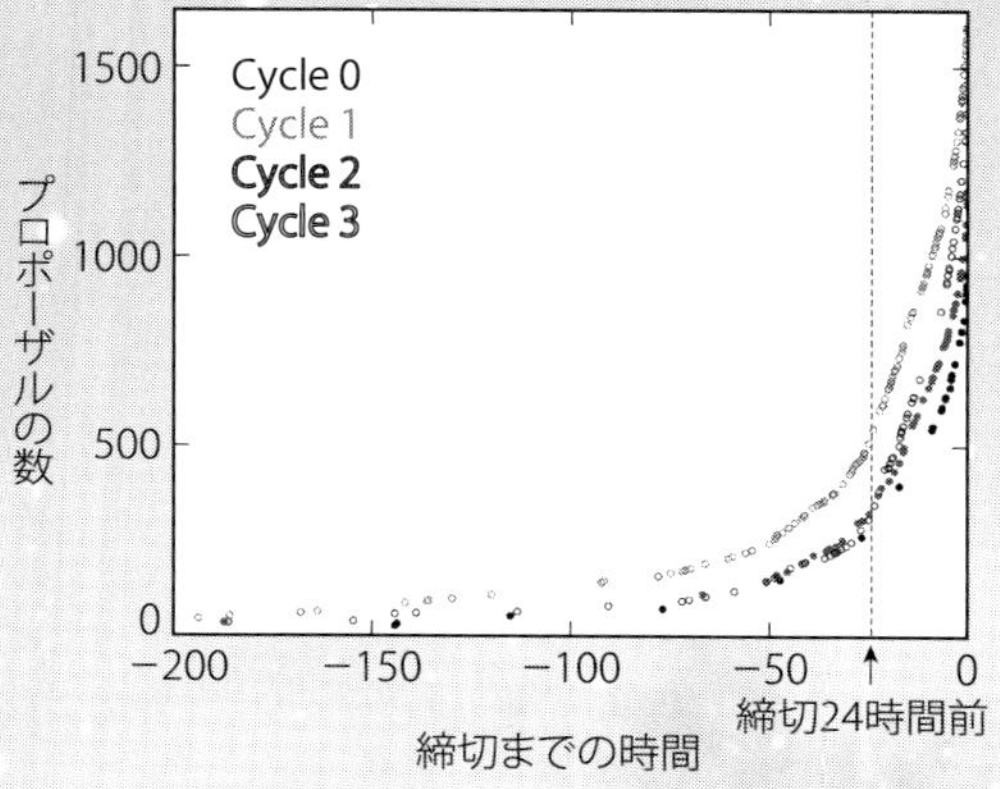

図　（Jes K Jorgensen 氏作成）

ルが提出されたのです。望遠鏡の建設と並行して観測も行う初期運用段階ですから観測時間は非常に限られていて、1件当たりの観測時間が3〜6時間程度と少なかったにも関わらず、113件しか採択されませんでした。倍率9倍、かなりの狭き門だったと言えます。プロポーザルが採択されなければ望遠鏡を使わせてもらえない、つまり観測ができませんから、狭き門であったとしてもその門をくぐることが研究者にとっては非常に重要となります。

そのような大事なチャンスであるわけですが、ここでちょっと面白い調査結果をお見せします。図は、私の友人であり共同研究者でもあるジェス・ジョーゲンセン（Jes Jorgensen）氏が、私も含め、研究者仲間からの情報を集めて作ったプロットです。横軸がプロポーザル締切までの時間、縦軸が提出されたプロポーザルの数を表しています。

プロポーザルをネット経由で提出すると、そのプロポーザルに通し番号が付けられて受理通知がメールで送られてきます。その通し番号はすなわち、それまでに提出されたプロポーザルの数と同じですから、何時何分に受理されたプロポーザルが何番であったかを友人に報告してもらい、それをプロットすることでこのようなグラフが出来上がるわけです。注目は、締切24時間前（黒破線）での提出数です。初年度（Cycle0）、この時点ではまだ300件くらいしか提出されていません。残りの700件近くはその後、つまりほとんど一夜漬けで提出されたのです。

ちなみに、プロットの最後が961番なので320件ずつにわけて採択された件数を数えてみました（採択されたプロポーザルは、そのタイトルや概要とともに番号がアルマ望遠鏡の公式ページに掲載されています）。すると、最初の320件では48件、次が34件、最後が30件と、採択率はどんどん下がっていました。一夜漬けはよろしくない、ということがよくわかります。にもかかわらず、2回目（Cycle1）の締切での同プロットはあまりかわっていないように見えます。3回目（Cycle2）でも同様です。凝りませんねぇ。4回目（Cycle3）でほんの少し改善したようにも見えますが、その分、プロポーザルの総数も1600件近くに増えています。

国際的な共同研究グループで提案を出すことも多く、その打ち合わせなどを含めれば、もちろん準備は一夜漬けですんでいるものではないでしょう。また、プロポーザルは、タイトルや観測の概要・提案メンバーなどを記すカバーシートと、観測の科学的な面白さを主張する部分（図表を含めA４で4枚）、具体的にどの天体をどの波長・どのくらいの分解能で何時間観測するのかなどを記す技術的な部分の3部で構成されており、これを準備するにはかなりの労力を要します。しかしながら、上記の採択率をみるとやはり、早め早めに準備することがいかに大事かわかります。

　最後にわが身を振り返ってみると。おっと。Ｃｙｃｌｅ０では3件提出して最後の1件は９０７番、Ｃｙｃｌｅ1では2件提出して最後は８４８番、Ｃｙｃｌｅ2では3件提出して最後は１３３１番、Ｃｙｃｌｅ3でも3件提出したうち2件はそれぞれ１３６８番と１５３４番でした。採択されたかって？　アルマのホームページを調べてみれば分かります。

し、最後に大爆発を起こして死ぬ現象のこと。白色矮星がもとになって起こる場合もあります。

塵（3）　星間空間の主成分は水素ガスです。このガスには微量の星間微粒子が混ざっています。これを塵もしくはダストと呼びます。炭素や硅素など、固体になりやすい物質を核として、周囲に固体の水（氷）をまとっていると考えられています。

塵粒子（46）　「塵」の項を参照。

電磁波（2）　電場と磁場が振動し空間を伝わる波。目に見える光、携帯電話の電波、レントゲン写真のX線も、すべて電磁波で、波長のみが異なります。波長によらず、すべて真空中を光速で伝わります。

電波（2）　もっとも波長の長い電磁波のこと。一般的には波長0.3 mm（300ミクロン）以上のものを指すことが多い。

導波管（22）　金属でできた電波を通す中空の管のこと。ミリ波・サブミリ波帯の電波は、周波数が高いために銅線のケーブルでは伝わりません。銅線では、信号の強度が極端に減衰してしまうためです。導波管では内部の中空を電磁波として伝わるので減衰しないのです。

なんてん（100）　名古屋大学のグループがチリ共和国・ラスカンパナス天文台に設置した、口径 4 m の電波望遠鏡。現在は北部のアタカマ砂漠（標高約5000 m）に移設され、名前を NANTEN2 と改めました。日々南の空（南天）の分子雲を観測しています。

微細構造輝線（54）　輝線スペクトルをさらに細かく調べてみると、複数の輝線に分裂することがあります。これは原子に量子力学のスピンの概念を取り入れて計算すると、飛び飛びの値を示すエネルギー準位が、さらに複数に分かれることで説明されます。

フィラメント状（91）　分子雲などのガス雲が、細長く「ひも」状の分布を示すこと。

分子雲（4）　宇宙空間に存在する気体（ガス）の大部分は、水素原子の状態で存在しています。密度が高くなると化学的に水素原子 2 個が結合し、水素分子を作ります。このような分子ガスが集まったものを分子雲と呼びます。密度が高いため自らの重力で潰れ、星を形成する素となります。

分子輝線観測（189）　特定の分子輝線を用いて観測する手法。観測する分子輝線の種類を変えることで、分子雲の物理状態の違い（温度、密度、化学進化など）を調べることができます。

棒渦巻銀河（68）　銀河の形にはさまざまな種類がみられますが、そのうち渦巻き状の腕構造の内側に棒状の構造を持つものを棒渦巻銀河と呼びます。

校正（21）　望遠鏡により信号として検出された電波の強度などを、精確に決める作業のことです。実際には、よく観測されている基準天体と比較することで、電波強度・周波数・電波源の位置を高い精度で求めます。こうして天文学的に使える観測になるのです。

光年（38）　電磁波（光）が真空中を１年間に進むことができる長さ。およそ9.5兆 km。

シーイング（8）　地上の望遠鏡はすべて大気を通して天体の画像を観測しますが、大気の乱れが画像の質を左右します。大気の揺らぎによって画像のぼやける程度をシーイングと呼び、一般的に可視光の波長ではシーイングが画像の角度分解能を決定します。電波干渉計でも大気の乱れによって電波の波が乱されるため、やはり画質低下の原因となります。

ジェット（61）　天体から高速度で吹き出すガスの流れのことをジェットと呼びます。ブラックホールや原始星などからはジェットが噴き出していることが知られています。

シェル（107）「殻」の意味。爆発現象や大質量星からの紫外線や恒星風などにより物質が吹き飛ばされ、中が空洞の構造が作られることがあります。それらはシェル状構造またはバブル（泡）状構造などと呼ばれます。

重元素（3）　文字通りの意味は、水素よりも重い元素のことです。天文学では、宇宙の誕生初期から存在する水素とヘリウム元素以外はすべて重元素と呼ぶ習慣です。

初代星（38）　宇宙初期にできた最初の星のこと。初期の宇宙には重元素が存在しないため、水素とヘリウムのみでできていると考えられます。

深宇宙探査（48）　もっとも遠方の宇宙を探査しようと試みる観測のこと。

スペクトル（31）　電磁波の波長ごとの強度分布を表したものをスペクトルと呼びます。天体からくる電磁波のスペクトルを調べることで、天体中の元素などの様々な情報を知ることができます。

青方偏移（162）　赤方偏移とは逆に天体が近づいて運動しているとき、波長が短くなる現象。「赤方偏移」の項を参照。

赤方偏移（31）　天体が観測者から遠ざかっているとき、放射している光はドップラー効果によりもともとのスペクトルよりも波長が伸び、赤みがかって見えます。この現象を赤方偏移と呼びます。輝線スペクトルの波長のズレを精密に測定すれば、遠ざかっている速度を求めることができます。

ダスト（46）「塵」のことに同じ。

超新星爆発（46）　質量の大きな星が核融合の燃料である水素を燃やし尽く

用語集

（数字は初出のページを表す）

アレイ（15） 電波干渉計は多数のアンテナを並べて使用するため、列になったものという意味で「アレイ（array）」と呼ばれます。

一階電離イオン（54） 強い紫外線や衝撃波などの高いエネルギーに原子ガスがさらされると、原子核の周りの電子がはぎ取られ、電離されたイオンになります。このとき、中性な状態から電子が１つはぎ取られたものを一階電離、２つはぎ取られたものを二階電離と呼びます。

H_{II} 領域（101） 水素原子が一階電離されたイオンの状態（H^+）を天文学では伝統的に H_{II} ガス（II はローマ数字の２）と呼びます。ちなみに中性の水素原子は H_I ガスと呼ばれます。紫外線による電離で高温の H_{II} ガスが存在している場所に H_{II} 領域と呼ばれ、光学写真を撮ると赤く広がった星雲として観測されます。

回折（12） 波が鏡で反射したりスリットなどの障害物を通り抜けるとき、波が回り込むことで進行方向に対して広がって進む現象。電波などの長い波長では回折角度が大きくなり、角度分解能を悪化させる主な原因となります。

角度分解能（5） 近くにある２つの点を離れた場所から分離できる能力のことを角度分解能（または空間分解能）と呼びます。一般的な写真ではズームレンズと画素の多いデジタルカメラを使うことで、高い角度分解能の写真を撮ることができます。

干渉計（6） 電磁波は波であることから、２つの波が重なり合うと、強め合う場所と弱め合う場所が周期的にあらわれる「干渉」という現象が起こります。この性質はカメラのオートフォーカスや顕微鏡など様々な技術に応用されています。干渉の性質を電波望遠鏡の角度分解能を高めることに使ったものが、アルマのような電波干渉計です。

輝線（54） スペクトルを細かく調べてみると、特定の波長で明るく輝く線がみられます。物質によって固有の波長の輝線を放射するため、放射している物質が何なのかを知ることができます。逆に特定の波長でのみ暗く見える線を吸収線と呼びます。吸収線は背景に星などの明るい光源がある場合に観測されます。

基線長（6） 電波干渉計望遠鏡は複数のアンテナから構成されています。アンテナどうしの距離を基線長と呼びます。基線長が大きいほど、角度分解能は高くなりますが、逆に感度は犠牲になって悪くなります。

〔執筆者〕

水野範和（みずの・のりかず）（序章）

1973年，静岡県生まれ．

1995年，名古屋大学理学部物理学科卒業．

現在，国立天文台チリ観測所准教授．

理学博士．専門は電波天文学．

南米チリのラス・カンパナス天文台に設置した「なんてん」電波望遠鏡で大小マゼラン銀河と両者をつなぐブリッジを観測し，巨大分子雲の分布を明らかにした．小マゼラン雲とブリッジは特に金属量が少なく，原初的な領域として注目されている．

谷口義明（たにぐち・よしあき）（1章）

1954年，北海道生まれ．

1978年，東北大学理学部天文学科卒業．

現在，放送大学教授．

理学博士．専門は銀河天文学．

すばる望遠鏡を用いた深宇宙探査で128億光年彼方にある多数の若い銀河を発見．ハッブル宇宙望遠鏡の基幹プログラムである「宇宙進化サーベイ（コスモスプロジェクト）」では宇宙の暗黒物質の3次元地図を世界で初めて作成．

『宇宙進化の謎』『新・天文学事典』（講談社）他多数．

立原研悟（たちはら・けんご）（3章・用語集）

東京都葛飾区生まれ．

1999年，名古屋大学大学院理学研究科博士課程修了．

その後，ドイツ・マックスプランク研究所，フリードリッヒ＝シラー・イエナ大学，神戸大学を経て，国立天文台アルマ推進室（現在のチリ観測所）助教．現在，名古屋大学大学院理学研究科准教授．

博士（理学）．専門は電波天文学と星形成・星間物質．

チリ・合同アルマ観測所の国際職員としてアルマの建設と初期科学運用に従事した．

坂井南美（さかい・なみ）（4章）

2004年，早稲田大学理工学部物理学科卒業．

2008年，東京大学大学院理学系研究科物理学専攻博士課程修了．

同専攻助教を経て，2015年より理化学研究所准主任研究員．

博士（理学）．専門は電波天文学および星間化学．

分子雲から星が形成されていく過程における物質進化についての研究を行い，天体によって原始星をとりまくガスの化学組成が大きく違い得ることを明らかにした．また，惑星系の元となる原始星円盤が形成される際に，外側のガスとの間に境界（遠心力バリア）が存在し，そこでガスの組成に大きな化学変化が起こっていることを初めて示した．

『宇宙の物質はどのようにできたのか』（分担執筆，日本評論社）．

［編著者］

福井康雄（ふくい・やすお）（はじめに・2章執筆）

1951年，大阪市生まれ．

1974年，東京大学理学部天文学科卒業．

現在，名古屋大学大学院理学研究科教授，名古屋大学大学院理学研究科附属南半球宇宙観測研究センター長．

理学博士．専門は電波天文学．

わが国初の海外電波望遠鏡「なんてん」を南米チリ・アンデス山脈に設置する．広範な分子ガス雲の観測によって世界をリードし，星の誕生の解明に取り組んでいる．最近，巨大星が分子雲衝突によって形成されていることを発見し，星形成研究に新たな局面を拓いた．

『ここまでわかった宇宙100の謎』（角川ソフィア文庫），『宇宙史を物理学で読み解く』（監修，名古屋大学出版会），『私たちは暗黒宇宙から生まれた』（編著，日本評論社）他編著書多数．

スーパー望遠鏡《ぼうえんきょう》「アルマ」が見《み》た宇宙《うちゅう》

発行日　2016年9月10日　第1版第1刷発行

編著者　福井康雄
発行者　串崎　浩
発行所　株式会社 日本評論社
170-8474　東京都豊島区南大塚3-12-4
電話　03-3987-8621（販売）　03-3987-8599（編集）
印　刷　精文堂印刷
製　本　難波製本
装　幀　妹尾浩也

ISBN978-4-535-78774-2

太陽系外惑星
銀河考古学
ブラックホール天文学

宇宙流体力学の基礎